城市安全发展研究系列

城市安全发展政策解读与实践

徐　帅　姚志强　谷恒桦　著

应急管理出版社

·北　京·

图书在版编目（CIP）数据

城市安全发展政策解读与实践/徐帅，姚志强，谷恒桦
著 . -- 北京：应急管理出版社，2022
（城市安全发展研究系列）
ISBN 978 - 7 - 5020 - 9565 - 9

Ⅰ . ①城… Ⅱ . ①徐… ②姚… ③谷… Ⅲ . ①城市管
理—安全管理—研究—中国 Ⅳ . ①X92 ②D63

中国版本图书馆 CIP 数据核字（2022）第 202965 号

城市安全发展政策解读与实践（城市安全发展研究系列）

著　者	徐　帅　姚志强　谷恒桦
责任编辑	唐小磊　田　苑
编　辑	李雨恬
责任校对	张艳蕾
封面设计	解雅欣

出版发行　应急管理出版社（北京市朝阳区芍药居 35 号　100029）
电　话　010 - 84657898（总编室）　010 - 84657880（读者服务部）
网　址　www. cciph. com. cn
印　刷　北京建宏印刷有限公司
经　销　全国新华书店
开　本　710mm×1000mm$^1/_{16}$　印张　20$^1/_2$　字数　388 千字
版　次　2022 年 11 月第 1 版　2022 年 11 月第 1 次印刷
社内编号　20221405　　定价　69.00 元

前　　言

随着我国城市化进程的迅猛发展，城市人口、功能和规模不断扩大，发展方式、产业结构和区域布局发生了深刻变化，城市运行系统变得纷繁复杂，普遍面临着安全风险叠加化、风险管理碎片化、政府监管单一化等难题和挑战。由于安全管理水平不高，市民安全意识不够，风险防范意识不强，一些城市相继发生重特大安全事故，充分暴露出我国部分城市安全管理还存在突出问题和短板。

城市化是现代化的必经之路，安全是现代文明的重要标志，推进城市安全发展是满足人民美好生活需求的重大课题。2018 年 1 月，中共中央办公厅、国务院办公厅出台《关于推进城市安全发展的意见》，明确在全国范围内开展国家安全发展示范城市创建工作。2019 年 11 月，国务院安委会、安委办相继印发《国家安全发展示范城市评价与管理办法》（安委〔2019〕5 号）和《国家安全发展示范城市评价细则（2019 版）》（安委办〔2019〕16 号），全面规范国家安全发展示范城市创建工作，启动首批国家安全发展示范城市创建评审评定工作。

本书依据国家推进城市安全发展的工作部署，以及有关城市安全法律法规、标准规范的具体要求，结合南京市创建工作的实践情况，以理论阐释和实例分析为主要研究方法，探析城市安全发展的规律和路径，推动基础性、根本性、经常性工作落实，有效化解事故风险和安全隐患，全面压降事故总量和伤亡人数，切实维护人民群众生命财产安全，为经济社会发展提供坚强有力保障。

本书第 1 章为概述，总体描述国家安全发展示范城市创建指导思想、问题挑战、发展历程和创建意义。第 2 章为城市安全发展理论基础，科学分析安全与发展的关系，阐释新发展理念的深刻内涵。第 3 章为国家安全发展示范城市创建指标解读，逐项逐条对评价内容和评分标准进行了指标解读，为工作开展指明了创建要点，并从公开报道中选取了各地具体的创建实例作为参考。第 4 章为国家安全发展示范城市创建程序，结合作者开展创建咨询服务工作的"六全工作法"，对创建的基本条件、基本要求和创建步骤进行了说明。第 5 章为南京市创建实践，介绍了南京市积极争创国家安全发展示范城市进行的有益探索与有效实践。

此外，本书将《关于推进城市安全发展的意见》《国家安全发展示范城市评价与管理办法》《国家安全发展示范城市评价细则（2019 版）》《国家安全发展示范城市评分标准（2019 版）》4 个文件作为附件附于书后，便于读者查阅和参考。

本书承蒙中国安全生产科学研究院职业安全健康信息与培训中心、南京市应急管理局领导和同事们的通力合作、严格审阅、悉心指导，在此谨致以深切的感谢！同时，感谢中国安全生产科学研究院基本科研业务费专项资金项目《城市安全发展顶层设计与白皮书框架研究》（项目编号：2022JBKY04）的大力支持。

书中不妥之处，欢迎各位读者批评指正。

著 者

2022 年 7 月

目　　　次

1　国家安全发展示范城市创建概述

1.1　指导思想

全面贯彻党的二十大精神，以习近平新时代中国特色社会主义思想为指导，统筹推进"五位一体"总体布局、协调推进"四个全面"战略布局，统筹发展和安全，坚持人民城市人民建、人民城市为人民，提高城市规划、建设、治理水平，加快转变超大特大城市发展方式，实施城市更新行动，加强城市基础设施建设，打造宜居、韧性、智慧城市。坚持安全第一、预防为主，建立大安全大应急框架，完善公共安全体系，推动公共安全治理模式向事前预防转型。推进安全生产风险专项整治，加强重点行业、重点领域安全监管。提高防灾减灾救灾和重大突发公共事件处置保障能力，加强国家区域应急力量建设。提高城市安全治理水平，为全面建设社会主义现代化国家、全面推进中华民族伟大复兴提供坚实安全保障。

1.2　问题挑战

1.2.1　城市风险不断增大，安全基础仍然薄弱

当前我国正处于工业化、城镇化持续推进的过程中，城市人口、功能和规模不断扩大，发展方式、产业结构和区域布局发生了深刻变化，城市已成为一个复杂的社会机体和巨大的运行系统。城市传统安全矛盾正在集中凸显，新业态、新产业、新技术带来的新风险与日俱增，城市自然灾害风险交织叠加，城市普遍面临着安全风险叠加化、风险管理碎片化、政府监管单一化、城市安全基础薄弱等难题和挑战。

城市化进程不断加速，城市人口和物质财富出现了明显的集聚性，这种集聚效应使得城市灾害具有明显的"放大效应"。城市灾害种类形态表现出多样性，灾害发展表现出复杂性、连锁性及危害的放大性。城市灾害的发生会呈现一种链发状态，即某单种灾害会形成灾害链，单种灾害变为多种灾害，小灾酿成大灾。近年来，一些城市甚至大型城市发生的重特大生产安全事故，给人民群众生命财产造成重大损失，暴露出城市在安全管理等方面存在诸多漏洞和短板。

1.2.2　城市安全风险防控体系仍需完善

近年来，国内主要城市纷纷探索防范化解城市重大安全风险的有效方式，实践中取得了许多有益的经验。但整体来看，我国城市安全风险防控还存在区域发展不均衡、体系不健全、统筹力度不够等问题。

目前，城市安全风险防控尚处于初始阶段，对城市安全风险发生发展的规律认识不充分，对风险防控工作要做什么、怎么做思想仍不统一，对安全耦合风险、致灾机理和影响范围等研判预测不足，"重应急处置、轻风险治理"的现象仍然存在。社会公众的危机和风险意识不强，全民共治的公共安全文化氛围尚未完全形成。

城市安全风险统筹协调力度不够，难以有效整合各部门行政资源对群发性、链状性特征极强的城市安全风险进行协同响应处置。某些领域安全风险防控职责分工比较笼统，权责不够清晰，上下游环节之间还存在盲区和交叉，"九龙治水"和"无龙管水"现象并存，难以满足风险动态管控的需要。缺乏有效机制对存在某些重大安全风险的责任部门进行追责问责，督促落实风险防控责任缺乏抓手。基层重大安全风险防控力量较为薄弱，专业能力欠缺，经验不足，无法有效识别、处置基层综合性风险。

1.2.3 城市安全风险防控能力仍需提升

一是科学的城市规划安全评估论证机制尚未建立，城市源头性安全得不到保证。二是城市安全风险防控信息化建设尚处于起步阶段，实现信息的全面覆盖和实时整合存在难度。三是风险监测手段仍然薄弱，大量依赖人工监测、巡视，事故苗头难以及时发现。四是风险响应处置手段不多，有关风险防控的法规制度滞后，一般性行政处罚的震慑力度不足，违法成本较低。

1.3 发展历程

现代化城市不仅要有风景靓丽的"天际线"，更要有安全发展的"地平线"。推进城市安全发展是贯彻落实习近平总书记重要指示批示精神的重大举措，是践行"生命至上，人民至上"发展理念的必然要求，是解决当前城市安全突出问题的重要抓手，是深化安全生产专项整治的重要载体，是推进国家治理体系和治理能力现代化的坚实基础。

2005年10月11日，中共十六届五中全会通过的《中共中央关于制定国民经济和社会发展第十一个五年规划的建议》提出，推进国民经济和社会信息化，切实走新型工业化道路，坚持节约发展、清洁发展、安全发展，实现可持续发展。

2006年3月27日，中共十六届中央政治局进行第三十次集体学习，内容是国外安全生产的制度措施和加强我国安全生产的制度建设。时任中共中央总书记、国家主席胡锦涛系统阐述了安全生产的工作思路、工作方法和任务目标，突出强调了安全发展理念。他指出，安全生产关系人民群众生命财产安全，关系改革发展稳定的大局。党的十六届五中全会明确提出，要坚持节约发展、清洁发展、安全发展，把安全发展作为一个重要理念纳入我国社会主义现代化建设的总体战略。

2008年10月9—12日，在党的十七届三中全会上，时任中共中央总书记、国家主席胡锦涛再次指出，能不能实现安全发展，是对我们党执政能力的一个重大考验。

2010年7月，《国务院关于进一步加强企业安全生产工作的通知》要求"深入贯彻落实科学发展观，坚持以人为本，牢固树立安全发展的理念，切实转变经济发展方式、调整产业结构，提高经济发展的质量和效益，把经济发展建立在安全生产有可靠保障的基础上"。

2011年12月2日，《国务院关于坚持科学发展安全发展促进安全生产形势持续稳定好转的意见》，深刻阐述了坚持科学发展安全发展的重大意义，要求牢固树立以人为本、安全发展的理念，始终把保障人民群众生命财产安全放在首位，大力实施安全发展战略。

2012年3月，时任国务院总理温家宝在政府工作报告中指出，要实施安全发展战略，加强安全生产监管，防止重特大事故发生。

2013年，《国务院安委会办公室关于开展安全发展示范城市创建工作的指导意见》（安委办〔2013〕4号）提出开展安全发展示范城市创建工作，确定北京市朝阳区、顺义区，吉林省长春市，黑龙江省大庆市，浙江省杭州市，福建省厦门市、泉州市，山东省东营市，广东省广州市、珠海市等10个城市（区）为创建全国发展示范城市试点单位。

2016年，《中共中央　国务院关于推进安全生产领域改革发展的意见》要求强化城市运行安全保障，构建系统化、现代化的城市安全保障体系，推进安全发展示范城市建设。

2017年，《国务院办公厅关于印发安全生产"十三五"规划的通知》提出推动安全文化示范企业、安全发展示范城市等建设。

2018年，中共中央办公厅、国务院办公厅印发了《关于推进城市安全发展的意见》，对城市安全发展作出全面部署，提出到2020年，城市安全发展取得明显进展，建成一批与全面建成小康社会目标相适应的安全发展示范城市；在深入推进示范创建的基础上，到2035年，城市安全发展体系更加完善，安全文明程度显著提升，建成与基本实现社会主义现代化相适应的安全发展城市。

2019年11月8日，国务院安全生产委员会印发《国家安全发展示范城市评价与管理办法》。

2019 年 11 月 28 日，国务院安委会办公室印发《国家安全发展示范城市评价细则（2019 版）》。

2019 年 12 月 12—13 日，首届中国国际城市安全发展研讨会在浙江省杭州市举行。应急管理部副部长孙华山、浙江省人民政府副省长王文序、联合国开发计划署驻华代表白雅婷出席研讨会并致辞。来自中国、美国、俄罗斯、日本、新加坡等国家，以及国际风险控制协会、英国标准协会等机构的嘉宾代表参与研讨交流。

2020 年 3 月，经全国评比达标表彰工作协调小组批准，国家安全发展示范城市被列入第一批全国创建示范活动保留项目目录。

2020 年 3 月 29 日，《国务院安委会办公室关于印发〈国家安全发展示范城市评分标准（2019 版）〉的通知》（安委办〔2020〕2 号）提出了创建国家安全发展示范城市的评分标准。

2020 年 7 月 8 日，国务院安委办、应急管理部召开国家安全发展示范城市创建工作视频推进会，会议强调，各地区要在科技、管理、文化三个维度做好"1 + 3 + 1"的重点工作，即建设 1 个安全监测预警平台，构建 3 个全过程管理环节，打造 1 个安全文化体系。

2020 年 8 月 11 日，国务院安委办、应急管理部召开安全发展示范城市创建工作第二次视频推进会，会议要求，各地区要始终把风险防控作为城市安全工作主线，加快城市安全管理创新，切实做好"1 + 3 + 1"重点工作。

2020 年 9 月 14 日，国务院安委会办公室印发《国家安全发展示范城市建设指导手册》。

2020 年 9 月 17 日，国务院安委办、应急管理部召开安全发展示范城市创建工作第三次视频推进会，会议指出，从科技、管理、文化三个维度做好"1 + 3 + 1"的城市安全重点工作，着力从安全理念、安全制度、安全环境和安全行为四个层次打造好城市安全文化体系，切实发挥文化引领作用，推动群众增强安全意识、掌握安全知识、培育安全习惯。

1.4 创建意义

党中央、国务院高度重视城市安全工作，习近平总书记多次对城市安全作出重要指示。开展国家安全发展示范城市创建工作，是贯彻落实习近平总书记关于城市安全重要指示精神和党中央、国务院决策部署的重要举措，对于全面提升我国城市安全发展水平具有重大而深远的意义。

（1）推进城市安全发展，是贯彻落实习近平总书记重要指示批示精神的重大举措。

习近平总书记强调,我们城市管理还有不少漏洞,必须切实加强,如果连安全工作都做不好,何谈让人民群众生活得更美好?! 总书记深刻指出,城市交通、工地和诸多社会环节构成了一个复杂的体系,无时无刻不在运转,稍不注意就容易出问题,强调要加强城市运行安全管理,增强安全风险意识,加强源头治理,防止认不清、想不到、管不到的问题发生。国家安全发展示范城市创建要认真贯彻落实中央决策部署要求,加大工作力度,切实把中央的工作要求转变为实实在在的具体行动,确保中央决策部署落实落地。

(2)推进城市安全发展,是践行"人民至上、生命至上"发展理念的必然要求。

城市安全与人民群众息息相关,保障人民群众生命安全是城市运行最重要的标尺。随着城市发展,我国一些城市安全管理水平与现代化城市发展要求不适应、不协调的问题越来越突出。习近平总书记强调,必须坚持人民至上、紧紧依靠人民、不断造福人民、牢牢植根人民,并落实到各项决策部署和实际工作之中。当前我国社会主要矛盾已经转化为人民日益增长的美好生活需要和不平衡不充分的发展之间的矛盾。我们要充分运用这一矛盾来审视和分析城市安全工作中的问题和不足,深刻理解安全是满足人民美好生活需要的内涵要义和基础保障,要从人口最集中、风险最突出、管理最复杂的城市抓起,通过推进城市安全发展,始终牢固树立安全发展理念,切实保障人民群众的生命财产安全,为人民群众营造安居乐业、幸福安康的生产生活环境,让人民群众的获得感、幸福感、安全感更加充实、更有保障、更可持续。

(3)推进城市安全发展,是推进国家治理体系和治理能力现代化的坚实基础。

习近平总书记指出,推进国家治理体系和治理能力现代化,必须抓好城市治理体系和治理能力现代化。如果城市治理能力不足,城市安全事故频发,那么国家治理体系现代化也就只能永远停留在纸上。通过推动城市安全发展,提升城市风险防控关口前移和精细管理能力,保持城市安全监管的高压态势,坚决防范遏制重特大事故发生,实现安全生产形势根本好转,就是为推进国家治理体系和治理能力现代化奠定了坚实的实践基础。

(4)推进城市安全发展,是新时代发展的迫切需要。

当今世界正经历百年未有之大变局,我国发展面临的国内外环境发生深刻复杂变化,"十四五"时期以及更长时期的发展对安全提出了更为迫切的要求,我们比过去任何时候都更加需要城市安全。践行新发展理念,推动更为安全的发展,离不开城市安全;保障人民生产生活安全,满足人民日益增长的美好生活需要，离不开城市安全；顺利开启全面建设社会主义现代化国家新征程，到2035年，建成与基本实现社会主义现代化相适应的安全发展城市，离不开城市安全。我们唯有坚持以人民为中心的发展思想和"人民至上、生命至上"的理念，才能打好统筹发展与安全的战略主动仗，才能推动城市安全发展水平的不断提升。

2 城市安全发展理论基础

2.1 安全与发展

2.1.1 安全与发展的关系

发展是我们党执政兴国的第一要务，"我们必须坚持统筹发展和安全，增强机遇意识和风险意识，树立底线思维，把困难估计得更充分一些，把风险思考得更深入一些，注重堵漏洞、强弱项，下好先手棋、打好主动仗，有效防范化解各类风险挑战，确保社会主义现代化事业顺利推进。""越是开放越要重视安全，统筹好发展和安全两件大事，增强自身竞争能力、开放监管能力、风险防控能力。"习近平总书记的重要论述，对于准确把握新发展阶段的新特征新要求、防范化解各类影响现代化进程的风险挑战具有重大指导意义。

"安全和发展是一体之两翼、驱动之双轮。"发展和安全相辅相成，辩证统一。统筹好发展和安全这两件大事，关系到实现中华民族伟大复兴中国梦这一宏伟目标。发展是第一要务，安全是第一责任，安全作为发展的前提、基础，必须始终坚持生命至上、安全第一，发展绝不能以牺牲安全为代价；也不能只要安全、不要发展，只有经济发展、技术进步才能带来更好的安全。安全是发展的前提，只有将安全维护好，发展才能行稳致远。发展是安全的保障，只有发展起来，才能为更好地维护安全，奠定物质基础。只有牢固树立安全发展理念，把安全工作贯穿于经济社会发展、企业发展全过程，正确处理安全与发展、安全与效益的关系，才能真正做到两者相统一、相促进。

当今世界正经历百年未有之大变局，新冠肺炎疫情全球大流行使这个大变局加速变化，世界进入动荡变革期。当前和今后一个时期是我国各类矛盾和风险易发期，各种可以预见和难以预见的风险因素明显增多。党的十九届五中全会作出统筹发展和安全，建设更高水平的平安中国的重要部署，这充分体现了以习近平同志为核心的党中央对国家安全的高度重视。要坚持总体国家安全观，把安全发展贯穿国家发展各领域和全过程，筑牢国家安全屏障，实现发展质量、结构、规模、速度、效益、安全相统一。

发展是解决我国一切问题的基础和关键。目前我国经济正处在转变发展方式、优化经济结构、转换增长动力的攻关期，实现高质量发展还有许多短板弱项。在全面把握世界安全态势的基础上，我国要将资源更多向发展方面倾斜，坚持以发展为第一要务，着力提高发展质量，不断增强我国经济实力、科技实力、综合国力，实现更高水平更高层次的安全。

统筹发展和安全，要聚焦重点、抓纲带目。坚持底线思维，增强风险意识，发扬斗争精神，下好先手棋，打好主动仗，针对不同类别的风险做到分类施策，因势利导化险为夷、转危为机。保持战略定力，无论外部风云如何变幻，都要集中精力办好自己的事，不断发展壮大自己。坚定"四个自信"，准确把握新发展阶段的重大战略任务，提高发展质量，提高国际竞争力，增强国家综合实力和抵御风险能力。

随着全面建成小康社会目标的实现，我国历史发展开启了全面建设社会主义现代化国家的新征程。坚持以习近平新时代中国特色社会主义思想为指导，站在统筹中华民族伟大复兴战略全局和世界百年未有之大变局的高度，办好发展和安全两件大事，一定能实现更高质量、更有效率、更加公平、更可持续、更为安全的发展，不断谱写"两大奇迹"新篇章。

2.1.2 安全发展的红线底线

安全发展是将安全理念内化为思想，外化为行动，不断地、反复地进行平衡，满足人、机、物、环等诸要素各自的"安全可靠"与相互和谐统一，把发展过程安全风险降低到相对法律、法规、社会价值取向和"对象"需求的可容许程度的发展模式。

习近平总书记对安全发展始终高度重视。2015 年在中央政治局就健全公共安全体系进行第二十三次集体学习时，总书记就强调要牢固树立安全发展理念，自觉把维护公共安全放在维护最广大人民根本利益中来认识，扎实做好公共安全工作，努力为人民安居乐业、社会安定有序、国家长治久安编织全方位、立体化的公共安全网。2017 年在党的十九大报告中明确提出，树立安全发展理念，弘扬生命至上、安全第一的思想，健全公共安全体系，完善安全生产责任制，坚决遏制重特大安全事故，提升防灾减灾救灾能力。2020 年 4 月，在新冠肺炎疫情后全国推进复工复产的关键阶段，总书记对安全生产再次作出重要指示，强调要树牢安全发展理念，加强安全生产监管，切实维护人民群众生命财产安全。从这些重要论述中，不仅能够感受到总书记对安全发展的深深牵挂，也能够领悟到总书记对安全发展理念的深刻阐述，涉及公共安全、生产安全和公共安全体系、安全生产责任制、安全生产监管等重要思想。在 5 月 23 日的重要讲话中，总书记在谈到安全发展理念时，又进一步提出了安全发展体制机制等问题。

守牢安全生产红线，必须坚持人民至上、生命至上。保障安全是人民幸福的基本要求，是高质量发展的基本前提。安全没有保障，一切幸福都无从谈起，一切发展都不能持续。习近平总书记强调，发展决不能以牺牲人的生命为代价，这必须作为一条不可逾越的红线，人民至上、生命至上，保护人民生命安全和身体健康，我们可以不惜一切代价。安全问题一失万无，是"硬杠杠"，不能突破、不容失守。当前，变化变局加速演进，"两个百年"奋斗目标历史性交汇，复工复产和高质量发展的任务十分繁重。越是形势严峻、任务繁重，越要算好整体账、算好明白账、算好安全账。要坚持以人民为中心，牢固树立总体国家安全观，坚决把安全生产放在重于一切的位置，千方百计筑牢安全屏障，全面提升本质安全水平。

守牢安全生产红线，必须警钟长鸣、居安思危。安全生产是一项随时"归零"的工作，是"易碎品"，任何时候都不能松懈。习近平总书记强调，安全生产必须警钟长鸣、常抓不懈，丝毫放松不得，否则就会给国家和人民带来不可挽回的损失。要深刻认识安全生产工作的长期性、艰巨性、复杂性，始终保持"如履薄冰、如临深渊"的状态，将安全生产时时放在心上、牢牢抓在手上；坚持问题导向，强化源头治理，抓早抓小，不留死角，坚决把每一个安全隐患消除在萌芽状态；夯实基层基础，关口前移，重心下移，加快构建权威高效的组织指挥体系和专常兼备的应急力量体系，全力推进安全生产治理体系和治理能力现代化。

守牢安全生产红线，必须压实责任、担当作为。安全生产千万条，责任落实第一条，在这个方面任何时候都不能松劲。安全事故的代价是沉重的，教训是深刻的，从以往情况看，多数事故都是因责任落实不到位造成的。习近平总书记强调，各级党委和政府要坚决落实安全生产责任制，切实做到党政同责、一岗双责、失职追责。要进一步建立健全党政领导干部安全生产责任体系，以上率下、以点带面，做到一级带一级、层层抓落实；强化部门监管责任，制定和落实安全生产责任清单，做到"管行业必须管安全、管业务必须管安全、管生产经营必须管安全"；突出企业主体地位，把安全生产责任落实到最小单元，做到人人肩上有担子、个个身上有责任，构建起各方面尽职尽责、真抓真管、共保安全的责任体系和有效机制。

2.1.3 安全发展的内涵与意义

安全发展体现了以人民为中心的发展思想，始终把人的生命安全放在首位，正确处理安全与发展的关系，大力实施安全发展战略，为经济社会提供强有力的安全保障。只有坚定不移地走安全发展之路，安全生产工作才会被摆上重要位置，人民群众才能安居乐业，社会经济才能持续健康发展。牢固树立安全发展理念，自觉把维护公共安全放在维护最广大人民根本利益中来认识，扎实做好公共安全工作，努力为人民安居乐业、社会安定有序、国家长治久安编织全方位、立体化的公共安全网。

贯彻新发展理念、构建新发展格局能力和水平，深刻认识我国社会主要矛盾发展变化带来的新特征和新要求，深刻认识错综复杂的国际环境带来的新矛盾新挑战，增强机遇意识和风险意识，统筹好发展和安全两件大事，既要善于运用发展成果夯实国家安全的实力基础，又要善于塑造有利于经济社会发展的安全环境，加快形成以国内大循环为主体、国内国际双循环相互促进的新发展格局，努力在危机中育新机、于变局中开新局，实现稳增长和防风险的长期均衡。

2.1.4 安全发展的指导思想

全面贯彻党的二十大精神，以习近平新时代中国特色社会主义思想为指导，坚持人民至上、生命至上的理念，强化安全红线意识，统筹发展和安全，坚定不移贯彻创新、协调、绿色、开放、共享的新发展理念，以推动高质量发展为主题，以提升城市安全水平为目标，健全城市安全发展体制机制，强化安全风险防控，加强应急救援能力建设，全面提升城市安全保障水平。

2.1.5 安全发展的基本原则

（1）坚持人民至上、生命至上。牢固树立以人民为中心的发展理念，始终坚持"发展决不能以牺牲安全为代价"的红线意识，健全公共安全体系，完善安全生产责任制，强化城市安全生产防范，让人民群众获得更有保障、更可持续的安全感。

（2）坚持预防为主，综合治理。坚持"安全第一、预防为主、综合治理"的方针，加强领导、改革创新、协调联动、齐抓共管，强化风险预测预警预防。

（3）坚持依法治理，依法监管。坚持运用法治思维和法治方式提升应急管理法制化、规范化水平，健全安全监管机制，规范执法行为，严格执法措施，全面提升安全生产法治化水平。

2.2 新发展理念

2015年，习近平总书记在党的十九届五中全会上首次提出了创新、协调、绿色、开放、共享的新发展理念。新发展理念是发展的指挥棒，创新发展注重解决发展动力的问题，协调发展注重解决发展不平衡的问题，绿色发展注重解决人与自然和谐的问题，开放发展注重解决内外联动的问题，共享发展注重解决社会公平正义的问题。新发展理念针对当前我国发展面临的突出问题和挑战而提出，都是管全局、管根本、管长远的指导方针，具有战略性、纲领性、引领性，深刻揭示了实现更高质量、更有效率、更加公平、更可持续发展的根本所在，是关系我国发展方式的一场深刻变革。

十九届五中全会通过的《中共中央关于制定国民经济和社会发展第十四个

五年规划和二○三五年远景目标的建议》中提出，把新发展理念贯穿发展全过程和各领域，构建新发展格局，切实转变发展方式，推动质量变革、效率变革、动力变革，实现更高质量、更有效率、更加公平、更可持续、更为安全的发展。新的发展阶段，面临新的形势和任务，更需要坚定不移贯彻新发展理念，将新发展理念贯穿于"十四五"和今后更长时期发展全过程和各领域，推动构建新发展格局。

2.2.1 创新发展

把创新摆在第一位，是因为创新是引领发展的第一动力。发展动力决定发展速度、效能、可持续性。对我国这么大体量的经济体来讲，如果动力问题解决不好，要实现经济持续健康发展和"两个翻番"是难以做到的。当然，协调发展、绿色发展、开放发展、共享发展都有利于增强发展动力，但核心在创新。抓住了创新，就抓住了牵动经济社会发展全局的"牛鼻子"。

虽然我国经济总量跃居世界第二，但大而不强、臃肿虚胖体弱问题相当突出，主要体现在创新能力不强，这是我国这个经济大块头的"阿喀琉斯之踵"。通过创新引领和驱动发展已经成为我国发展的迫切要求。

创新是一个复杂的社会系统工程，涉及经济社会各个领域。坚持创新发展，既要坚持全面系统的观点，又要抓住关键，以重要领域和关键环节的突破带动全局。要超前谋划、超前部署，紧紧围绕经济竞争力的核心关键、社会发展的瓶颈制约、国家安全的重大挑战，强化事关发展全局的基础研究和共性关键技术研究，全面提高自主创新能力，在科技创新上取得重大突破，力争实现我国科技水平由"跟跑并跑"向"并跑领跑"转变。要以重大科技创新为引领，加快科技创新成果向现实生产力转化，加快构建产业新体系，做到人有我有、人有我强、人强我优，增强我国经济整体素质和国际竞争力。要深化科技体制改革，推进人才发展体制和政策创新，突出"高精尖缺"导向，实施更开放的创新人才引进政策，聚天下英才而用之。

2.2.2 协调发展

新形势下，协调发展具有一些新特点。协调既是发展手段又是发展目标，同时还是评价发展的标准和尺度；协调是发展两点论和重点论的统一，一个国家、一个地区乃至一个行业在其特定发展时期既有发展优势，也存在制约因素，在发展思路上既要着力破解难题、补齐短板，又要考虑巩固和厚植原有优势，两方面相辅相成、相得益彰，才能实现高水平发展；协调是发展平衡和不平衡的统一，由平衡到不平衡再到新的平衡是事物发展的基本规律；协调是发展短板和潜力的统一，我国正处于由中等收入国家向高收入国家迈进的阶段，国际经验表明，这个阶段是各种矛盾集中爆发的时期，发展不协调、存在诸多短板也是难免的。协调发展，就要找出短板，在补齐短板上多用力，通过补齐短板挖掘发展潜力、增强发展后劲。

要学会运用辩证法，善于"弹钢琴"，处理好局部和全局、当前和长远、重点和非重点的关系，在权衡利弊中趋利避害作出最为有利的战略抉择。从当前我国发展中不平衡、不协调、不可持续的突出问题出发，我们要着力推动区域协调发展、城乡协调发展、物质文明和精神文明协调发展，推动经济建设和国防建设融合发展。

2.2.3　绿色发展

绿色发展是要解决好人与自然和谐共生问题。人类发展活动必须尊重自然、顺应自然、保护自然，否则就会遭到大自然的报复，这个规律谁也无法抗拒。

生态环境没有替代品，用之不觉，失之难存。环境就是民生，青山就是美丽，蓝天也是幸福，绿水青山就是金山银山；保护环境就是保护生产力，改善环境就是发展生产力。在生态环境保护上，一定要树立大局观、长远观、整体观，不能因小失大、顾此失彼、寅吃卯粮、急功近利。我们要坚持节约资源和保护环境的基本国策，像保护眼睛一样保护生态环境，像对待生命一样对待生态环境，推动形成绿色发展方式和生活方式，协同推进人民富裕、国家强盛、中国美丽。

2.2.4　开放发展

要发展壮大，必须主动顺应经济全球化潮流，坚持对外开放，充分运用人类社会创造的先进科学技术成果和有益管理经验。

我国同世界的关系经历了 3 个阶段。一是从闭关锁国到半殖民地半封建阶段，先是在鸦片战争之前隔绝于世界市场和工业化大潮，接着在鸦片战争及以后的数次列强侵略战争中屡战屡败，成为积贫积弱的国家。二是"一边倒"和封闭半封闭阶段，中华人民共和国成立后，我们在向苏联"一边倒"和相对封闭的环境中艰辛探索社会主义建设之路，"文革"中基本同世界隔绝。三是全方位对外开放阶段，改革开放以来，我们充分运用经济全球化带来的机遇，不断扩大对外开放，实现了我国同世界关系的历史性变革。

2.2.5　共享发展

共享理念实质就是坚持以人民为中心的发展思想，体现的是逐步实现共同富裕的要求。共同富裕，是马克思主义的一个基本目标，也是自古以来我国人民的一个基本理想。

共享发展理念的内涵主要有四个方面。一是共享是全民共享。这是就共享的覆盖面而言的。共享发展是人人享有、各得其所，不是少数人共享、一部分人共享。二是共享是全面共享。这是就共享的内容而言的。共享发展就要共享国家经济、政治、文化、社会、生态各方面建设成果，全面保障人民在各方面的合法权益。三是共享是共建共享。这是就共享的实现途径而言的。共建才能共享，共建的过程也是共享的过程。要充分发扬民主，广泛汇聚民智，最大激发民力，形成人人参与、人人尽力、人人都有成就感的生动局面。四是共享是渐进共享。这是就共享发展的推进进程而言的。一口吃不成胖子，共享发展必将有一个从低级到高级、从不均衡到均衡的过程，即使达到很高的水平也会有差别。我们要立足国情、立足经济社会发展水平来思考设计共享政策，既不裹足不前、铢施两较、该花的钱也不花，也不好高骛远、寅吃卯粮、口惠而实不至。

创新、协调、绿色、开放、共享的发展理念，相互贯通、相互促进，是具有内在联系的集合体，要统一贯彻，不能顾此失彼，也不能相互替代。哪一个发展理念贯彻不到位，发展进程都会受到影响。一定要深化认识，从整体上、从内在联系中把握新发展理念，增强贯彻落实的全面性、系统性，不断开拓发展新境界。

3 国家安全发展示范城市创建指标解读

3.1 城市安全源头治理

3.1.1 城市安全规划

1. 城市总体规划及防灾减灾等专项规划

【评价内容①1】

制定城市国土空间总体规划（城市总体规划），对总体规划进行专家论证评审和中期评估。

【评分标准②】

城市国土空间总体规划（城市总体规划）未体现综合防灾、公共安全要求的，没有进行专家论证评审和中期评估的，每发现上述任何一处情况扣0.5分，2分扣完为止。

【指标解读】

1）城市国土空间总体规划

城市国土空间总体规划应符合《自然资源部办公厅关于印发〈市级国土空间总体规划编制指南（试行）〉的通知》（自然资办发〔2020〕46号）的要求，市级国土空间总体规划中涉及的安全底线、空间结构等方面内容，应作为规划强制性内容，并在图纸上有准确标明或在文本上有明确、规范的表述，同时提出相应的管理措施。市级总体规划中强制性内容应包括：

（1）约束性指标落实及分解情况，如生态保护红线面积、用水总量、永久基本农田保护面积等。

（2）生态屏障、生态廊道和生态系统保护格局，自然保护地体系。

（3）生态保护红线、永久基本农田和城镇开发边界三条控制线。

（4）涵盖各类历史文化遗存的历史文化保护体系，历史文化保护线及空间

---

① 依据《国家安全发展示范城市评价细则（2019版）》（附录3）。
② 依据《国家安全发展示范城市评分标准（2019版）》（附录4）。

管控要求。

（5）中心城区范围内结构性绿地、水体等开敞空间的控制范围和均衡分布要求。

（6）城乡公共服务设施配置标准，城镇政策性住房和教育、卫生、养老、文化体育等城乡公共服务设施布局原则和标准。

（7）重大交通枢纽、重要线性工程网络、城市安全与综合防灾体系、地下空间、邻避设施等设施布局。

2）体现综合防灾、公共安全要求

《自然资源部办公厅关于印发〈市级国土空间总体规划编制指南（试行）〉的通知》（自然资办发〔2020〕46号），指导各地在市级国土空间总体规划编制前开展灾害风险评估，并专题研究气候变化、自然灾害等因素对空间开发保护以及基础设施、公共服务、公共安全、风险防控等支撑保障系统的影响和相应对策；在市级国土空间总体规划编制中以建设韧性城市、构建安全可靠的现代化基础设施体系为导向，确定主要灾害类型的防灾减灾目标和设防标准，划示灾害风险区，明确各类重大防灾设施标准、布局要求与防灾减灾措施，适度提高生命线工程的冗余度。

3）专家论证评审

《自然资源部办公厅关于印发〈市级国土空间总体规划编制指南（试行）〉的通知》（自然资办发〔2020〕46号）要求在方案论证阶段和成果报批之前，审查机关应组织专家参与论证和进行审查。审查要件包括市级总体规划的相关成果。报国务院审批城市的审查要点依据《自然资源部关于全面开展国土空间规划工作的通知》（自然资发〔2019〕87号），其他城市的审查要点各省（区）可结合实际参照执行。

《中共中央 国务院关于建立国土空间规划体系并监督实施的若干意见》规定，直辖市、计划单列市、省会城市及国务院指定城市的国土空间总体规划由国务院审批。需报国务院审批的城市国土空间总体规划，由市政府组织编制，经同级人大常委会审议后，由省级政府报国务院审批；其他市县国土空间规划由省级政府根据当地实际，明确规划编制审批内容和程序要求。

4）中期评估（体检评估）

《自然资源部办公厅关于开展国土空间规划"一张图"建设和现状评估工作的通知》（自然资办发〔2019〕8号）要求开展市县国土空间开发保护现状评估工作。市县应以指标体系为核心，结合基础调查、专题研究、实地踏勘、社会调查等方法，切实摸清现状，在底线管控、空间结构和效率、品质宜居等方面，找准问题，提出对策，形成评估报告。每年9月底前完成当年度评估报告。

《自然资源部办公厅关于加强国土空间规划监督管理的通知》（自然资办发〔2020〕27号）要求加强规划实施监测评估预警，按照"一年一体检、五年一评估"要求开展城市体检评估并提出改进规划管理意见，市县自然资源主管部门要适时向社会公开城市体检评估报告，省级自然资源主管部门要严格履行监督检查责任。

城市体检评估应符合《国土空间规划城市体检评估规程》（TD/T 1063—2021）的要求，体检评估内容应参考战略定位、底线管控、规模结构、空间布局、支撑系统、实施保障等六个方面的评估内容（各地可根据当年实际情况进行调整）。

5）城市总体规划

城市应当依照《中华人民共和国城乡规划法》制定城市规划，城市规划分为总体规划和详细规划。

城市总体规划的内容应当包括：城市、镇的发展布局，功能分区，用地布局，综合交通体系，禁止、限制和适宜建设的地域范围，各类专项规划等。

城市总体规划批准前，审批机关应当组织专家和有关部门进行审查。

城市人民政府组织编制城市总体规划。直辖市的城市总体规划由直辖市人民政府报国务院审批。省、自治区人民政府所在地的城市以及国务院确定的城市的总体规划，由省、自治区人民政府审查同意后，报国务院审批。其他城市的总体规划，由城市人民政府报省、自治区人民政府审批。

《自然资源部关于全面开展国土空间规划工作的通知》（自然资发〔2019〕87号）规定，各地不再新编和报批城市总体规划。已批准的规划期至2020年后的城市总体规划，要按照新的规划编制要求，将既有规划成果融入新编制的同级国土空间规划中。

【创建要点】

创建城市应编制城市国土空间总体规划（城市总体规划），全面摸清并分析国土空间本底条件，划定城镇、农业、生态空间以及生态保护红线、永久基本农田、城镇开发边界，并以此为载体统筹协调各类空间管控手段，整合形成"多规合一"的空间规划。按照"多中心、多层级、多节点"的要求，合理控制中心城区人口密度，构筑有效预防和应对突发事件的空间体系。城乡规划布局、设计、建设、管理等各项工作必须以安全为前提，实行重大安全风险"一票否决"。

【创建实例】

实例1

《深圳市国土空间总体规划（2020—2035年）（草案）》公示（发布时间：2022-04-25）

　　建立国土空间规划体系并监督实施是党中央、国务院作出的重大部署。为落实"多规合一"改革要求，按照国家统一工作部署，深圳市组织开展了《深圳市国土空间总体规划（2020—2035年）》的编制工作，前瞻描绘2035年深圳城市发展的空间战略蓝图，为建设中国特色社会主义先行示范区、创建社会主义现代化强国的城市范例、实施综合改革试点提供坚实的空间保障。其中"09　强化支撑　构建通达韧性城市"提出构建现代化市政设施体系，推动市政基础设施复合化、集约化、绿色化发展；全面提升城市防灾、救灾、减灾能力，保障超大城市系统安全。

实例 2

《中山市国土空间总体规划（2020—2035年）》通过专家论证（发布时间：2021－06－17）

　　近日，中山市召开《中山市国土空间总体规划（2020—2035）》专家论证会，邀请多位权威专家学者为中山市2035国土空间总体规划把脉开方。同时，就中山市城市未来发展的重大问题，听取专家意见和建议。

　　专家论证会上，规划编制单位代表汇报了中山市2035国土空间规划成果。专家组认真听取了规划编制单位的规划成果汇报，审阅了规划成果文件，听取了相关单位的意见。经过认真讨论，专家组同意通过论证，并提出论证意见。

　　专家组建议，《中山市国土空间总体规划（2020—2035年）》应进一步突出生态文明理念，把生态安全格局、人与自然关系、自然资源保护与利用等生态文明的重要内容进一步深化突出。进一步加强规划中以人民为中心的理念和内容，营造一流的人居环境品质和公共服务品质，吸引人才集聚。进一步重视国土空间存量资源的有效利用与城市建设用地、集体建设用地的充分利用和有机更新，进一步强化国土空间的管控要求，促进土地集约高效利用。加强粤港澳大湾区区域一体化的前瞻性研究，进一步研究城市发展的区域关系和城市发展定位。

实例 3

《南宁市国土空间总体规划（2021—2035年）》中期成果通过专家评审（发布时间：2021－10－08）

　　2021年9月17日，《南宁市国土空间总体规划（2021—2035年）》中期成果经专家评审后获得通过。评审专家邹妮妮、罗建平、陈莉、蒋斌、黄国达、黄智刚、李文一致认为，规划编制单位提交的成果框架系统完整，基础资料翔实，分析归纳到位，技术路线清晰规范，成果符合要求，同意《南宁市国土空间总体规划（2021—2035年）》中期成果通过评审。评审专家还分别从城乡规划、区域经济、生态环保、调查监测、文物保护等方面提出了修改意见。与会各县（市、区）政府、开发区管委会和市直部门围绕各自地方实际和部门职能对总体规划中期成果提出了优化建议。

【评价内容2】

制定综合防灾减灾规划、安全生产规划、防震减灾规划、地质灾害防治规划、防洪规划、职业病防治规划、消防规划、道路交通安全管理规划、排水防涝规划等专项规划和年度实施计划，对专项规划进行专家论证评审和中期评估。

【评分标准】

未制定综合防灾减灾规划、安全生产规划、防震减灾规划、地质灾害防治规划、防洪规划、职业病防治规划、消防规划、道路交通安全管理规划、排水防涝规划等专项规划和年度实施计划的，规划没有进行专家论证评审和中期评估的，每发现上述任何一处情况扣0.5分，与评价内容1合计2分，扣完为止。

【指标解读】

1）综合防灾减灾规划

《中共中央　国务院关于推进防灾减灾救灾体制机制改革的意见》要求，统筹综合减灾，牢固树立灾害风险管理理念，转变重救灾轻减灾思想，将防灾减灾救灾纳入各级国民经济和社会发展总体规划，作为国家公共安全体系建设的重要内容。

《关于做好"十四五"应急管理领域专项规划编制工作的通知》要求，地方应急管理领域相关专项规划，要充分发挥地方自主权，不搞上下对应和上下一般粗。各地区根据实际需要确定应急管理规划编制的具体领域、名称和数量，可以通过编制1部《应急体系建设"十四五"规划》，鼓励实现"多规合一"，将防灾减灾救灾、安全生产等应急管理工作统筹纳入规划主要内容。

应急管理"十四五"规划应坚持以人的现代化为基本，着力构建现代化的应急指挥体系、风险防范体系、应急救援力量体系、应急物资保障体系、科技支撑和人才保障体系、应急管理法治体系，深入推进应急管理体系和能力现代化。

2）安全生产规划

《中华人民共和国安全生产法》规定，国务院和县级以上地方各级人民政府应当根据国民经济和社会发展规划制定安全生产规划，并组织实施。安全生产规划应当与国土空间规划等相关规划相衔接。

规划编制内容原则上应包括：前言、现状、存在问题、发展趋势、发展方针、规划目标、主要任务、规划实施的保障措施和重大项目（工程）等。文字要求准确精练、通俗易懂。

对发展方针的概括要简明、准确，力戒空话、套话；目标要尽可能量化，具体指标应以国家或行业统计指标为依据，考虑与国际接轨；主要任务要明确，突出重点；布局原则要清晰，明确重点发展的领域及重大建设项目（工程）；保障措施要具有可操作性。

3）防震减灾规划

《中华人民共和国防震减灾法》要求，县级以上地方人民政府负责管理地震工作的部门或者机构会同同级有关部门，根据上一级防震减灾规划和本行政区域的实际情况，组织编制本行政区域的防震减灾规划，报本级人民政府批准后组织实施，并报上一级人民政府负责管理地震工作的部门或者机构备案。

防震减灾规划的内容应当包括：震情形势和防震减灾总体目标，地震监测台网建设布局，地震灾害预防措施，地震应急救援措施，以及防震减灾技术、信息、资金、物资等保障措施。

编制防震减灾规划，应当对地震重点监视防御区的地震监测台网建设、震情跟踪、地震灾害预防措施、地震应急准备、防震减灾知识宣传教育等作出具体安排。

防震减灾规划报送审批前，组织编制机关应当征求有关部门、单位、专家和公众的意见。防震减灾规划报送审批文件中应当附具意见采纳情况及理由。

县级以上人民政府依法加强对防震减灾规划的编制与实施工作的监督检查。

4）地质灾害防治规划

《地质灾害防治条例》（国务院令第394号）要求，县级以上地方人民政府国土资源主管部门应当会同同级建设、水利、交通等部门，依据本行政区域的地质灾害调查结果和上一级地质灾害防治规划，编制本行政区域的地质灾害防治规划，经专家论证后报本级人民政府批准公布，并报上一级人民政府国土资源主管部门备案。修改地质灾害防治规划，应当报经原批准机关批准。

地质灾害防治规划包括以下内容：

（1）地质灾害现状和发展趋势预测。

（2）地质灾害的防治原则和目标。

（3）地质灾害易发区、重点防治区。

（4）地质灾害防治项目。

（5）地质灾害防治措施等。

县级以上地方人民政府国土资源主管部门会同同级建设、水利、交通等部门依据地质灾害防治规划，拟订年度地质灾害防治方案，报本级人民政府批准后公布。

5）防洪规划

《中华人民共和国防洪法》规定，防洪规划是指为防治某一流域、河段或者区域的洪涝灾害而制定的总体部署，包括国家确定的重要江河、湖泊的流域防洪规划，其他江河、河段、湖泊的防洪规划以及区域防洪规划。

城市防洪规划由城市人民政府组织水行政主管部门、建设行政主管部门和其他有关部门依据流域防洪规划、上一级人民政府区域防洪规划编制，按照国务院规定的审批程序批准后纳入城市总体规划。

防洪规划应当确定防护对象、治理目标和任务、防洪措施和实施方案，划定洪泛区、蓄滞洪区和防洪保护区的范围，规定蓄滞洪区的使用原则。

《国家防汛抗旱总指挥部关于印发〈加强城市防洪规划工作的指导意见〉的通知》（水规计〔2011〕649 号）要求，城市防洪规划编制完成后，由同级城市人民政府水行政主管部门提出审查申请。全国重点防洪城市防洪规划由国务院水行政主管部门组织审查，全国重要防洪城市防洪规划由城市所在地上一级人民政府水行政主管部门初审后，提交流域管理机构组织审查，其他城市防洪规划由省级水行政主管部门组织审查，与流域防洪关系密切的城市防洪规划应征得流域管理机构同意。

城市防洪规划通过审查后，全国重点防洪城市防洪规划由城市人民政府报省级人民政府批准，其他城市防洪规划由城市水行政主管部门报同级人民政府批准。批准后的城市防洪规划纳入城市总体规划。

城市防洪规划编制应符合《城市防洪规划规范》（GB 51079—2016）的要求，主要技术内容和基本编制要求应符合下列规定：

（1）应确定城市防洪标准。

（2）应根据城市用地布局、设施布点方面的差异性，进行城市用地防洪安全布局。

（3）应确定城市防洪体系和防洪工程措施与非工程措施。

6）职业病防治规划

《中华人民共和国职业病防治法》要求，县级以上地方人民政府应当制定职业病防治规划，将其纳入国民经济和社会发展计划，并组织实施；统一负责、领导、组织、协调本行政区域的职业病防治工作，建立健全职业病防治工作体制、机制，统一领导、指挥职业卫生突发事件应对工作；加强职业病防治能力建设和服务体系建设，完善、落实职业病防治工作责任制。

7）消防规划

《中华人民共和国消防法》要求，地方各级人民政府应当将包括消防安全布局、消防站、消防供水、消防通信、消防车通道、消防装备等内容的消防规划纳入城乡规划，并负责组织实施。

编制城市消防规划应符合《城市消防规划规范》（GB 51080—2015）的要求，结合当地实际对城市火灾风险、消防安全状况进行分析评估。应按适应城市经济社会发展、满足火灾防控和灭火应急救援的实际需要，合理确定城市消防安全布局，优化配置公共消防设施和消防装备，并应制定管制和实施措施。

8）道路交通安全管理规划

《中华人民共和国道路交通安全法实施条例》（国务院令第 687 号）要求，县级以上地方各级人民政府应当建立、健全道路交通安全工作协调机制，组织有关部门对城市建设项目进行交通影响评价，制定道路交通安全管理规划，确定管理目标，制定实施方案。

《道路交通安全管理规划编制指南》（GA/T 1148—2014）要求，规划的内容应包括以下基本要素：

（1）概述。包括规划的背景、范围和年限、基本原则、技术路线和依据等。

（2）现状分析和评价。通过深入细致的调查，分析规划区域内社会经济发展和交通总体状况、道路交通安全和管理情况及特征等，对道路交通安全管理工作进行评价。

（3）发展趋势分析。对规划区域社会经济、道路交通和道路交通安全水平等发展趋势预测与分析。

（4）规划目标。提出规划期末所要达到的水平、相关评价指标在规划期内分别达到的数值等。

（5）规划方案。针对道路交通安全管理的各个因素，提出近期和中远期的改进措施和建设方案。

（6）实施计划和资金概算。根据近期规划方案提出实施的项目、年度计划和资金概算。

道路交通安全主管部门按照有关要求组织专家进行评审。评审通过的，根据专家意见修改形成规划报批稿；评审未通过的，应按照评审意见修改完善，再次征求各方意见后重新组织评审。

规划批准实施后，每年应根据相关评价指标的完成情况对规划目标和方案进行局部修订。根据规划区域道路交通的发展和交通安全管理工作的需要，原则上每 3~5 年应对规划进行修编。

9）排水防涝规划

《国务院办公厅关于做好城市排水防涝设施建设工作的通知》要求科学制定建设规划。各地区要抓紧制定城市排水防涝设施建设规划，明确排水出路与分区，科学布局排水管网，确定排水管网雨污分流、管道和泵站等排水设施的改造与建设、雨水滞渗调蓄设施、雨洪行泄设施、河湖水系清淤与治理等建设任务，优先安排社会要求强烈、影响面广的易涝区段排水设施改造与建设。要加强与城市防洪规划的协调衔接，将城市排水防涝设施建设规划纳入城市总体规划和土地利用总体规划。

《住房城乡建设部关于印发城市排水（雨水）防涝综合规划编制大纲的通知》（建城〔2013〕98号）规定，规划编制内容应包括城市排水防涝能力与内涝风险评估、城市排水（雨水）管网系统规划、近期建设任务与投资列表等，并要求规划细致描述近10年城市积水情况、积水深度、积水范围等以及灾害造成的人员伤亡和经济损失。

【创建要点】

创建城市应编制应急体系规划，作为指导城市应急管理工作的总纲，推动构建统一领导、权责一致、权威高效的应急能力体系，提升保障生产安全、维护公共安全、防灾减灾救灾等方面的能力，确保人民生命财产安全和社会稳定。

编制综合防灾减灾规划、安全生产规划、防震减灾规划、地质灾害防治规划、防洪规划、职业病防治规划、消防规划、道路交通安全管理规划、排水防涝规划等专项规划。

加强规划内容多角度论证和多方案比选，充分考虑要素支撑条件、资源环境约束和重大风险防范等，科学测算、规划目标指标并做好平衡协调，深入论证重大工程、重大项目、重大政策实施的必要性、可行性和效果影响。

规划编制部门要组织开展规划专家论证评审、规划实施年度监测分析、中期评估和总结评估，鼓励开展第三方评估，强化监测评估结果应用。

牢固树立灾害风险管理理念，转变重救灾轻减灾思想，将防灾减灾救灾纳入各级国民经济和社会发展总体规划。

县级以上地方各级人民政府应当加强对安全生产工作的领导，支持、督促各有关部门依法履行安全生产监督管理职责，建立健全安全生产工作协调机制，及时协调、解决安全生产监督管理中存在的重大问题。

县级以上人民政府应当加强对防震减灾工作的领导，将防震减灾工作纳入本级国民经济和社会发展规划，所需经费列入财政预算。

编制和实施土地利用总体规划、矿产资源规划以及水利、铁路、交通、能源等重大建设工程项目规划，应当充分考虑地质灾害防治要求，避免和减轻地质灾害造成的损失。编制城市总体规划、村庄和集镇规划，应当将地质灾害防治规划作为其组成部分。

统筹提高城市防洪应急管理能力。根据城市具体情况，规划防汛排涝组织机构、抢险队伍、物资设备、通信保障等，建立"统一指挥、快速反应、协同紧密、有效联动"的应急抢险工作机制。确定社会动员方案，做好宣传教育，提高公众参与抗灾避灾的意识与能力。

县级以上人民政府职业卫生监督管理部门应当加强对职业病防治的宣传教育，普及职业病防治的知识，增强用人单位的职业病防治观念，提高劳动者的职业健康意识、自我保护意识和行使职业卫生保护权利的能力。

城乡消防安全布局不符合消防安全要求的，应当调整、完善；公共消防设施、消防装备不足或者不适应实际需要的，应当增建、改建、配置或者进行技术改造。

道路交通安全管理规划的近期规划方案应以治理当前道路交通安全管理工作中突出问题为主要任务，提出阶段性、针对性强的对策和措施。中远期规划方案应以全面提升道路交通安全管理工作水平为主要任务，提出科学、系统、可持续实施的对策和措施。

城市排水防涝设施建设规划应完善应急机制。各地区要尽快建立暴雨内涝监测预警体系，住房城乡建设部门要会同气象、水利、交通、公安、应急等相关部门进一步健全互联互通的信息共享与协调联动机制。

【创建实例】

实例 1

东营市召开"十四五"安全生产规划专家论证会（发布时间：2021 - 08 - 30）

2021 年 8 月 28 日，东营市应急局召开《"十四五"安全生产规划（2021—2025）》专家论证会。本次会议，邀请了省应急厅、山东省委党校、山东财经大学及相关行业领域的专家学者对规划内容进行深入论证和科学指导，市应急局二级调研员陈登山出席会议并讲话。专家组详细听取了规划编制组关于"十四五"安全生产规划编制工作的汇报，并认真审阅了相关材料。专家组认为，《"十四五"安全生产规划（2021—2025）》经过充分调研，目标明确、体系完整、视野开阔、特点鲜明。既全面总结了"十三五"期间东营市安全生产工作取得的成绩，又明确了下一步安全生产工作的方向和路径，具有前瞻性、科学性和可操作性，对于提升安全生产管理水平，促进经济社会持续安全健康发展具有重要意义。专家组一致同意《"十四五"安全生产规划（2021—2025）》通过论证，同时提出，规划编制组要继续在细节上下功夫，进一步契合东营实际，彰显安全生产工作特点和规律，使之能够成为引领东营市高质量的规划。

实例 2

连云港市《关于做好"十三五"安全生产规划中期评估的通知》（连安监〔2018〕94 号）（发布时间：2018 - 05 - 29）

根据《市发展改革委关于开展"十三五"规划实施情况中期评估工作的通知》（连发改规划发〔2018〕82 号），市安监局已经启动我市"十三五"安全生产规划中期评估工作。

请各县区针对本地区"十三五"安全生产规划实施情况起草并形成中期评

估报告，该报告主要内容包含："规划"目标任务实现情况，"规划"重点工程实施进度，对"规划"后期调整建议，存在问题和对策建议等。报告需突出重点，"用数字说话"，"用事实说话"，准确、直观地反映规划进展。

实例3

应城市安全生产"十三五"规划中期评估报告（发布时间：2021 - 08 - 17）

"十三五"以来，我市的安全生产工作在市委、市政府的正确领导下，在省、孝感市应急管理部门的指导下有了新的提升。安全生产事故保持了逐年下降的水平，安全生产形势稳中向好。现将自评情况报告如下……

2. 建设项目安全评估论证

【评价内容】

建设项目按规定开展安全预评价（设立安全评价）、地震安全性评价、地质灾害危险性评估。

【评分标准】

建设项目未按照《建设项目安全设施"三同时"监督管理办法》（2010年12月14日原国家安全监管总局令第36号公布，根据2015年11月2日原国家安全监管总局令第77号修正）要求开展安全预评价的，未按照《地震安全性评价管理条例》（2001年11月15日国务院令第323号公布，根据2019年3月2日国务院令第709号修正）要求开展地震安全性评价的，未按照《地质灾害防治条例》（国务院令第394号）要求开展地质灾害危险性评估的，未采纳评价（评估）报告建议且无合理说明的，每发现上述一处情况扣0.5分，2分扣完为止。

【指标解读】

1）安全预评价（设立安全评价）

《中华人民共和国安全生产法》要求，矿山、金属冶炼建设项目和用于生产、储存、装卸危险物品的建设项目，应当按照国家有关规定进行安全评价。

《建设项目安全设施"三同时"监督管理办法》（2010年12月14日原国家安全监管总局令第36号公布，根据2015年11月2日原国家安全监管总局令第77号修正）规定，生产经营单位应当委托具有相应资质的安全评价机构，对其建设项目进行安全预评价，并编制安全预评价报告，安全设施设计内容采纳安全预评价报告中的安全对策和建议。

下列建设项目在进行可行性研究时，生产经营单位应当按照国家规定，进行安全预评价：

（1）非煤矿矿山建设项目。

（2）生产、储存危险化学品（包括使用长输管道输送危险化学品）的建设项目。

（3）生产、储存烟花爆竹的建设项目。

（4）金属冶炼建设项目。

（5）使用危险化学品从事生产并且使用量达到规定数量的化工建设项目（属于危险化学品生产的除外，以下简称化工建设项目）。

（6）法律、行政法规和国务院规定的其他建设项目。

建设项目安全预评价报告应当符合国家标准或者行业标准的规定。生产、储存危险化学品（包括使用长输管道输送危险化学品）的建设项目和化工建设项目安全预评价报告还应当符合有关危险化学品建设项目的规定。

2）地震安全性评价

《地震安全性评价管理条例》（2001年11月15日国务院令第323号公布，根据2019年3月2日国务院令第709号修正）要求，下列建设工程必须进行地震安全性评价：

（1）国家重大建设工程。

（2）受地震破坏后可能引发水灾、火灾、爆炸、剧毒或者强腐蚀性物质大量泄露或者其他严重次生灾害的建设工程，包括水库大坝、堤防和贮油、贮气、贮存易燃易爆、剧毒或者强腐蚀性物质的设施以及其他可能发生严重次生灾害的建设工程。

（3）受地震破坏后可能引发放射性污染的核电站和核设施建设工程。

（4）省、自治区、直辖市认为对本行政区域有重大价值或者有重大影响的其他建设工程。

地震安全性评价单位对建设工程进行地震安全性评价后，应当编制该建设工程的地震安全性评价报告。地震安全性评价报告应当包括下列内容：

（1）工程概况和地震安全性评价的技术要求。

（2）地震活动环境评价。

（3）地震地质构造评价。

（4）设防烈度或者设计地震动参数。

（5）地震地质灾害评价。

（6）其他有关技术资料。

3）地质灾害危险性评估

地质灾害危险性评估是在查明各种致灾地质作用的性质、规模和承灾对象社会经济属性基础上，从致灾体稳定性和致灾体与承灾对象遭遇的概率上分析入手，对其潜在的危险性进行客观评价，开展包括现状评估、预测评估、综合评估、建设用地适宜性评价及地质灾害防治措施建议等为主要内容的技术工作。

《地质灾害防治条例》（国务院令第394号）规定，在地质灾害易发区内进行工程建设应当在可行性研究阶段进行地质灾害危险性评估，并将评估结果作为可行性研究报告的组成部分。可行性研究报告未包含地质灾害危险性评估结果的，不得批准其可行性研究报告。

地质灾害危险性评估单位进行评估时，应当对建设工程遭受地质灾害危害的可能性和该工程建设中、建成后引发地质灾害的可能性做出评价，提出具体的预防治理措施，并对评估结果负责。

地质灾害危险性评估的内容、要求、方法和程序应符合《地质灾害危险性评估规范》（DZ/T 0286—2015）。

地质灾害危险性一、二级评估，提交地质灾害危险性评估报告书；三级评估，提交地质灾害危险性评估说明书。

地质灾害危险性评估成果包括：地质灾害危险性评估报告书或说明书，并附评估区地质灾害分布图、地质灾害危险性综合分区评估图和有关的照片、地质地貌剖面图等。

报告书要力求简明扼要、相互连贯、重点突出、论据充分、措施有效可行、结论明确、附图规范、时空信息量大、实用易懂、图面布置合理、美观清晰、便于使用单位阅读。

【创建要点】

创建城市应建立开展安全预评价（设立安全评价）、地震安全性评价、地质灾害危险性评估项目的台账，包含项目名称、建设地点、联系人、建设单位、项目简要介绍等基本信息。

【创建实例】

实例1

安全评价报告信息公开：甘肃寰燚新能源科技有限公司生物质醇基能源复合项目安全预评价报告（发布时间：2022 – 01 – 13）

为了贯彻"安全第一，预防为主，综合治理"的安全生产方针，提高生产经营单位的本质安全水平，保障从业人员的安全与健康，根据《中华人民共和国安全生产法》《甘肃省安全生产条例》等法律、法规的有关规定，现委托甘肃三泰绿色科技有限公司承担甘肃寰燚新能源科技有限公司生物质醇基能源复合项目安全预评价工作。

实例2

2022年10月合肥市区域性地震安全性评价项目备案（发布时间：2022 – 10 – 11）

合肥市地震局官方网站公开了2022年9月合肥市区域性地震安全性评价项目备案情况，见表3 – 1。

表 3-1　2022 年 9 月安评项目备案受理登记表

日期	合震备字	项目名称	建设单位	备案单位	备案人
2022-09-28	〔2022〕005	安徽省疾病预防控制中心迁建项目（一期）地震安全性评价项目	安徽省疾病预防控制中心	安徽工程勘察院有限公司	××
2022-09-28	〔2022〕006	S19 淮桐高速（曹庵枢纽—六安界）工程合肥段跨引江济淮特大桥	安徽省交通规划设计研究总院股份有限公司	安徽省地震工程研究院	×××

实例 3

张店东部化工区：南扩区域地质灾害危险性评估工作全面完成（发布时间：2017-09-22）

2017 年 9 月 20 日下午，中国冶金地质总局山东正元地质勘查院在东部化工区 11 楼会议室向园区管委会说明汇报了张店东部化工区南扩区域地质灾害危险性评估工作开展情况及相关结论，并出具《张店东部化工区南扩区域地质灾害危险性评估报告》。

张店东部化工区南扩区域地质灾害危险性评估工作于今年 4 月启动，主要针对南扩区域两个区块的采空塌陷及伴生地裂缝进行了地灾评估。两个区块范围是西起鲁山大道、东至旭沣路、北起规划观光路、南至张店界；东起湖罗路、西至张南路、北起南外环路、南至张店界范围。

经现场实地勘测、有关资料分析和专家评审，得出结论，评估区地质灾害现状危险性小；东高煤矿采空区及影响范围（A1 区）、沣泉煤矿采空区及影响范围（A2 区）、南定镇民营煤矿采空区及影响范围（A3 区）三个区域在工程建设中、建设后可能引发采空塌陷地质灾害危险性中等，其他地段危险性小；A1、A2、A3 区地质灾害综合分区评估危险性中等，其他地段危险性小；A1、A2、A3 区基本适宜用于建设用地，其他区域适宜建设用地。

3. 城市各类设施安全管理办法

【评价内容】

制修订城市高层建筑、大型商业综合体、综合交通枢纽、管线管廊、轨道交通、燃气工程、垃圾填埋场（渣土受纳场）、电梯、游乐设施等城市各类设施安全管理办法。

【评分标准】

未制修订城市高层建筑、大型商业综合体、综合交通枢纽、管线管廊、轨道交通、燃气工程、垃圾填埋场（渣土受纳场）、电梯、游乐设施等城市设施安全管理办法（含行政规范性文件）的，每缺一项扣0.2分，1分扣完为止。

【指标解读】

1）城市高层建筑

《建筑设计防火规范（2018年版）》（GB 50016—2014）规定，高层建筑是指建筑高度大于27 m的住宅建筑和建筑高度大于24 m的非单层厂房、仓库和其他民用建筑。

《住房城乡建设部关于加强既有房屋使用安全管理工作的通知》（建质〔2015〕127号）要求，各级住房城乡建设（房地产）主管部门要高度重视房屋使用安全管理工作，积极争取本级政府支持，切实加强组织领导，明确职责分工，努力做好队伍、资金保障，结合实际研究制定本地区房屋使用安全管理措施，不断提高既有房屋使用安全管理水平，切实保障人民生命财产安全。

《高层民用建筑消防安全管理规定》（应急管理部令第5号）规定，消防救援机构和其他负责消防监督检查的机构依法对高层民用建筑进行消防监督检查，督促业主、使用人、受委托的消防服务单位等落实消防安全责任；对监督检查中发现的火灾隐患，通知有关单位或者个人立即采取措施消除隐患。

2）大型商业综合体

《商务部办公厅关于配合做好大型商业综合体安全生产工作的通知》（商办流通函〔2018〕317号）规定，大型商业综合体是指已建成投入使用的建筑面积（不包括住宅和写字楼部分的建筑面积）5×10^4 m²（含）以上的集购物、住宿、展览、餐饮、文娱、交通枢纽等两种或两种以上功能于一体的城市商业综合体。

作为分管商业零售、餐饮行业的主管部门，各地商务部门要按照"管行业必须管安全、管业务必须管安全、管生产经营必须管安全"的要求和"谁主管、谁负责""谁审批、谁负责"的原则，增强责任意识，强化责任担当。对分管的行业要从行业规划、产业政策、法律法规标准、行政许可等方面加强行业安全生产工作，将安全生产与行业管理结合起来。

按照《大型商业综合体消防安全管理规则（试行）》（应急消〔2019〕314号）的要求，规范和加强商业综合体消防安全工作，推行消防安全标准化管理，落实单位主体责任，提升消防安全管理水平。

3）综合交通枢纽

《交通运输部关于完善综合交通法规体系的意见》（交法发〔2020〕109号）提出，2035年前，《综合交通运输枢纽条例》完成起草并报送国务院。该条例主要规范多层级、一体化综合交通枢纽体系的规划、建设、运行管理以及安全生产、设施保护等问题，有机连接和优化配置不同运输方式的线路、场站、信息等资源，促进网络化运输和集疏运体系建设，实现"零换乘"和"无缝衔接"。

4）管线管廊

《住房和城乡建设部 工业和信息化部 国家广播电视总局 国家能源局关于进一步加强城市地下管线建设管理有关工作的通知》（建城〔2019〕100号）规定，各地有关部门要严格按照《中共中央 国务院关于进一步加强城市规划建设管理工作的若干意见》《国务院办公厅关于加强城市地下管线建设管理的指导意见》和《国务院办公厅关于推进城市地下综合管廊建设的指导意见》要求，共同研究建立健全以城市道路为核心、地上和地下统筹协调的城市地下管线综合管理协调机制。管线综合管理牵头部门要加强与有关部门和单位的联动协调，形成权责清晰、分工明确、高效有力的工作机制。结合实际情况研究制定地下管线综合管理办法，进一步强化城市基础设施建设的整体性、系统性，努力提高城市综合治理水平。

5）轨道交通

《交通运输部关于加强城市轨道交通运营安全管理的意见》（交运发〔2014〕201号）要求加强法规规章建设，鼓励城市按权限制定城市轨道交通运营安全管理的地方性法规、政府规章和相关规定，促进运营安全管理工作的规范化和制度化。构建覆盖全领域、贯穿全过程的运营安全管理长效机制，为运营安全奠定坚实制度基础。

6）燃气工程

《城镇燃气管理条例》（2010年11月19日国务院令第583号发布，根据2016年2月6日国务院令第666号修订）要求县级以上人民政府有关部门应当建立健全燃气安全监督管理制度，宣传普及燃气法律、法规和安全知识，提高全民的燃气安全意识。明确城镇燃气发展规划与应急保障、燃气经营与服务、燃气使用、燃气设施保护、燃气安全事故预防与处理及相关活动的管理要求。

7）垃圾填埋场（渣土受纳场）

《生活垃圾卫生填埋场运行监管标准》（CJJ/T 213—2016）规定，监管机构在实施填埋场监管前应制定监管方案，监管方案的编制应针对填埋场的实际情况，明确监管的工作目标，确定具体的监管工作制度、程序、方法和措施。对填埋场运行的安全生产应实施重点监管。

8）电梯

特种设备安全监督管理部门依照《特种设备安全监察条例》（2003年3月11日国务院令第373号公布，根据2009年1月24日国务院令第549号修正）规定，对特种设备生产、使用单位和检验检测机构实施安全监察。县级以上地方人民政府应当督促、支持特种设备安全监督管理部门依法履行安全监察职责，对特种设备安全监察中存在的重大问题及时予以协调、解决。

9) 游乐设施

《国务院安委会办公室关于加强游乐场所和游乐设施安全监管工作的通知》（安委办〔2019〕14号）要求各地区要结合当前游乐场所的安全形势和特点，组织各有关部门按照职责分工抓好游乐场所的安全监管。

【创建要点】

创建城市应根据行业或地方特点制修订城市高层建筑、大型商业综合体、综合交通枢纽、管线管廊、轨道交通、燃气工程、垃圾填埋场（渣土受纳场，含既有各类堆放、散放的弃土弃渣、垃圾场所）、电梯、游乐设施等城市设施安全管理办法（含地方性法规、行政规章和规范性文件），办法内有关安全和应急设施的各项要求不得低于国家标准。

【创建实例】

实例1

舟山市商务局扎实推进大型商业综合体安全生产管理工作（发布时间：2021-08-02）

为切实提升城市管理水平，保障大型商业综合体安全运行，有效防范重特大事故发生，日前，市商务局协调市安委办联合制定出台了《关于进一步加强舟山市大型商业综合体安全生产管理工作的通知》（舟安办〔2021〕26号），对全市商业综合体安全生产管理工作提出更高的要求，着力提升大型商业综合体安全生产管理水平。

本通知对大型商业综合体的界定、主体责任、属地和部门监管职责进行明确规定，为大型商业综合体安全生产管理工作提供了依据，破解了大型商业综合体安全生产多头管理、主体责任不明等难题，并提出大型商业综合体安全生产工作既是民生工程，也是政治任务，要求各县（区）政府、功能区管委会及各相关部门切实提高政治站位，强化底线思维、红线意识，从维护人民群众生命财产安全的现实要求出发，充分认识做好大型商业综合体安全生产工作的重要意义，集中时间集中精力，切实抓好大型商业综合体安全生产管理，服务保障民生，维护社会稳定大局。

实例2

关于印发《杭州市综合交通枢纽安全管理办法》的通知（杭交发〔2020〕91号）（发布时间：2020-10-09）

为加强综合交通枢纽安全管理，促进不同运输方式之间的有效衔接，提高综合交通运输一体化服务水平，推进城市安全发展，根据《中华人民共和国安全生产法》《中华人民共和国突发事件应对法》等安全生产、应急管理法律法规和城市安全发展规范，结合我市实际，制定本办法。

实例3

达州市人民政府关于印发《达州市城市地下管线管理办法》的通知（发布时间：2022 - 04 - 07）

为进一步加强城市地下管线规划建设管理，保障城市地下管线有序建设和安全运行，近日，达州市人民政府印发了《达州市城市地下管线管理办法》。

《达州市城市地下管线管理办法》由总则、规划建设管理、综合管廊建设、维护管理、档案信息、法律责任和附则等七个部分组成，共七章50条。其中：对各职能部门和建设施工单位在地下管线的规划、审批、建设、维护方面需遵守的相关规定进行了明确；对综合管廊规划、建设、使用、管理、维护需遵守的基本原则进行了明确；对地下管线产权单位、行业监管部门、属地管理三方责任义务进行了明确；对管线档案建立、移交、管理等相关注意事项进行了明确；对违反地下管线相关法律法规行为处罚责任进行了明确。

实例4

关于印发《丹阳市游乐设施安全管理办法（试行）》的通知（发布时间：2021 - 08 - 31）

3.1.2　城市基础及安全设施建设

1. 市政安全设施

【评价内容1】

市政消火栓（消防水鹤）完好率100%。

【评分标准】

市政消火栓（消防水鹤）未保持完好的，每发现一处扣0.2分，1分扣完为止。

【指标解读】

1）市政消火栓

《消防给水及消火栓系统技术规范》（GB 50974—2014）规定，

（1）市政消火栓应采用湿式消火栓系统。市政消火栓宜采用地上式室外消火栓；在严寒、寒冷等冬季结冰地区宜采用干式地上式室外消火栓，严寒地区宜增置消防水鹤。当采用地下式室外消火栓,地下消火栓井的直径不宜小于1.5 m，且当地下式室外消火栓的取水口在冰冻线以上时，应采取保温措施。

（2）市政消火栓宜采用直径DN150的室外消火栓，并应符合下列要求：①室外地上式消火栓应有一个直径为150 mm或100 mm和两个直径为65 mm的栓口；②室外地下式消火栓应有直径为 100 mm 和 65 mm 的栓口各一个。

（3）市政消火栓的保护半径不应超过 150 m，间距不应大于 120 m。

（4）市政消火栓应布置在消防车易于接近的人行道和绿地等地点，且不应妨碍交通，并应符合下列规定：①市政消火栓距路边不宜小于 0.5 m，并不应大于 2.0 m；②市政消火栓距建筑外墙或外墙边缘不宜小于 5.0 m；③市政消火栓应避免设置在机械易撞击的地点，确有困难时，应采取防撞措施。

（5）当市政给水管网设有市政消火栓时，其平时运行工作压力不应小于 0.14 MPa，火灾时水力最不利市政消火栓的出流量不应小于 15 L/s，且供水压力从地面算起不应小于 0.10 MPa。

（6）地下式市政消火栓应有明显的永久性标志。

2）消防水鹤

《消防给水及消火栓系统技术规范》（GB 50974—2014）规定，严寒地区在城市主要干道上设置消防水鹤的布置间距宜为 1000 m，连接消防水鹤的市政给水管的管径不宜小于 DN200；火灾时消防水鹤的出流量不宜低于 30 L/s，且供水压力从地面算起不应小于 0.10 MPa。

3）完好率 100%

市政消火栓（消防水鹤）的日常运行管理、抢修和更新改造、标志管理、信息管理、使用与监督应符合《市政消防给水设施维护管理》（GB/T 36122—2018）的规定。

市政消防给水设施维护管理应采用先进技术，提高设施的运行、维护和管理水平，达到安全可靠、连续不间断供水，满足灭火救援使用的压力、流量等要求。市政消防给水设施应纳入城市管理数字化平台和供水管网综合信息管理系统，完善建设、维护、使用、监督等信息的共享机制。供水单位和市政公用设施的运营、养护单位应根据市政消防给水设施的日常运行管理情况，及时提出更新改造计划，报有关部门立项后按计划实施。

【创建要点】

创建城市应建立市政消火栓（消防水鹤）台账，明确编号、位置，说明消火栓总体数量、分布情况及完好率情况。

地方各级人民政府及其有关部门应明确市政消防给水设施的维护管理职责分工，市政消防给水设施不足或不适应实际需要的，应组织增建、改建、配置或者进行技术改造。城乡规划和城建（水务）、应急管理等有关部门应将市政消防给水设施的维护管理纳入城乡规划和城镇供水设施改造与建设规划、消防规划等专项规划。财政、发展改革、城建（水务）等有关部门应建立市政消防给水设施的维护管理经费保障机制，纳入城市基础设施配套费、城市维护费等予以保障。

供水单位具体负责供水范围内市政消火栓，消防水鹤的维护管理；市政公用设施的运营、养护单位负责天然水源消防取水设施的维护管理。鼓励单位和个人志愿维护市政消防给水设施。

供水单位和市政公用设施的运营、养护单位应将市政消防给水设施纳入管网安全预警和突发事件应急预案以及供水单位的总体应急预案，明确不同类别突发事件的处置办法及处置流程和责任部门。当供水管网发生突发事件时，供水单位和市政公用设施的运营、养护单位在应急处置的同时，应报主管部门和当地应急管理部门及消防救援机构；影响正常供水的，应及时启动临时供水方案。

【创建实例】

洛阳供水部门对全市市政消火栓进行维护保养（发布时间：2021 – 06 – 11）

根据《洛阳市市政消火栓建设管理办法》等规定，建立健全维护保养、应急抢修和定期巡查制度，按照城市给水管网每 120 m 建设一个市政消火栓要求，目前我市市政消火栓已建成 2920 处，2021 年以来，根据"马路办公"工作机制，已完成市政消火栓保养 2920 次、巡查 453 次，维修 78 处，全市市政消火栓完好率超 99%。

【评价内容 2】

市政供水、供热和燃气老旧管网改造率 > 80%。

【评分标准】

市政供水、供热和燃气老旧管网改造率 ≤ 80% 的，扣 1 分。

【指标解读】

1）老旧管网

供水、供热老旧管网指一次、二次网中运行年限 30 年以上或材质落后、管道老化腐蚀脆化严重、存在泄漏、接口渗漏等隐患的老旧管网。燃气老旧管网指使用年限超过 30 年的灰口铸铁管、镀锌钢管（经评估可以继续使用的除外），或公共管网中泄漏或机械接口渗漏、腐蚀脆化严重等问题的老旧管网。

改造率在 2017 年排查出的老旧管网基础上计算。

2）市政供水老旧管网改造

《城乡给水工程项目规范（征求意见稿）》规定，管道工程施工验收应符合现行国家标准《给水排水管道工程施工及验收规范》（GB 50268—2008）和《工业金属管道工程施工规范》（GB 50235—2010）的规定。非开挖修复的管道施工验收应符合现行行业标准《城镇给水管道非开挖修复更新工程技术规程》（CJJ/T 244—2016）的规定。

3）市政供热老旧管网改造

部分城市集中供热管网仍存在管道老化、腐蚀严重、技术落后、浪费热能、安全事故时有发生等问题，影响了城市生产和生活秩序。城市集中供热管网改造工程竣工验收合格后应按《城镇供热管网工程施工及验收规范》（CJJ 28—2014）的要求签署验收文件，移交工程应填写竣工交接书，在试运行结束后 3 个月内应向城建档案馆、管道管理单位提供纸质版竣工资料和电子版形式竣工资料，所有隐蔽工程应提供影像资料。

4）燃气老旧管网改造

《城镇燃气设施运行、维护和抢修安全技术规程》（CJJ 51—2016）规定，当钢质管道服役年限达到管道的设计使用年限时，应对其进行专项安全评价。

《城乡燃气工程项目规范（征求意见稿）》要求，为保障供气系统的安全性，当达到设计使用年限时或遭遇重大事故灾害后应评估，再确定继续使用、进行改造或更换。继续使用应制定相应的安全保证措施。重大事故灾害指自然灾害（地震、水灾等）和人为灾害（施工外力、火灾等）。

【创建要点】

创建城市应制定老旧管网改造规划，建立老旧管网改造项目台账，明确管网类型、项目名称、地址、改造长度等信息，绘制改造项目分布图，说明各类型管网改造率。

《住房和城乡建设部关于加强城市地下市政基础设施建设的指导意见》（建城〔2020〕111 号）要求各地要扭转"重地上轻地下""重建设轻管理"观念，切实加强城市老旧地下市政基础设施更新改造工作力度。建立健全相关工作机制，科学制定年度计划，逐步对超过设计使用年限、材质落后的老旧地下市政基础设施进行更新改造。供水、排水、燃气、热力等设施权属单位要从保障稳定供应、提升服务质量、满足用户需求方面进一步加大设施更新改造力度。

【创建实例】

实例 1

石家庄市人民政府办公室关于印发《石家庄市城市老旧管网更新改造工作方案》的通知（冀政办字〔2022〕20 号）（发布时间：2022 – 04 – 04）

明确对全市尚未进行雨污分流改造的部分庭院中的老旧管网和对因运行年限到期等因素会"滚动"产生的水气热老旧管网继续进行整改，进一步提升管网安全运行水平，全面提高城市综合承载能力。

实例 2

合肥热电：推进市政老旧供热管网更新改造 城市"生命线"迎来提质升级（发布时间：2022 – 03 – 24）

据统计，目前由合肥热电管理的市政供热管网（一次网）共计 346 条，累计长度 463.9 km，其中管龄 15 年以上的约 111 km，管龄为 10 至 15 年的约

95 km。合肥市供热管网主要以蒸汽为介质，属于压力管道，对安全性、稳定性要求较高。如发生故障或蒸汽泄漏，可能会对周边行人和车辆带来安全隐患。

为了积极稳妥推进老旧供热管网更新改造工作，合肥热电按照"分类治理、精准施策、分步实施"的原则，进行分期提升改造。重点对管龄15年以上的供热管网及附属设施进行更新改造，对管龄为10至15年的供热管网，进行实时监控，及时排查消缺，确保此类管网安全经济运行。

2. 消防站

【评价内容1】

消防站的布局符合标准要求，在接到出动指令后5分钟内消防队到达辖区边缘。

【评分标准】

消防站的布局不符合《城市消防站建设标准》（建标152—2017）要求，在接到出动指令后5分钟内消防队无法到达辖区边缘的，每发现一座扣0.2分，0.4分扣完为止。

【指标解读】

消防站布局要求

《城市消防站建设标准》（建标152—2017）规定，消防站的布局一般应以接到出动指令后5分钟内消防队可以到达辖区边缘为原则确定。

消防站的辖区面积按下列原则确定：①设在城市的消防站，一级站不宜大于7 km²，二级站不宜大于4 km²，小型站不宜大于2 km²，设在近郊区的普通站不应大于15 km²（也可针对城市的火灾风险，通过评估方法确定消防站辖区面积）；②特勤站兼有辖区灭火救援任务的，其辖区面积同一级站；③战勤保障站不宜单独划分辖区面积。

消防站的选址应符合下列规定：

（1）应设在辖区内适中位置和便于车辆迅速出动的临街地段，并应尽量靠近城市应急救援通道。

（2）消防站执勤车辆主出入口两侧宜设置交通信号灯、标志、标线等设施，距医院、学校、幼儿园、托儿所、影剧院、商场、体育场馆、展览馆等公共建筑的主要疏散出口不应小于50 m。

（3）辖区内有生产、贮存危险化学品单位的，消防站应设置在常年主导风向的上风或侧风处，其边界距上述危险部位一般不宜小于300 m。

（4）消防站车库门应朝向城市道路，后退红线不宜小于15 m，合建的小型站除外。

【创建要点】

创建城市应建立消防站台账，明确名称、地理位置、辖区面积、消防站级别、建筑面积、执勤人数、车位数等信息，绘制消防站分布图。

【创建实例】

深圳打造"5分钟"消防救援圈，3年建成404个社区小型消防站（发布时间：2020 – 12 – 26）

近年来，为进一步提升深圳市消防安全环境，深圳消防加快推进小型消防站建设，目前共建成小型消防站404座，构建了火灾扑救"灭早、灭小、灭初起"的"5分钟"消防救援圈，在维护社区消防安全和救助服务群众方面发挥了重要的作用。

深圳市于2017年5月出台《深圳小型消防站建设工作方案》，为全市小型消防站建设按下了"快进键"。根据方案要求，一个社区应建设不少于一个小型消防站，社区面积较小、建设有消防中队，中队5分钟能到达该社区任意位置的可不另行设置小型消防站。

【评价内容2】

消防站建设规模符合标准要求。

【评分标准】

消防站建设规模不符合《城市消防站建设标准》（建标152—2017）要求的，每发现一座扣0.3分，0.6分扣完为止。

【指标解读】

消防站建设规模要求

《城市消防站建设标准》（建标152—2017）规定，消防站分为普通消防站、特勤消防站和战勤保障消防站三类。普通消防站分为一级普通消防站、二级普通消防站和小型普通消防站。

消防站的设置应符合下列规定：①城市必须设立一级站；②城市建成区内设置一级站确有困难的区域，经论证可设二级站；③城市建成区内因土地资源紧缺设置二级站确有困难的商业密集区、耐火等级低的建筑密集区、老城区、历史地段、经消防安全风险评估确有必要设置的区域，经论证可设小型站，但小型站的辖区至少应与一个一级站、二级站或特勤站辖区相邻；④地级及地级以上城市以及经济较发达的县级城市应设特勤站和战勤保障站；⑤有任务需要的城市可设水上消防站、航空消防站等专业消防站。

一级站车库的车位数应为6~8个，二级站车库的车位数应为3~5个，小型站车库的车位数应为2个（小型站车库的车位数不含备用车位，其他消防站车库的车位数含1个备用车位；在条件许可的情况下，车位数宜优先取上限值）。

消防站的建筑用房面积、装备配备数量及投资估算应与其配备的消防员数量相匹配。其中一个班次同时执勤人数，一级站可按 30～45 人估算，二级站可按 15～25 人估算，小型站可按 15 人估算，特勤站可按 45～60 人估算，战勤保障站可按 40～55 人估算。

消防站的建筑面积指标应符合下列规定：①一级站 2700～4000 m²；②二级站 1800～2700 m²；③小型站 650～1000 m²；④特勤站 4000～5600 m²；⑤战勤保障站 4600～6800 m²。

【创建要点】

创建城市应建立消防站台账，明确名称、地理位置、辖区面积、消防站级别、建筑面积、执勤人数、车位数等信息，绘制消防站分布图。

《城市消防站设计规范》（GB 51054—2014）规定，消防站内应设置业务用房、业务附属用房、辅助用房、训练场地与车道、训练设施、给水排水设施以及其他必要的建（构）筑物，并应合理布局。消防站备勤室不应设在 3 层或 3 层以上。

消防站内应设置室外训练场地，场地内设施宜包括：业务训练设施、体能训练设施和心理训练设施。业务训练设施宜包括：训练塔、模拟训练场等；体能训练设施宜包括：篮球场、训练跑道等。应根据场地特点合理布置模拟训练场、心理素质训练场、训练塔等设施。

【创建实例】

区政府办公室关于印发《溧水区城市消防安全专项规划》的通知（溧政办发〔2021〕96 号）（发布时间：2022－01－14）

本规划第三十二条为城市消防站规划建设标准。市消防站规划建设标准见表 3－2，其他消防站规划建设标准见表 3－3。

表 3－2　市消防站规划建设标准表

城市消防站分类		辖区面积		建设用地/m²	建 筑 标 准		人员配备/人
		区域	面积/km²		车库车位/个	建筑面积/m²	
战勤站		—	—	6200～7900	9～12	4600～6800	40～55
特勤站		城区	7	5600～7200	9～12	4000～5600	45～60
		近郊区	15				
普通站	一级	城区	7	3900～5600	6～8	2700～4000	30～45
		近郊区	15				
	二级	城区	4	2300～3800	3～5	1800～2700	15～25
	小型		2	600～1000	2	650～5600	15

表3-3 其他消防站规划建设标准表

分 类	占地面积/m²	人员配备/人	备 注
四类森林消防专业队	3333（5亩）	20人以上	国有林场、风景名胜区、自然保护区、森林公园等
企业消防站	—	—	LNG接收站、储备易燃、可燃重要物资的大型仓库、基地等需设置，根据情况可分为特勤、一级、二级、三级消防站
地铁消防站	—	—	一般设置在地铁车辆段内

【评价内容3】

消防通信设施完好率≥95%。

【评分标准】

消防通信设施完好率低于95%的，扣0.5分。

【指标解读】

1) 消防通信设施

《消防通信指挥系统设计规范》（GB 50313—2013）规定，城市消防通信指挥中心系统设备配置应符合该规范中表8.1.2的规定；以车辆为载体的移动消防指挥中心系统设备配置应符合该规范中表8.2.1的规定；消防站系统设备配置应符合该规范中表8.3.1的规定。

2) 完好

《消防通信指挥系统施工及验收规范》（GB 50401—2007）规定，使用单位应建立消防通信指挥系统的技术档案，并应对系统的各种变更做详细记录。消防通信指挥系统的数据应定期更新。消防通信指挥系统应保持连续正常运行，不得中断。针对各类设备分别进行每日、每月、每半年检查，并按规范要求格式填写检查记录表。

【创建要点】

创建城市应建立消防通信指挥系统台账，明确消防站名称、通信指挥系统名称、配备数量、完好数量等信息。

消防通信指挥系统应由经过培训的专人负责系统的使用操作和维护管理。

消防通信指挥系统数据资料完整准确是系统能满足消防通信指挥实战要求的必要条件。使用单位应根据实际情况明确规定各类数据的更新时间和实施方法。

消防通信指挥系统正式启用后，在使用维护、检查和测试、排除故障等工作中，要始终保持系统正常运行，不得中断。定期检查和测试有利于及时发现和排除故障问题，保持系统连续正常运行不中断。

【创建实例】

《连云港市公共消防设施管理办法》（发布时间：2018-02-06）

第十四条规定，消防通信设施应当按照国家标准进行建设。电信运营单位应当按照有关规定建设火警信号传输线路，消防指挥中心与各消防站、供水、供电、供气、医疗救护、交通、环境保护等单位以及专业应急救援队伍之间应当设有专线通信。第二十二条规定，电信运营单位应当对消防通信线路和火警信号传输线路进行日常检查维护，确保通信畅通。

【评价内容4】

消防站及特勤站中的消防车、防护装备、抢险救援器材和灭火器材的配备达标率100%。

【评分标准】

消防站及特勤站中的消防车、防护装备、抢险救援器材和灭火器材的配备不符合《城市消防站建设标准》（建标152—2017）要求的，每发现一项扣0.1分，0.5分扣完为止。

【指标解读】

1）消防车配备

《城市消防站建设标准》（建标152—2017）规定，消防站消防车辆的配备数量应符合该建设标准中表5的规定（一级站5~7辆、二级站2~4辆、小型站2辆，战勤站、战勤保障站8~10辆），消防站配备的常用消防车辆品种宜符合该建设标准中表6的规定，主要消防车辆的技术性能应符合该建设标准表7、表8的规定。

2）防护装备配备

《城市消防站建设标准》（建标152—2017）规定，消防站消防员防护装备配备品种及数量不应低于该建设标准附录二中附表2-1和附表2-2的规定。防护装备的技术性能应符合国家有关标准。

3）抢险救援器材配备

《城市消防站建设标准》（建标152—2017）规定，特勤站抢险救援器材品种及数量配备不应低于该建设标准附录一中附表1-1至附表1-9的规定，普通站的抢险救援器材品种及数量配备不应低于该建设标准附录一中附表1-10的规定。抢险救援器材的技术性能应符合国家有关标准。

4）灭火器材配备

《城市消防站建设标准》（建标152—2017）规定，普通站、特勤站的灭火器材（普通站和特勤站机动消防泵、移动式水带卷、移动式消防炮、泡沫比例混合器、拉梯、拉钩梯、水带等）配备不应低于该建设标准中表9的规定。

【创建要点】

创建城市应建立消防车、防护装备、抢险救援器材和灭火器材台账，明确型号和配备数量等信息。

消防站装备配备原则是根据灾害事故发生发展规律、消防队到场时间以及能够有效控制和应对灾害事故的装备实力等因素综合确定的。战勤保障站的装备配备应适应本地区灭火和应急救援战勤保障任务的需要。

【创建实例】

合肥财政加大消防经费投入，助力消防安全发展（发布时间：2021 - 07 - 30）

2019 年市消防救援支队、市财政局联合印发《关于发布市消防支队专项资产配置标准（试行）的通知》，在文件中明确消防车辆、消防员基本防护装备、消防员特种防护装备配备标准。为便于消防装备在全市范围内统一调度，实现资源共享，我市城区消防装备购置经费以市级统一保障为主，近年来市财政已累计安排 6.71 亿元用于购置各类消防装备。

3. 道路交通安全设施

【评价内容1】

双向六车道及以上道路按规定设置分隔设施。

【评分标准】

双向六车道及以上道路未按照《城市道路交通设施设计规范》（GB 50688—2011）要求设置分隔设施的，每发现一处扣0.1分，0.5分扣完为止。

【指标解读】

分隔设施

《城市道路交通设施设计规范（2019年版）》（GB 50688—2011）规定，双向六车道及以上的道路，当无中央分隔带且不设防撞护栏时，应在中间带设分隔栏杆，栏杆净高不宜低于1.1 m；在有行人穿行的端口处，应逐渐降低护栏高度，且不高于0.7 m，降低后的长度不应小于停车视距；断口处应设置分隔柱。

分隔设施的设计应符合下列规定：

（1）分隔设施的高度应根据需要确定，分隔柱的间距宜为1.3～1.5 m。

（2）分隔设施的结构应坚固耐用、便于安装、易于维修，宜为组装式。

（3）分隔设施的颜色宜醒目；没有照明设施的地方，分隔设施表面应能反光。

（4）分隔栏杆在符合设置的路段应连续设置，不应留有断口。

当路段或路口进出口机动车道大于或等于 6 条或人行横道长度大于 30 m 时应设安全岛，安全岛的宽度不宜小于 2 m，困难情况不应小于 1.5 m；人行安全岛在有中央分隔带时宜采用栏杆诱导式，无分隔带时宜采用斜开式。

【创建要点】

创建城市应建立双向六车道台账，包含所在区县、道路名称、起点、终点、护栏道路长度等基本信息；绘制双向六车道分布图。

城市道路交通设施应与道路主体工程同步设计，按总体设计、分期实施的原则进行。加强道路分隔栏日常维护，确保道路分隔栏全部正常使用。

【创建实例】

关于渝北双向六车道及以上城市道路分隔设施项目立项的批复（渝北发改投〔2020〕600 号）（发布时间：2020 - 12 - 08）

同意双向六车道及以上城市道路分隔设施项目立项。该项目共 15 条道路，其中渝北区实施部分为金果大道、宝石路、双湖路、宝桐路、公园西路、公园东路、腾芳大道、上果路、金石大道、长翔路、空港大道；两江新区实施部分为国博大道、悦来滨江路、悦来大道、同茂大道（西段）。设计内容包含交通标志标线设计、交通安全设施（水泥隔离墩等）设计等。计划于 2020 年 12 月开工，工期 3 个月。

【评价内容 2】

城市桥梁设置限高、限重标识。

【评分标准】

城市桥梁未按照《公路工程技术标准》（JTG B01—2014）、《城市道路交通标志和标线设置规范》（GB 51038—2015）等要求设置限高、限重标识的，每发现一处扣 0.1 分，0.5 分扣完为止。

【指标解读】

1）限高标识

《城市道路交通标志和标线设置规范》（GB 51038—2015）规定：

（1）当机动车道路建筑限界净高小于 4.5 m，非机动车道路建筑限界净高小于 2.5 m 时，必须设置限制高度标志。

（2）限制高度标志，应设在限制通行车辆宽度或高度的路段或地点前。

（3）当每个机动车车道上方的净空相差 0.1 m 以上，且净高均小于 4.5 m 时，必须在每个车道上方设置限制高度标志。

（4）除限制路段或地点外，应在上游交叉口提前设置限制高度标志，并可设置相应的指路标志提示，使车辆能够提前绕道行驶。

（5）在道路建筑限界净高受限制的地方，易发生车辆碰撞事故，且碰撞可能危及结构安全时，应设置立面标记和限高警示横梁。

《公路工程技术标准》（JTG B01—2014）规定一条公路应采用同一净高。高速公路、一级公路、二级公路的净高应为 5.00 m；三级公路、四级公路的净高应为 4.50 m。人行道、自行车道、检修道与行车道分开设置时，其净高应为 2.50 m。

2）限重标识

《城市道路交通标志和标线设置规范》（GB 51038—2015）规定：

（1）道路、桥梁、隧道等应设置限制质量或限制轴重标志。

（2）限制质量、限制轴重标志应设置在需要限制车辆质量或轴重的道路、桥梁、隧道（涵洞）两端。

（3）在设置限制质量或限制轴重标志地点上游道路交叉口，宜单独或结合一般指路标志设置限制质量或限制轴重标志，给出相应提示信息，使车辆能够提前绕道行驶。

《交通运输部关于进一步加强公路桥梁养护管理的若干意见》（公交路发〔2013〕321 号）对公路桥梁限载标志设置要求有：

（1）桥梁两端的相应位置应设置限制质量、限制轴重的标志，标志应做到醒目、完整、美观，使用反光材料，以便夜间安全。标志设置位置、版面尺寸、颜色、形状、字符等应符合《道路交通标志和标线》（GB 5768—2009）的规定。

（2）对于不同荷载等级拼宽组成的上下行公路桥梁，限载标志应按照最低荷载等级标准确定。

（3）限载标志实行动态管理，加强对公路桥梁的检查，根据其技术状况确定其限载值并及时调整。

（4）新改建公路的桥梁限载标志要在桥梁建设时同步设置；已设置的，待标志更新时按统一要求设置；公路桥梁限载标准调整的，要及时变更限载标志。

【创建要点】

创建城市应建立桥梁台账，包含名称、所属线路、全长、按跨径分类类型、分级等基本信息。

创建城市应完善城市桥梁限载、限高等标识标牌设施，会同有关部门，加大治理车辆超重、超高、超长过桥行为的力度，查处擅自在桥梁架设管线的行为，确保桥梁安全运行。

【创建实例】

市城管执法局关于对市人大十六届四次会议第 0182 号《关于加强设施管理解决老旧桥梁设施安全隐患问题的建议》的答复（发布时间：2021－10－12）

沈阳市按照相关规定，本着"应设尽设"原则，对 455 座桥梁安装了 182 块限高标识、594 块限重标识。目前，全市城市桥梁设置的限高标识、限重标识均达到要求。

【评价内容 3】

中心城区中小学校、幼儿园周边不少于 150 m 范围内交通安全设施齐全。

【评分标准】

中心城区中小学校、幼儿园周边不少于 150 m 范围内交通安全设施未按照《中小学与幼儿园校园周边道路交通设施设置规范》（GA/T 1215—2014）要求设置的，每发现一处扣 0.1 分，1 分扣完为止。

【指标解读】

交通安全设施

校园周边道路交通设施是保障校园周边道路交通安全和畅通的设施，包括交通信号灯、交通标志和标线、人行设施、分隔设施、停车设施、监控设施、照明设施等。

中心城区中小学校、幼儿园周边不少于 150 m 范围内交通安全设施应满足《中小学与幼儿园校园周边道路交通设施设置规范》（GA/T 1215—2014）的设施设置要求：

（1）交通信号灯。

校园周边道路交叉路口应设置信号灯。

校园周边道路施划了人行横道线的，按下列规定设置信号灯：①单向 2 车道及以上的城市道路应设置；②单向 1 车道的城市道路宜设置；③双向 2 车道及以上的公路应设置。

（2）交通标志和标线。

① 进入校园周边道路和离开校园周边道路处，应设置限制速度标志及解除限制速度标志（限速值为 30 km/h）或区域限制速度及解除标志，设置限制速度标志的，应附加"学校区域"辅助标志。

② 校园出入口 50 m 范围内无立体过街设施应施划人行横道线，宽度不应小于 6 m。

③ 校园出入口应施划网状线。

（3）人行设施。

城市校园周边道路应设置永久或临时性人行道，宽度不小于 2 m，新、改建校园周边道路应设置永久性人行道，宽度不得小于 3 m。

（4）分隔设施。

① 双向 4 车道及以上公路逆向交通之间应设置分隔设施。

② 城市道路机动车道和非机动车道之间、非机动车道和人行道之间、逆向

车道之间宜设置分隔设施；机动车道和非机动车道之间、非机动车道和人行道之间无法设置分隔设施的，逆向车道之间应设置分隔设施。

（5）监控设施。

① 视频监控系统应覆盖校园周边道路。

② 校园周边道路应安装测速设备。

③ 信号控制交叉口及信号控制人行横道处应设置交通违法监测记录设备，具有闯红灯自动记录功能、超速监测记录功能、实线变换车道监测记录功能、不按导向车道行驶监测记录功能。

（6）照明设施。

校园周边道路应设置人工照明设施。受条件限制无法设置照明设施的，应在校园出入口设置反光或发光交通设施。

【创建要点】

创建城市应建立中小学校、幼儿园台账，包含名称、地址、所属区县街镇、学生总人数、学校类型等基本信息。

道路出现交通信号灯、交通标志、交通标线等交通设施损毁、灭失的，道路、交通设施的养护部门或者管理部门应当设置警示标志并及时修复。

公安机关交通管理部门发现上述情形，危及交通安全，尚未设置警示标志的，应当及时采取安全措施，疏导交通，并通知道路、交通设施的养护部门或者管理部门。

【创建实例】

实例 1

无锡市 112 所学校周边交通安全设施更新（发布时间：2021－06－01）

为完善校园周边道路交通安全设施，保障师生出行安全，交警部门对我市 248 所中小学校周边道路交通设施逐一进行调研，"一校一策"制定交通安全设施提升方案。截至 2021 年 5 月 31 日，已为 112 所学校改善了交通安全设施，共漆划交通标线 2000 m^2，更换新增标志牌 250 块，更新新型护栏 12 km。

实例 2

打造安全上学路，看咱西安新举措（发布时间：2020－11－09）

今年以来，西安市在 55 所学校创新打造安全上学路，设置隔离护栏 2859 米，施划标识标线 1284 m，设置限时免费停车位 1925 个，学校周边交通安全环境明显改善，最大限度预防和减少校园周边道路交通拥堵和事故发生。

4. 城市防洪排涝安全设施

【评价内容1】

城市堤防、河道等防洪工程按规划标准建设。

【评分标准】

城市堤防、河道等防洪工程建设未达到《防洪标准》(GB 50201—2014)、《城市防洪规划规范》(GB 51079—2016)、《城市防洪工程设计规范》(GB/T 50805—2012)等要求的,每发现一处扣0.5分,1分扣完为止。

【指标解读】

规划标准

《中华人民共和国防洪法》规定,防洪规划是防洪工程设施建设的基本依据。受洪水威胁的城市、经济开发区、工矿区和国家重要的农业生产基地等,应当重点保护,建设必要的防洪工程设施。

《城市防洪规划规范》(GB 51079—2016)规定,城市防洪标准应符合现行国家标准《防洪标准》(GB 50201—2014)的规定。城市防护区应根据政治、经济地位的重要性、常住人口或当量经济规模指标分为四个防护等级,其防护等级和防洪标准见表3-4。

表3-4 城市防护区的防护等级和防洪标准

防护等级	重要性	常住人口/万人	当量经济规模/万人	防洪标准/重现期（年）
Ⅰ	特别重要	≥150	≥300	≥200
Ⅱ	重要	<150, ≥50	<300, ≥100	200~100
Ⅲ	比较重要	<50, ≥20	<100, ≥40	100~50
Ⅳ	一般	<20	<40	50~20

当城市受山地或河流等自然地形分隔时,可分区采用不同的防洪标准。

当城市受技术经济条件限制时,可分期逐步达到防洪标准。

《城市防洪工程设计规范》(GB/T 50805—2012)规定,城市防洪工程设计标准应根据防洪工程等别、灾害类型确定,城市防洪工程设计标准见表3-5。

表3-5 城市防洪工程设计标准

城市防洪工程等级	设计标准/年			
	洪水	涝水	海潮	山洪
Ⅰ	≥200	≥20	≥200	≥50
Ⅱ	≥100且<200	≥10且<20	≥100且<200	≥30且<50
Ⅲ	≥50且<100	≥10且<20	≥50且<100	≥20且<30
Ⅳ	≥20且<50	≥5且<10	≥20且<50	≥10且<20

《堤防工程设计规范》(GB 50286—2013) 规定，堤防工程的防洪标准应根据保护区内保护对象的防洪标准和经审批的流域防洪规划、区域防洪规划综合研究确定，并应符合下列规定：

(1) 保护区仅依靠堤防工程达到其防洪标准时，堤防工程的防洪标准应根据保护区内防洪标准较高的保护对象的防洪标准确定。

(2) 保护区依靠包括堤防工程在内的多项防洪工程组成的防洪体系达到其防洪标准时，堤防工程的防洪标准应按经审批的流域防洪规划、区域防洪规划中堤防工程所承担的防洪任务确定。

(3) 蓄、滞洪区堤防工程的防洪标准应根据经审批的流域防洪规划、区域防洪规划的要求确定。

堤防工程上的闸、涵、泵站等建筑物及其他构筑物的设计防洪标准，不应低于堤防工程的防洪标准。

【创建要点】

创建城市应建立防洪工程台账，包含名称、地址、施工时间、工程简要介绍等基本信息。

《中华人民共和国防洪法》规定，属于国家所有的防洪工程设施，应当按照经批准的设计，在竣工验收前由县级以上人民政府按照国家规定，划定管理和保护范围。属于集体所有的防洪工程设施，应当按照省、自治区、直辖市人民政府的规定，划定保护范围。在防洪工程设施保护范围内，禁止进行爆破、打井、采石、取土等危害防洪工程设施安全的活动。

【创建实例】

《重庆市人民政府办公厅关于着力提升城乡防洪能力的通知》政策解读材料(发布时间：2022 - 01 - 06)

从中心城区防洪能力看，现行防洪标准 100 年一遇，但现状防洪能力仅 5 ~ 50 年一遇。从区县现状防洪能力看，万州、开州、忠县、云阳、巫山等 5 个区县城区达到 50 年一遇防洪标准；涪陵、长寿、江津、璧山、铜梁、潼南、丰都、奉节等 8 个区县城区达到 20 年一遇；黔江等 17 个区县城区不足 20 年一遇，其中合川、綦江城区低洼处不足 3 年一遇。全市具有防洪任务的 550 个建制乡镇，有 84 个达到 20 年一遇防洪标准，466 个低于 20 年一遇。

提升城乡防洪能力的主要思路是"严格控制防洪不达标增量、逐步消减防洪不达标存量"，主要手段是"明确防洪管控水位，以加强防洪管控为主、防洪工程建设为辅"。主要的核心举措有：一是明确防洪能力提升的规划管控。中心城区各区防洪管控水位不低于 100 年一遇洪水位，其城镇开发边界外防洪管控水位不得低于 50 年一遇洪水位。万州城区防洪管控水位不低于 100 年一遇洪水位，巫溪、城口、武隆城区不低于 30 年一遇，其他区县城区不低于 50 年一遇；临河建制乡镇防洪管控水位不低于 20 年一遇，重点乡镇不低于 30 年一遇；农村重点地区防洪管控水位原则上不低于 20 年一遇。流域面积 1000 km² 以上的河道、流经区县城区的河道、流域 100 km² 以上的重庆中心城区河道防洪管控水位由市水利局确定并公布，其他乡镇、农村重点地区和所辖水库防洪管控水位由区县政府确定并公布。国土空间规划、防洪规划应当落实防洪管控水位要求……

【评价内容 2】

城市易涝点按整改方案和计划完成防涝改造。

【评分标准】

城市易涝点未按整改方案和计划完成防涝改造的，每发现一处扣 0.5 分，1 分扣完为止。

【指标解读】

1）城市易涝点整改方案和计划

《住房和城乡建设部办公厅关于做好 2020 年城市排水防涝工作的通知》（建办城函〔2020〕121 号）规定，城市排水主管部门按照统筹城市防洪与城市排水防涝的工作要求，扎实推进城市易涝区段整治，补齐短板。按照《防汛抗旱水利提升工程实施方案》的要求，制定城市防汛抗旱水利提升工程实施方案，通过系统梳理流域区域防汛抗旱存在的主要问题和薄弱环节，分析确定流域区域防汛抗旱水利提升工程的总体要求、建设目标、主要任务和总体布局，研究确定近三年和到 2025 年的各类措施、投资需求和实施安排。

2）防涝改造

《城镇排水与污水处理条例》（国务院令第 641 号）要求，城镇排水主管部门应当按照国家有关规定建立城镇排涝风险评估制度和灾害后评估制度，在汛前对城镇排水设施进行全面检查，对发现的问题，责成有关单位限期处理，并加强城镇广场、立交桥下、地下构筑物、棚户区等易涝点的治理，强化排涝措施，增加必要的强制排水设施和装备。

《住房和城乡建设部关于 2020 年全国城市排水防涝安全及重要易涝点整治责任人名单的通告》（建城函〔2020〕38 号）要求，各重要易涝点整治责任人要加强日常管理，抓紧推进易涝点的整治，对于短时间难以完成整治的，要组织制定和完善排水防涝应急预案，落实技防、物防、人防等方面的应急措施。

《住房和城乡建设部办公厅关于做好 2020 年城市排水防涝工作的通知》（建办城函〔2020〕121 号）要求，在易发内涝积水的立交桥下、过街通道、涵洞等设置必要的监控设备、警示标识，汛期时根据需要安排人员值守；加强泵站、闸门等设施的汛前维护，确保安全、正常运转；疏浚具有排涝功能的城市河道，保障雨水行泄通畅。

【创建要点】

创建城市应编制《防汛抗旱水利提升工程实施方案》，建立易涝点整改台账，包含易涝点位置、积水深度、积水原因、整治责任单位、项目起止年限、易涝点整治工程建设内容、年度计划投资等基本信息。

针对城市内涝的成因和特点，以增强内部调蓄、扩宽自排通道、提高抽排能力为重点，梳理确定城市排涝工程措施。因涝水外排能力不足导致的内涝，主要建设内容包括水闸、排涝泵站新建或扩建等；因河道过流能力不足造成内河水位较高所导致的内涝，主要建设内容包括河道扩挖、清淤疏浚及水闸、排涝泵站新建或扩建等；因排水管网不畅导致的内涝，主要建设内容包括雨水排水管网建设和改造等。

城市排水主管部门应总结往年工作经验，及时完善城市排水防涝应急预案，细化应急响应程序和处置措施；进一步加强与应急管理、公安、交通运输、水利、气象等部门的联动，做好河道与市政排水管网的水位协调调度，协助做好汛期城市交通组织、疏导和应急救援疏散等；要按照应急预案备足防汛抢险物资，充实抢险队伍并开展培训演练。

【创建实例】

实例1

中心城区这些易涝点整治措施已落实 今年雨季积水现象有望缓解（发布时间：2022 - 04 - 16）

按照汕头市委、市政府工作部署，2021年10月份以来，汕头市全面梳理中心城区北岸9个片区67个易涝点位，按照"一点一策"原则，排查问题，找准原因，精准施策，落实整改。目前，大部分易涝点位整治措施已经落实到位，有效提升片区内涝应急处置水平，今年雨季中心城区内涝现象将有望得到缓解。

实例2

市住房城乡建委出台专项规划，对74处现有易涝点实施整治，2025年中心城区基本实现小雨不积水大雨不内涝（发布时间：2022 - 02 - 22）

重庆市住房城乡建委近日出台《中心城区排水防涝专项规划（修编）》。《中心城区排水防涝专项规划（修编）》要求，到2025年底，全面消除历史上严重影响生产生活秩序的易涝积水点，基本实现"小雨不积水、大雨不内涝"。《中心城区排水防涝专项规划（修编）》梳理出74个现有易涝点，提出以城市易涝点、立交桥下、地下构筑物、棚户区和窨井井盖为重点，开展内涝风险调查和隐患排查，建立易涝点和隐患点整治台账、责任清单和整改方案。同时，针对上述74处易涝点，按照"一点一策"原则，结合工程与非工程措施，以流域为单元推动流域内易涝点的"动态清零"。

5. 地下综合管廊

【评价内容1】

编制综合管廊建设规划。

【评分标准】

未编制城市综合管廊建设规划的，扣0.2分。

【指标解读】

综合管廊建设规划

《国务院办公厅关于推进城市地下综合管廊建设的指导意见》（国办发〔2015〕61号）规定，地下综合管廊是指在城市地下用于集中敷设电力、通信、广播电视、给水、排水、热力、燃气等市政管线的公共隧道。

综合管廊建设规划编制应符合《城市地下综合管廊建设规划技术导则》（建办城函〔2019〕363号）、《城市综合管廊工程技术规范》（GB 50838—2015）、《城市工程管线综合规划规范》（GB 50289—2016）和各类工程管线行业标准等相关标准规范的规定。编制内容主要包括：

（1）分析综合管廊建设实际需求及经济技术等可行性。

（2）明确综合管廊建设的目标和规模。

（3）划定综合管廊建设区域。

（4）统筹衔接地下空间及各类管线相关规划。

（5）考虑城市发展现状和建设需求，科学、合理确定干线管廊、支线管廊、缆线管廊等不同类型综合管廊的系统布局。

（6）确定入廊管线，对综合管廊建设区域内管线入廊的技术、经济可行性进行论证；分析项目同步实施的可行性，确定管线入廊的时序。

（7）根据入廊管线种类及规模、建设方式、预留空间等，确定综合管廊分舱方案、断面形式及控制尺寸。

（8）明确综合管廊及未入廊管线的规划平面位置和竖向控制要求，划定综合管廊三维控制线。

（9）明确综合管廊与道路、轨道交通、地下通道、人民防空及其他设施之间的间距控制要求，制定节点跨越方案。

（10）合理确定监控中心以及吊装口、通风口、人员出入口等各类口部配置原则和要求，并与周边环境相协调。

（11）明确消防、通风、供电、照明、监控和报警、排水、标识等相关附属设施的配置原则和要求。

（12）明确综合管廊抗震、防火、防洪、防恐等安全及防灾的原则、标准和基本措施。

（13）根据城市发展需要，合理安排综合管廊建设的近远期时序。明确近期建设项目的建设年份、位置、长度等。

（14）测算规划期内的综合管廊建设资金规模。

（15）提出综合管廊建设规划的实施保障措施及综合管廊运营保障要求。

【创建要点】

创建城市应按照"先规划、后建设"的原则，在地下管线普查的基础上，统筹各类管线实际发展需要，组织编制地下综合管廊建设规划，规划期限原则上应与城市总体规划相一致。结合地下空间开发利用、各类地下管线、道路交通等专项建设规划，合理确定地下综合管廊建设布局、管线种类、断面形式、平面位置、竖向控制等，明确建设规模和时序，综合考虑城市发展远景，预留和控制有关地下空间。建立建设项目储备制度，明确五年项目滚动规划和年度建设计划，积极、稳妥、有序推进地下综合管廊建设。

【创建实例】

淄博市住房和城乡建设局：地下综合管廊规划公示（发布时间：2020 - 12 - 10）

本次地下综合管廊专项规划的范围为淄博市主城区，总面积约283 km^2，包括老城片区、新城片区、南部片区及高新区，其中高新区依据规划用地性质的不同，又分为高铁站区及东部片区。

本次地下综合管廊专项规划的期限：近期为 2016—2020 年（"十三五"期间），中期为 2021—2025 年，远期为 2026—2030 年。

【评价内容 2】

城市新区新建道路综合管廊建设率＞30%；

城市道路综合管廊综合配建率＞2%。

【评分标准】

（1）城市新区新建道路综合管廊建设率＜15% 的，扣 0.4 分；15% ≤城市新区新建道路综合管廊建设率＜30% 的，扣 0.2 分。

（2）城市道路综合管廊综合配建率＜1% 的，扣 0.4 分；1% ≤城市道路综合管廊综合配建率＜2% 的，扣 0.2 分。

【指标解读】

1）城市新区

城市新区是指在旧有城区之外拟规划新建或已建成的具备相对独立性和完整性，具有新型城市景观，以某一个或某几个城市功能为主导的新城区。

2）城市道路

《城市道路工程设计规范（2016 年版）》（CJJ 37—2012）规定，城市道路按道路在道路网中的地位、交通功能以及对沿线的服务功能等，分为快速路、主干路、次干路和支路四个等级。

3）综合管廊建设规划

《住房城乡建设部　国家发展改革委关于印发〈全国城市市政基础设施建设"十三五"规划〉的通知》（建城〔2017〕116 号）制定了"十三五"时期城市市政基础设施主要发展指标，至 2020 年，设市城市的城市新区新建道路综合管廊建设率①达 30%，城市道路综合管廊综合配建率②达 2%。

【创建要点】

创建城市应建立城市新区新建道路台账，包含道路名称、等级、起点、终点、公里数等信息；建立城市道路综合管廊台账，包含管廊名称、建成时间、管廊类型、长度、配属道路名称等信息；绘制城市新区新建道路综合管廊分布图，计算说明城市新区新建道路综合管廊建设率、城市道路综合管廊综合配建率。

创建城市应合理布局综合管廊，集约利用城市地下空间。在城市新区、各类园区和成片开发区域，新建道路必须同步建设地下综合管廊，老城区因地制宜推动综合管廊建设，逐步提高综合管廊配建率。在交通流量较大、地下管线密集的城市道路、轨道交通、地下综合体等地段，城市高强度开发区、重要公共空间、主要道路交叉口、道路与铁路或河流的交叉处，以及道路宽度难以单独敷设多种管线的路段，优先建设地下综合管廊。

【创建实例】

淮北市市政基础设施建设"十三五"规划实施情况中期评估报告（发布时间：2019 – 03 – 12）

截至 2017 年底，淮北市城市新区新建综合管廊里程 9.3 km，城市新区新增道路里程 30.68 km，计算城市新区新建道路综合管廊建设率为 30.31%，达到 2020 年 30% 的预期指标。

截至 2017 年底，全市在建综合管廊总里程 19.74 km，建成区道路总长度 584.15 km，计算城市道路综合管廊综合配建率为 3.38%，达到 2020 年 2% 的预期指标。

3.1.3　城市产业安全改造

1. 城市禁止类产业目录

【评价内容】

---

① 城市新区新建道路综合管廊建设率 = 新区管廊建设公里数/新区新建道路公里数。

② 城市道路综合管廊综合配建率 = 综合管廊建设长度/城市道路长度。

制定城市禁止和限制类产业目录。

【评分标准】

未制定城市安全生产禁止和限制类产业目录的，扣1分。

【指标解读】

1）禁止和限制类产业目录

《国务院关于实行市场准入负面清单制度的意见》规定，市场准入负面清单包括禁止准入类和限制准入类，适用于各类市场主体基于自愿的初始投资、扩大投资、并购投资等投资经营行为及其他市场进入行为。对禁止准入事项，市场主体不得进入，行政机关不予审批、核准，不得办理有关手续；对限制准入事项，或由市场主体提出申请，行政机关依法依规作出是否予以准入的决定，或由市场主体依照政府规定的准入条件和准入方式合规进入；对市场准入负面清单以外的行业、领域、业务等，各类市场主体皆可依法平等进入。

2）城市安全生产禁止和限制类产业目录

《中共中央 国务院关于推进安全生产领域改革发展的意见》要求严格安全生产市场准入，经济社会发展要以安全为前提，把安全生产贯穿城乡规划布局、设计、建设、管理和企业生产经营活动全过程。

严格安全准入制度。地方各级政府要严格安全准入标准，严格高危行业领域安全准入条件。按照强化监管与便民服务相结合原则，科学设置安全生产行政许可事项和办理程序，优化工作流程，简化办事环节，实施网上公开办理，接受社会监督。对与人民群众生命财产安全直接相关的行政许可事项，依法严格管理。对取消、下放、移交的行政许可事项，要加强事中事后安全监管。

《国务院安全生产委员会关于印发〈全国安全生产专项整治三年行动计划〉的通知》（安委〔2020〕3号）要求严格高风险化工项目准入条件。牢固树立安全发展理念，强化源头管控，推进产业结构调整，科学审慎引进化工项目。涉及化工行业的省级、市级人民政府和重点化工园区要结合现有化工产业特点、资源优势、专业人才基础和安全监管能力等情况，进一步明确产业定位，加快制定完善化工产业发展规划，2020年底前制定出台新建化工项目准入条件；2022年底前，设区的市要制定完善危险化学品"禁限控"目录，对涉及光气、氯气、氨气等有毒气体，硝酸铵、硝基胍、氯酸铵等爆炸危险性化学品（指《危险化学品目录》中危险性类别为爆炸物的危险化学品）的建设项目要严格控制，严禁已淘汰的落后产能异地落户和进园入区；支持危险化学品生产企业开展安全生产技术改造升级，依法淘汰达不到安全生产条件的产能。

【创建要点】

创建城市应根据产业或地方特点制定本地安全生产禁止和限制类产业目录，

目录可按照《国民经济行业分类》(GB/T 4754—2017) 编制。

《国务院关于实行市场准入负面清单制度的意见》规定，涉及安全生产环节的前置性审批，要依法规范和加强。鼓励各地区在省、市、县三级政府推行市场准入事项（限制类）行政审批清单，明确审批事项名称、设定依据、适用范围、实施主体、办理条件、申请材料清单及要求、办理程序及时限等。

【创建实例】

北京市人民政府办公厅关于印发市发展改革委等部门制定的《北京市新增产业的禁止和限制目录（2022 年版）》的通知（京政办发〔2022〕5 号）（发布时间：2022 – 03 – 22）

2. 高危行业搬迁改造

【评价内容1】

制定高危行业企业退出、改造或转产等奖励政策、工作方案和计划，并按计划逐步落实推进；新建危险化学品生产企业进园入区率100%。

【评分标准】

未制定危险化学品企业退出、改造或转产等奖励政策、工作方案和计划的；未按照《国务院办公厅关于推进城镇人口密集区危险化学品生产企业搬迁改造的指导意见》要求，完成相关危险化学品企业搬迁改造计划的；近三年新建危险化学品生产企业进园入区率小于100% 的；发现存在上述任何一处情况，扣3 分。

【指标解读】

1）高危行业企业退出、改造或转产等奖励政策、工作方案和计划

《国务院办公厅关于推进城镇人口密集区危险化学品生产企业搬迁改造的指导意见》要求：

（1）编制搬迁改造实施方案。各省级人民政府要依据国民经济和社会发展规划、土地利用总体规划、城市总体规划、环境保护规划等，立足区域产业发展实际，在组织开展摸底评估的基础上，统筹制定本地区危险化学品生产企业搬迁改造实施方案，明确实施范围、工作目标、进度安排、组织方式、职责分工、资金筹措、承接园区、职工安置、保障措施等。实施方案要经科学周密论证，广泛征求意见，特别是要征求相关企业和承接园区及其所在地政府意见，方案实施前要向社会公示。各搬迁改造企业要制定周密细致的工作方案，明确具体落实措施。

（2）加大财税政策支持。通过现有资金渠道，加大支持力度，对符合条件的危险化学品生产企业搬迁改造项目予以支持。鼓励地方根据实际研究设立危险化学品生产企业搬迁改造专项资金，或对搬迁改造企业新厂房基建费用给予适当基建投资补助。企业在搬迁改造期间发生的搬迁收入和搬迁支出，可暂不计入当期应纳税所得额，具体按企业政策性搬迁所得税管理办法执行。

2）按计划逐步落实推进

《国务院办公厅关于推进城镇人口密集区危险化学品生产企业搬迁改造的指导意见》要求各省级人民政府要加强组织协调，加快搬迁改造项目审批进程，积极协助企业解决搬迁改造过程中存在的问题，最大限度降低搬迁改造对企业生产经营的影响。对就地改造的，要督促指导企业制定技术改造措施，加快技术改造进程，确保达到预期效果；对异地迁建的，要协助企业对接搬迁承接地，做好两地间沟通协调工作；对关闭退出的，要督促企业尽快拆除关键设备，防止恢复生产。对产能过剩的行业要实行等量或减量置换，不得借机扩大产能。要确保承接园区周边安全和卫生防护距离不受侵占挤压，对因修改相关规划对化工园区内企业合法权益造成损失的，应当依法给予补偿。搬迁改造企业要落实好搬迁改造项目建设所需资金，提前做好企业职工思想工作。

3）新建危险化学品生产企业进园入区

《国务院安委会办公室关于进一步加强危险化学品安全生产工作的指导意见》（安委办〔2008〕26号）规定，从2010年起，危险化学品生产、储存建设项目必须在依法规划的专门区域内建设，负责固定资产投资管理部门和安全监管部门不再受理没有划定危险化学品生产、储存专门区域的地区提出的立项申请和安全审查申请。

《关于促进化工园区规范发展的指导意见》（工信部原〔2015〕433号）规定，化工园区包括以石化化工为主导产业的新型工业化产业示范基地、高新技术产业开发区、经济技术开发区、专业化工园区及由各级政府依法设置的化工生产企业集中区。

《国务院办公厅关于印发〈危险化学品安全综合治理方案〉的通知》规定禁止在化工园区外新建、扩建危险化学品生产项目。

《应急管理部关于印发〈化工园区安全风险排查治理导则（试行）〉和〈危险化学品企业安全风险隐患排查治理导则〉的通知》（应急〔2019〕78号）要求，化工园区的设立应经省级及以上人民政府认定，负责园区管理的当地人民政府应明确承担园区安全生产和应急管理职责的机构。

【创建要点】

创建城市应制定危险化学品企业退出、改造或转产等奖励政策、工作方案和计划，说明实际完成情况；说明城镇人口密集区危险化学品企业搬迁改造情况；说明新建危险化学品生产企业入园情况。

加快城镇人口密集区危险化学品企业搬迁改造，严格落实危险化学品企业退出、改造或转产计划，确保不符合安全和卫生防护距离要求的危险化学品生产企业完成搬迁改造。其中：中小型企业和存在重大风险隐患的大型企业 2020 年底前完成搬迁改造；其他大型企业和特大型企业 2020 年底前全部启动搬迁改造，2025 年底前完成。

严格执行新建危险化学品生产企业入园要求，实现 2017 年以后新建危险化学品生产企业全部入园。鼓励大型园区或距离周边居民区较近的园区实行封闭管理。对暂时无法实行封闭管理的，应当首先对重大危险源和关键生产区域实行封闭化管理。

【创建实例】

实例 1

兰州市推进危化品企业搬迁改造　17 家危化企业被列入名单（发布时间：2019 – 05 – 10）

为深入推进危化企业搬迁，按期完成阶段性目标任务。近日，兰州市危化生产企业搬迁改造工作联席会议办公室会议通过并下发了《2019 年城镇人口密集区危险化学品生产企业搬迁改造工作要点》，明确了全市危化企业搬迁改造 2019 年阶段性工作目标、重点任务和具体工作要求。同时，经过摸底排查、评估公示，确定了 17 户搬迁改造企业名单，并已全面启动搬迁改造。

实例 2

昆明市人民政府办公厅关于印发《昆明市城镇人口密集区危险化学品生产企业搬迁改造工作方案》的通知（昆政办〔2019〕24号）（发布时间：2019 – 02 – 25）

实例 3

温州市加强危化品领域安全监管，推进生产企业进区入园（发布时间：2021 – 08 – 25）

建立危化品建设项目立项阶段多部门联合审查制度，制定全市化工产业"禁限控"目录，严格执行危险化学品建设项目的安全准入条件。印发《温州市危险化学品建设项目进区入园指导意见》（温应急〔2020〕63 号），今年以来，全市共批复 15 个危化品生产新建项目，全部落地在园区内。

3.2　城市安全风险防控

3.2.1　城市工业企业

1. 危险化学品企业运行安全风险

【评价内容 1】

危险化学品重大危险源的企业视频和安全监控系统安装率及危险化学品监测

预警系统建设完成率100%。

【评分标准】

有危险化学品重大危险源的企业，未建设完成视频和安全监控系统及危险化学品监测预警系统的，每发现一处扣0.2分，1分扣完为止。

【指标解读】

1）危险化学品重大危险源

根据《危险化学品重大危险源辨识》（GB 18218—2018），危险化学品重大危险源指长期地或临时地生产、储存、使用和经营危险化学品，且危险化学品的数量等于或超过临界量的单元。

2）视频监控

危险化学品重大危险源企业的值班监控中心、重大危险源中关键装置和重点部位应实现视频监控。

《危险化学品重大危险源安全监控通用技术规范》（AQ 3035—2010）要求音视频信息应保存7 d以上；调出整幅画面85%的响应时间应不大于2 s，其余画面应不大于5 s。

《危险化学品重大危险源监督管理暂行规定》（2011年8月5日原国家安全监管总局令第40号公布，根据2015年5月27日原国家安全监管总局令第79号修正）要求，重大危险源中储存剧毒物质的场所或者设施，设置视频监控系统。

《危险化学品重大危险源罐区现场安全监控装备设置规范》（AQ 3036—2010）中对音视频监控装备的设置要求包括：罐区应设置音视频监控报警系统，监视突发的危险因素或初期的火灾报警等情况；摄像头的设置个数和位置，应根据罐区现场的实际情况而定，既要覆盖全面，也要重点考虑危险性较大的区域；摄像视频监控报警系统应可实现与危险参数监控报警的联动；摄像监控设备的选型和安装要符合相关技术标准，有防爆要求的应使用防爆摄像机或采取防爆措施；摄像头的安装高度应确保可以有效监控到储罐顶部。

3）安全监控系统

《危险化学品重大危险源安全监控通用技术规范》（AQ 3035—2010）中对重大危险源安全监控预警系统的定义是由数据采集装置、逻辑控制器、执行机构以及工业数据通信网络等仪表和器材组成，可采集安全相关信息，并通过数据分析进行故障诊断和事故预警确定现场安全状况，同时配备联锁装备在危险出现时采取相应措施的重大危险源计算机数据采集与监控系统。

《危险化学品重大危险源监督管理暂行规定》（2011年8月5日原国家安全监管总局令第40号公布，根据2015年5月27日原国家安全监管总局令第79号修正）规定，危险化学品单位应当根据构成重大危险源的危险化学品种类、数量、生产、使用工艺（方式）或者相关设备、设施等实际情况，按照下列要求建立健全安全监测监控体系，完善控制措施：

（1）重大危险源配备温度、压力、液位、流量、组分等信息的不间断采集和监测系统以及可燃气体和有毒有害气体泄漏检测报警装置，并具备信息远传、连续记录、事故预警、信息存储等功能；一级或者二级重大危险源，具备紧急停车功能。记录的电子数据的保存时间不少于30 d。

（2）重大危险源的化工生产装置装备满足安全生产要求的自动化控制系统；一级或者二级重大危险源，装备紧急停车系统。

（3）对重大危险源中的毒性气体、剧毒液体和易燃气体等重点设施，设置紧急切断装置；毒性气体的设施，设置泄漏物紧急处置装置。涉及毒性气体、液化气体、剧毒液体的一级或者二级重大危险源，配备独立的安全仪表系统（SIS）。

（4）重大危险源中储存剧毒物质的场所或者设施，设置视频监控系统。

（5）安全监测监控系统符合国家标准或者行业标准的规定。

《应急管理部办公厅关于印发〈危险化学品企业重大危险源安全包保责任制办法（试行）〉的通知》（应急厅〔2021〕12号）规定，重大危险源的技术负责人，对所包保的重大危险源负有下列安全职责：

（1）组织实施重大危险源安全监测监控体系建设，完善控制措施，保证安全监测监控系统符合国家标准或者行业标准的规定。

（2）组织定期对安全设施和监测监控系统进行检测、检验，并进行经常性维护、保养，保证有效、可靠运行。

4）危险化学品监测预警系统

《关于加快推进危险化学品安全生产风险监测预警系统建设的指导意见》（安委办〔2019〕11号）要求，2019年底前，初步建成全国联网的危险化学品监测预警系统，一、二级重大危险源企业实现重大危险源和关键部位的监测监控全覆盖，一、二级重大危险源企业的重要实时监控视频图像和预警数据全部接入危险化学品监测预警系统。拥有一、二级重大危险源的化工园区建成安全监管信息平台，实现对园区内危险化学品企业的在线实时动态监管和自动预警。市级应急管理部门利用省级系统或自建系统对危险化学品企业实时监测和风险管控。在此基础上，再利用3年时间，逐步完善系统功能，拓展到对全部危险化学品重大危险源的在线监测，不断提升系统数据处理、智能分析研判能力，实现智能实时预警。

《应急管理部办公厅关于印发〈危险化学品企业重大危险源安全包保责任制办法（试行）〉的通知》（应急厅〔2021〕12号）规定，重大危险源的主要负责人，对所包保的重大危险源负有组织通过危险化学品登记信息管理系统填报重大危险源有关信息，保证重大危险源安全监测监控有关数据接入危险化学品安全生产风险监测预警系统下的安全职责。

5）建设完成率100%

《关于全面加强危险化学品安全生产工作的意见》要求，到2020年底前实现涉及"两重点一重大"的化工装置或储运设施自动化控制系统装备率、重大危险源在线监测监控率均达到100%。

《危险化学品安全专项整治三年行动实施方案》规定，到2022年底前，涉及"两重点一重大"生产装置和储存设施的自动化系统装备投用率达到100%。

2020年底前涉及"两重点一重大"的生产装置、储存设施的可燃气体和有毒气体泄漏检测报警装置、紧急切断装置、自动化控制系统装备和使用率必须达到100%。

【创建要点】

创建城市应建立危险化学品重大危险源企业台账，包含企业名称、地址、重大危险源名称、级别和总源长姓名、联系方式等基本信息，明确危险化学品重大危险源视频、安全监控系统、危险化学品监测预警系统建设情况、接入状态。

县级以上地方各级人民政府安全生产监督管理部门应当加强对存在重大危险源的危险化学品单位的监督检查，督促危险化学品单位做好重大危险源的辨识、安全评估及分级、登记建档、备案、监测监控、事故应急预案编制、核销和安全管理工作。

危险化学品重大危险源的企业应当按照国家有关规定，定期对重大危险源的安全设施和安全监测监控系统进行检测、检验，并进行经常性维护、保养，保证重大危险源的安全设施和安全监测监控系统有效、可靠运行。维护、保养、检测应当做好记录，并由有关人员签字。安全监测监控系统、措施说明、检测、检验结果应保存在重大危险源档案中。

【创建实例】

实例1

丽水市率先实现危化品重大危险源在线监测监控率100%（发布时间：2020 - 07 - 27）

近日，丽水市6家化工行业危化品重大危险源企业在全省率先实现在线监测监控。重大危险源联网监测是将企业重大危险源罐区、库区和重点监管化工工艺装置的温度、压力、液位、搅拌速度、pH、可燃有毒气体浓度等安全监测数据及安全仪表状态和重点监控部位、值班室、监控中心的视频监控，直接接入应急管理部风险监测预警系统，实现对重大危险源运行状态的实时动态监控，促进危化品企业落实主体责任。

实例 2

枣庄市完成危险化学品安全生产监测预警系统建设(发布时间:2020 - 12 - 14)

我市坚持把危险化学品重大危险源监测预警系统建设作为防范遏制生产安全事故的重要抓手,切实加强组织领导,狠抓措施落实,截至 11 月 26 日全面完成 27 家危险化学品重大危险源企业风险监测预警数据的接入工作。

其间,市应急局认真贯彻落实省厅工作部署,成立工作专班、制定建设方案,明确责任、倒排工期,与技术人员沟通协调专业问题,督促帮助企业完善接入条件,做到成熟一家、接入一家。在中石化青岛安工院技术人员的辛勤工作下,在各企业的高度重视和积极配合下,按时完成了建设任务。

下一步,我市将建立系统运行机制,通过线上巡查,对系统在线、感知数据上传、视频上传、承诺公告等数据逐项核查,确保系统建设质量;并将预警系统与日常监管相结合,牢固树立"信息化"思维,不断提升监管效能。

【评价内容 2】

涉及重点监管危险化工工艺和重大危险源的危险化学品生产装置和储存设施安全仪表系统装备率 100%。

【评分标准】

涉及重点监管危险化工工艺和危险化学品重大危险源的生产装置和储存设施未安装安全仪表系统的,每发现一处扣 0.2 分,1 分扣完为止。

【指标解读】

1) 重点监管危险化工工艺

《重点监管危险化工工艺目录(2013 年完整版)》规定,共有 18 种重点监管危险化工工艺,包括光气及光气化工艺、电解工艺(氯碱)、氯化工艺、硝化工艺、合成氨工艺、裂解(裂化)工艺、氟化工艺、加氢工艺、重氮化工艺、氧化工艺、过氧化工艺、胺基化工艺、磺化工艺、聚合工艺、烷基化工艺、新型煤化工工艺、电石生产工艺、偶氮化工艺。

2) 安全仪表系统

《国家安全监管总局关于加强化工安全仪表系统管理的指导意见》(安监总管三〔2014〕116 号)规定,化工安全仪表系统(SIS)包括安全联锁系统、紧急停车系统和有毒有害、可燃气体及火灾检测保护系统等。根据安全仪表功能失效产生的后果及风险,将安全仪表功能划分为不同的安全完整性等级(安全完整性等级由低到高为 SIL1 ~ SIL4)。不同等级安全仪表回路在设计、制造、安装调试和操作维护方面技术要求不同。

《石油化工安全仪表系统设计规范》（GB/T 50770—2013）规定，安全完整性等级可根据过程危险分析和保护层功能分配的结果评估并确定，评估方法应根据工艺过程复杂程度、国家现行标准、风险特性和降低风险的方法、人员经验等确定。主要方法包括保护层分析法、风险矩阵法、校正的风险图法、经验法及其他方法。确定好等级后还需要进行 SIL 等级验证。

3）装备率 100%

《危险化学品重大危险源监督管理暂行规定》（2011 年 8 月 5 日原国家安全监管总局令第 40 号公布，根据 2015 年 5 月 27 日原国家安全监管总局令第 79 号修正）规定涉及毒性气体、液化气体、剧毒液体的一级或者二级重大危险源，配备独立的安全仪表系统（SIS）。

《国家安全监管总局关于加强化工安全仪表系统管理的指导意见》（原安监总管三〔2014〕116 号）要求，涉及"两重点一重大"在役生产装置或设施的化工企业和危险化学品储存单位，要在全面开展过程危险分析（如危险与可操作性分析）基础上，通过风险分析确定安全仪表功能及其风险降低要求，并尽快评估现有安全仪表功能是否满足风险降低要求。企业应在评估基础上，制定安全仪表系统管理方案和定期检验测试计划。对于不满足要求的安全仪表功能，要制定相关维护方案和整改计划，2019 年底前完成安全仪表系统评估和完善工作。

《危险化学品安全专项整治三年行动实施方案》规定，2020 年底前涉及"两重点一重大"的生产装置、储存设施系统装备使用率必须达到 100%。推动涉及重点监管危险化工工艺的生产装置实现全流程自动化控制，2022 年底前所有涉及硝化、氯化、氟化、重氮化、过氧化工艺装置的上下游配套装置必须实现自动化控制。

【创建要点】

创建城市应建立涉及重点监管危险化工工艺和重大危险源企业台账，包含企业名称、地址、重大危险源名称、危险化工工艺名称、联系方式等基本信息，明确生产装置和储存设施安装安全仪表系统建设情况。

地方各级安全监管部门要指导和督促企业加强化工过程安全仪表系统及其相关安全保护措施的管理。要将安全仪表系统功能安全评估、安全仪表系统管理制度落实、人员培训开展等情况纳入安全监督检查内容。

化工园区应建设安全监管和应急救援信息平台，构建基础信息库和风险隐患数据库，至少应接入企业重大危险源（储罐区和库区）实时在线监测监控相关数据、关键岗位视频监控数据、安全仪表数据等异常报警数据，实现对化工园区内重点场所、重点设施在线实时监测、动态评估和及时自动预警。

化工企业要保障新建装置安全仪表系统达到功能安全标准的要求；对在役装置安全仪表系统不满足功能安全要求的，要列入整改计划限期整改。编制安全仪表系统操作维护计划和规程，完善企业安全仪表系统管理制度和体系，保证安全仪表系统能够可靠执行所有安全仪表功能，实现功能安全。按照符合安全完整性要求的检验测试周期，对安全仪表功能进行定期全面检验测试，并详细记录测试过程和结果。加强安全仪表系统相关设备故障管理（包括设备失效、联锁动作、误动作情况等）和分析处理，逐步建立相关设备失效数据库。规范安全仪表系统相关设备选用，建立安全仪表设备准入和评审制度以及变更审批制度，并根据企业应用和设备失效情况不断修订完善。

【创建实例】

实例 1

江门市应急管理局关于印发《江门市重点监管危险化工工艺企业安全专项整治方案》的通知（发布时间：2022 - 04 - 20）

整治目标和任务：进一步摸清全市重点监管危险化工工艺企业底数情况，督促重点监管危险化工工艺企业对照落实《重点监管危险化工工艺重点监控参数、安全控制基本要求及推荐的控制方案》，实现危险化工工艺生产装置自动化控制，提升化工生产装置本质安全水平，防范化解危险化学品领域重大安全风险。

实例 2

《中国应急管理报》报道我市强化危化品重大危险源风险管控工作（发布时间：2022 - 01 - 18）

2021 年，济南市应急管理局对 35 家重大危险源企业的安全设施、自动化控制及报警联锁系统运行情况进行核查，投用率达到 100% 。

【评价内容 3】

油气长输管道定检率、安全距离达标率、途经人员密集场所高后果区域安装监测监控率 100% 。

【评分标准】

油气长输管道不在定期检验有效期内的，两侧安全距离不符合《石油天然气管道保护法》要求的，途经人员密集场所高后果区域未安装全天候视频监控的，每发现一处扣 0.1 分，1 分扣完为止。

【指标解读】

1）油气长输管道

《油气长输管道工程施工及验收规范》（GB 50369—2014）规定，油气长输管道指产地、储存库、用户间的用于输送油、气介质的管道。

2）定检率

《中华人民共和国石油天然气管道保护法》规定，管道企业应当定期对管道进行检测、维修，确保其处于良好状态。

《压力管道定期检验规则——长输（油气）管道》（TSG D7003—2010）的规定，管道的定期检验通常包括年度检查、全面检验和合于使用评价：

（1）年度检查，是指在运行过程中的常规性检查。年度检查至少每年1次，进行全面检验的年度可以不进行年度检查；年度检查通常由管道使用单位长输管道作业人员进行，也可委托经国家质量监督检验检疫总局核准，具有相应资质的检验检测机构进行。

（2）全面检验是指按一定的检验周期对在用管道进行基于风险的检验。新建管道一般于投用后3年内进行首次全面检验，首次全面检验之后的全面检验周期按照《压力管道定期检验规则——长输（油气）管道》（TSG D7003—2010）第二十三条确定；承担全面检验的检验机构，应当经国家质检总局核准，并且在核准的范围内开展工作。

（3）合于使用评价，在全面检验之后进行。合于使用评价包括对管道进行的应力分析计算；对危害管道结构完整性的缺陷进行的剩余强度评估与超标缺陷安全评定；对危害管道安全的主要潜在危险因素进行的管道剩余寿命预测以及在一定条件下开展的材料适用性评价。承担合于使用评价的机构应当具备国家质检总局核准的合于使用评价资质。

3）安全距离

《中华人民共和国石油天然气管道保护法》规定，管道建设的选线应当避开地震活动断层和容易发生洪灾、地质灾害的区域，与建筑物、构筑物、铁路、公路、航道、港口、市政设施、军事设施、电缆、光缆等保持本法和有关法律、行政法规以及国家技术规范的强制性要求规定的保护距离。

新建管道通过的区域受地理条件限制，不能满足上述管道保护要求的，管道企业应当提出防护方案，经管道保护方面的专家评审论证，并经管道所在地县级以上地方人民政府主管管道保护工作的部门批准后，方可建设。

在管道线路中心线两侧各5 m地域范围内，禁止下列危害管道安全的行为：

（1）种植乔木、灌木、藤类、芦苇、竹子或者其他根系深达管道埋设部位可能损坏管道防腐层的深根植物。

（2）取土、采石、用火、堆放重物、排放腐蚀性物质、使用机械工具进行挖掘施工。

（3）挖塘、修渠、修晒场、修建水产养殖场、建温室、建家畜棚圈、建房以及修建其他建筑物、构筑物。

在管道线路中心线两侧和管道的加压站、加热站、计量站、集油站、集气站、输油站、输气站、配气站、处理场、清管站、阀室、阀井、放空设施、油库、储气库、装卸栈桥、装卸场周边修建下列建筑物、构筑物的，建筑物、构筑物与管道线路和管道附属设施的距离应当符合国家技术规范的强制性要求：

（1）居民小区、学校、医院、娱乐场所、车站、商场等人口密集的建筑物。

（2）变电站、加油站、加气站、储油罐、储气罐等易燃易爆物品的生产、经营、存储场所。

在穿越河流的管道线路中心线两侧各 500 m 地域范围内，禁止抛锚、拖锚、挖砂、挖泥、采石、水下爆破。但是，在保障管道安全的条件下，为防洪和航道通畅而进行的养护疏浚作业除外。

在管道专用隧道中心线两侧各 1000 m 地域范围内，禁止采石、采矿、爆破（除因修建铁路、公路、水利工程等公共工程，确需实施采石、爆破作业的，应当经管道所在地县级人民政府主管管道保护工作的部门批准，并采取必要的安全防护措施，方可实施）。

《中华人民共和国石油天然气管道保护法》施行前在管道保护距离内已建成的人口密集场所和易燃易爆物品的生产、经营、存储场所，应当由所在地人民政府根据当地的实际情况，有计划、分步骤地进行搬迁、清理或者采取必要的防护措施。

油气长输管道安全距离相关规定见《输油管道工程设计规范》（GB 50253—2014）、《输气管道工程设计规范》（GB 50251—2015）、《石油天然气工程设计防火规范》（GB 50183—2004）等规范，其中部分安全距离要求如下：

（1）输气管道线路应避开军事禁区、飞机场、铁路及汽车客运站、海（河）港码头等区域；与公路并行的管道路由宜在公路用地界 3 m 以外，与铁路并行的管道路由宜在铁路用地界 3 m 以外，如地形受限或其他条件限制的局部地段不满足要求时，应征得道路管理部门的同意；埋地输气管道与建（构）筑物的间距应满足施工和运行管理需求，且管道中心线与建（构）筑物的最小距离不应小于 5 m。

（2）输油管道不应通过饮用水水源一级保护区、飞机场、火车站、海（河）港码头、军事禁区、国家重点文物保护范围、自然保护区的核心区。

（3）埋地输油管道同地面建（构）筑物的最小间距应符合下列规定：

① 原油、成品油管道与城镇居民点或重要公共建筑的距离不应小于 5 m。

② 原油、成品油管道临近飞机场、海（河）港码头、大中型水库和水工建（构）筑物敷设时，间距不宜小于 20 m。

③ 输油管道与铁路并行敷设时，管道应敷设在铁路用地范围边线 3 m 以外，且原油、成品油管道距铁路线不应小于 25 m、液化石油气管道距铁路线不应小

于 50 m。如受制于地形或其他条件限制不满足本条要求时，应征得铁路管理部门的同意。

④ 输油管道与公路并行敷设时，管道应敷设在公路用地范围边线以外，距用地边线不应小于 3 m。如受制于地形或其他条件限制不满足本条要求时，应征得公路管理部门的同意。

⑤ 原油、成品油管道与军工厂、军事设施、炸药库、国家重点文物保护设施的最小距离应同有关部门协商确定。液化石油气管道与军工厂、军事设施、炸药库、国家重点文物保护设施的距离不应小于 100 m。

⑥ 液化石油气管道与城镇居民点、重要公共建筑和一般建（构）筑物的最小距离应符合现行国家标准《城镇燃气设计规范》（GB 50028—2006，2020 年版）的有关规定。

4）人员密集场所高后果区

高后果区是指管道泄漏后可能对公众和环境造成较大不良影响的区域。高后果区分为三级，Ⅰ级代表最小的严重程度，Ⅲ级代表最大的严重程度。

油气长输管道企业应按照《油气输送管道完整性管理规范》（GB 32167—2015）规定，在建设期开展高后果区识别，优化路由选择。无法避绕高后果区时应采取安全防护措施。管道运营期周期性地进行高后果区识别，识别时间间隔最长不超过 18 个月。当管道及周边环境发生变化，及时进行高后果区更新。

人员密集场所高后果区包括输油管道的Ⅱ级和Ⅲ级高后果区，输气管道的Ⅰ级、Ⅱ级和Ⅲ级高后果区。

5）监测监控

《中华人民共和国石油天然气管道保护法》规定，管道安全风险较大的区段和场所应当进行重点监测，采取有效措施防止管道事故的发生。

《输油管道工程设计规范》（GB 50253—2014）规定，输油管道应设置监视、控制和调度管理系统，宜采用监控与数据采集（SCADA）系统，系统应包括控制中心的计算机系统、输油站站控制系统、远控截断阀的控制系统及数据传输系统。输油管道的控制方式宜采用控制中心控制、站控制系统控制和设备就地控制。

《输气管道工程设计规范》（GB 50251—2015）规定，输气管道应设置测量、控制、监视仪表及控制系统，宜设置监控与数据采集（SCADA）系统，系统宜包括调度控制中心的计算机系统、管道各站场的控制系统、远程终端装置（RTU）以及数据通信系统。

《关于加强油气输送管道途经人员密集场所高后果区安全管理工作的通知》（原安监总管三〔2017〕138 号）要求，采取提高日常巡护频次、加密设置地面警示标识、安装全天候视频监控等人防、物防、技防措施，及时阻止危及人员密集型高后果区管段安全的违法施工作业行为。

《输气管道高后果区完整性管理规范》（SY/T 7380—2017）要求，应将高后果区作为管道日常巡护的重点，增加巡检点和巡线频次，并通过加强高后果区管段周边信息排查及其他可能的方式，及时获取第三方活动信息。宜通过 GPS 巡检、视频监控等方式提高高后果区的巡线效果。高后果区管段宜采用泄漏监测、安全预警系统等技防措施。对高后果区内的地质灾害风险点宜实施监测。

【创建要点】

创建城市应建立油气长输管道台账，包括管道定检信息（使用单位、联系人、电话、管段名称、起止点、长度、设计压力、规格、上次全面检验时间、全面检验单位、合于使用评价单位、下次检验时间、是否在检验有效期内）、安全距离达标情况说明、人员密集场所高后果区识别统计（长度、级别、输气管道地区等级、距上下游站场/阀室距离、识别描述、监测监控手段）。

负责特种设备安全监督管理的部门依照《中华人民共和国特种设备安全法》的规定，对油气长输管道使用单位和检验、检测机构实施监督检查。

设区的市级、县级人民政府指定的部门，依照《中华人民共和国石油天然气管道保护法》规定主管本行政区域的管道保护工作，协调处理本行政区域管道保护的重大问题，指导、监督有关单位履行管道保护义务，依法查处危害管道安全的违法行为。

各有关部门要全面摸清掌握本地区人员密集型高后果区现状，建立有效的更新机制。认真管好人员密集型高后果区存量，严格控制人员密集型高后果区增量。要切实落实管道保护责任，严格高后果区地面开挖作业管理，严防因第三方施工损坏油气输送管道引发事故。

油气长输管道使用单位应当根据全面检验周期的要求制定管道全面检验和合于使用评价计划，安排全面检验和合于使用评价工作，并且及时向压力管道使用登记部门申报全面检验和合于使用评价计划，在合于使用评价合格有效期届满前1 个月之前分别向检验机构和评价机构提出全面检验和合于使用评价要求。

跨省运营的陆上石油天然气长输管道建设项目应依据《陆上油气输送管道建设项目安全评价报告编制导则（试行）》编制安全评价报告，并给出管道路由、站场选址的合规性评价结论。

油气长输管道企业按照《油气输送管道完整性管理规范》（GB 32167—2015），全面开展人员密集型高后果区识别和风险评价工作，编制人员密集型高后果区风险评价报告，并按照各省级人民政府相关部门要求做好报送工作。采取提高日常巡护频次、加密设置地面警示标识、安装全天候视频监控等人防、物防、技防措施，及时阻止危及人员密集型高后果区管段安全的违法施工作业行为。

【创建实例】

实例1

甘肃省酒泉市市场监管局扎实开展燃气安全专项整治（发布时间：2022 - 01 - 27）

辖区有长输油气管道使用单位1家，在用长输油气管道2272.4 km。市市场监管局邀请省上技术专家对辖区内长输油气管道及沿线调压站、阀室进行全面排查，对某管网公司使用未经检验长输管道的行为立案查处，罚款12万元。通过严处重罚，有效提升了长输油气管道检验覆盖率，目前辖区内长输油气管道检验率达到100%。

实例2

宜兴市自然资源和规划局对全市油气长输管道进行安全生产巡查工作（发布时间：2020 - 03 - 13）

为配合做好全市重点涉危油气长输管道的安全生产工作。近期，我局市政交通管线科对全市所有6条油气长输管道进行安全巡查工作。实地查看油气长输管道线路中心线两侧各5 m范围内的建筑占压情况、管道集中分布区和高后果区等重点部位周边占压情况、油气长输管道与其他已建地下管线间的距离，暂未发现涉及规划安全隐患问题。

实例3

江苏首个油气管道高后果区实时视频监控启动了（发布时间：2021 - 10 - 10）

作为全省首个启动高后果区实时视频监控的设区市，连云港市高后果区智能化系统的建立，不仅可以为我市53个高后果区建立实时的视频监控，实现高后果区影像全覆盖，监控管道安全，而且还将提升管道保护管理效率，提升应急响应速度。

智能化系统主要由地图、数字化管理、视频监控、应急管理、风险管理等模块组成，通过全天候360°旋转球机，对长输管道高后果区实现实时监控，通过系统网络对地图查询、风险研判、应急资源调集等日常管理进行模块化集中化处理，对市、县油气管道保护部门及管道企业开展风险管控及隐患排查治理的长效机制有着决定性促进作用。

2. 尾矿库、渣土受纳场运行安全风险

【评价内容1】

定期开展尾矿库安全现状评价。

【评分标准】

未定期开展尾矿库安全现状评价的，扣0.5分。

【指标解读】

1）尾矿库

筑坝拦截谷口或围地构成的、用以贮存金属非金属矿山进行矿石选别后排出尾矿或其他工业废渣的场所。

2）安全现状评价

《尾矿库安全监督管理规定》（2011年5月4日原国家安全生产监督管理总局令第38号发布，根据2015年5月26日原国家安全生产监督管理总局令第78号修正）要求，尾矿库应当每三年至少进行一次安全现状评价。安全现状评价应当符合国家标准或者行业标准的要求；尾矿库安全现状评价工作应当有能够进行尾矿坝稳定性验算、尾矿库水文计算、构筑物计算的专业技术人员参加；上游式尾矿坝堆积至二分之一至三分之二最终设计坝高时，应当对坝体进行一次全面勘察，并进行稳定性专项评价。

《尾矿库安全规程》（GB 39496—2020）规定，安全现状评价的重点应包括：

（1）尾矿库自然状况的说明及评价，包括尾矿库的地理位置、周边人文环境、库形、汇水面积、库底与周边山脊的高程、工程地质概况等。

（2）尾矿坝设计及现状的说明与评价，包括初期坝的结构类型、尺寸、尾矿堆坝方法、堆积标高、库容、堆积坝的外坡坡比、坝体变形及渗流、采取的工程措施等，并根据勘察资料或经验数据对尾矿坝稳定性进行定量分析。

（3）尾矿库防洪设施设计及现状的说明与评价，包括尾矿库的等别、防洪标准、暴雨洪水总量、洪峰流量、排洪系统的型式、排洪设施结构尺寸及完好情况等，并复核尾矿库防洪能力及排洪设施的可靠性能否满足设计要求。

（4）安全监测设施的可靠性评价，包括安全监测设施的监测项目、数量、位置、精度、监测周期、预警功能等方面。

（5）尾矿库在下个评价周期间的坝体稳定性和排洪系统的安全分析。

（6）安全管理的完善程度及评价。

安全现状评价报告的结论应包括：尾矿坝稳定性是否满足设计要求；尾矿库防洪能力是否满足设计要求；尾矿库的安全监测设施是否满足设计要求；尾矿库与周边环境的相互安全影响；尾矿库下个评价周期间的坝体稳定性和防洪能力是否满足设计要求；安全对策；对尾矿库是否具备继续生产运行的安全生产条件做出明确结论。

【创建要点】

创建城市应建立尾矿库台账，包括尾矿库名称、管理单位名称、地址、库容、运行状况、设计等别、安全度、安全现状、评价时间等信息。

安全生产监督管理部门应当建立本行政区域内尾矿库安全生产监督检查档案，记录监督检查结果、生产安全事故及违法行为查处等情况；加强对尾矿库生产经营单位安全生产的监督检查，对检查中发现的事故隐患和违法违规生产行为，依法作出处理；建立尾矿库安全生产举报制度，公开举报电话、信箱或者电子邮件地址，受理有关举报；对受理的举报，应当认真调查核实；经查证属实的，应当依法作出处理；加强本行政区域内生产经营单位应急预案的备案管理，并将尾矿库事故应急救援纳入地方各级人民政府应急救援体系。

尾矿库管理单位应建立健全尾矿设施安全管理制度；对从事尾矿库作业的尾矿工进行专门的作业培训，并监督其取得特种作业人员操作资格证书和持证上岗情况；编制年、季度作业计划和详细运行图表，统筹安排和实施尾矿输送、分级、筑坝和排洪的管理工作；严格按照《尾矿库安全规程》(GB 39496—2020)、《尾矿库安全监督管理规定》(2011 年 5 月 4 日原国家安全生产监督管理总局令第38 号发布，根据 2015 年 5 月 26 日原国家安全生产监督管理总局令第 78 号修正) 和设计文件的要求，做好尾矿库放矿筑坝、回水排水、防汛、抗震等安全生产管理；做好日常巡检和定期观测，并进行及时、全面的记录。发现安全隐患时，应及时处理并向企业主管领导报告；构建安全风险管控体系，编制安全风险管控方案。

【创建实例】

实例 1

忻州市应急管理局关于全市尾矿库基本情况的公示(发布时间：2022 – 04 – 30)

根据《国家矿山安全监察局综合司关于全面推进防范化解尾矿库安全风险重点工作的通知》(矿安综〔2022〕6 号) 要求，现将我市尾矿库企业的基本情况进行公示。

实例 2

池州市开展尾矿库安全现状评价 (发布时间：2016 – 05 – 13)

据统计，我市现有各类尾矿库 20 座（市直 2 座，贵池区 13 座，青阳县 5座），其中已闭库 3 座，运行库 5 座，停用库 12 座。依据尾矿库应当每三年至少进行一次安全现状评价的规定，结合我市实际，各县、区安全监管局于近日对辖区内尾矿库定期开展安全现状评价情况进行全面摸底，对没有按规定要求开展现状评价以及评价时限超过 3 年的，依法下达执法文书，责令企业于 6 月底前整改到位，逾期仍不整改的，将提请当地人民政府依法实施关闭。

【评价内容 2】

三等及以上尾矿库在线监测系统正常运行率100%，风险监控系统报警信息处置率100%。

【评分标准】

三等及以上尾矿库在线监测系统未正常运行的、报警信息未及时处置的，每发现一处扣0.1分，0.5分扣完为止。

【指标解读】

1）三等及以上尾矿库

《尾矿设施设计规范》（GB 50863—2013）规定，尾矿库等别应根据尾矿库的最终全库容及最终坝高按表3-6确定。尾矿库各使用期的设计等别应根据该期的全库容和坝高分别按表3-6确定。当按尾矿库的全库容和坝高分别确定的尾矿库等别的等差为一等时，应以高者为准；当等差大于一等时，应按高者降一等确定。

露天废弃采坑及凹地储存尾矿，且周边未建尾矿坝时，可不定等别；建尾矿坝时，应根据坝高及其对应的库容确定尾矿库的等别。

除一等库外，对于尾矿库失事将使下游重要城镇、工矿企业、铁路干线或高速公路等遭受严重灾害者，经充分论证后，其设计等别可提高一等。

表3-6 尾矿库各使用期的设计等别

等　别	全库容 $V/10000\ m^3$	坝高 H/m
一	$V \geqslant 50000$	$H \geqslant 200$
二	$1000 \leqslant V < 50000$	$100 \leqslant H < 200$
三	$1000 \leqslant V < 10000$	$60 \leqslant H < 100$
四	$100 \leqslant V < 1000$	$30 \leqslant H < 60$
五	$V < 100$	$H < 30$

2）在线监测系统

在线监测是指应用现代电子、信息、通信及计算机技术，实现数据适时采集、传输、分析、管理的监测技术。

《尾矿库安全监督管理规定》（2011年5月4日原国家安全生产监督管理总局令第38号发布，根据2015年5月26日原国家安全生产监督管理总局令第78号修正）要求一等、二等、三等尾矿库应当安装在线监测系统。

根据《尾矿库安全监测技术规范》（AQ 2030—2010）的规定，在线监测系统应包含数据自动采集、传输、存储、处理分析及综合预警等部分，并具备在各种气候条件下实现适时监测的能力。

在线监测系统应具备下列基本功能：数据自动采集功能，现场网络数据通信和远程通信功能，数据存储及处理分析功能，综合预警功能，防雷及抗干扰功能，其他辅助功能包括数据备份、掉电保护、自诊断及故障显示等功能。

在线监测系统软件应包括在线采集和安全监测管理分析两个模块。安全监测管理分析模块应具备基础资料管理、各项监测内容适时显示发布、图形报表制作、数据分析、综合预警等功能。其中数据分析部分应包括各项监测内容趋势分析、综合过程线分析等内容。

《尾矿设施设计规范》（GB 50863—2013）的规定，三等及三等以上尾矿库应设置人工监测与自动监测相结合的安全监测设施。安全监测项目应包括下列内容：

（1）湿排尾矿库应监测库水位、滩顶标高、干滩长度、浸润线深度、坝体坡度和位移。

（2）四等及四等以上湿排尾矿库还应监测降雨量，三等及三等以上湿排尾矿库必要时还应监测孔隙水压力、渗透水量及其水质。

《尾矿库在线安全监测系统工程技术规范》（GB 51108—2015）要求，尾矿库在线安全监测系统应有效运行，将在线安全监测成果、现场巡查与人工安全监测成果进行综合分析管理和信息发布。系统应符合下列规定：

（1）应具备自动巡测、应答式测量、故障自诊断功能。

（2）应具备掉电保护及自启动功能。

（3）应具备远程通信功能。

（4）应具备网络安全防护功能。

（5）应具备防雷及抗干扰功能。

（6）应具备与现场巡查、人工安全监测接口，可进行数据补测、比测。

（7）应具备通用的操作环境，可视化、操作方便的用户界面。

（8）可根据用户要求修改系统设置、设备参数及采集周期。

（9）应具备在线安全监测、数据后台处理、数据库管理、数据备份、监测图形及报表制作、监测信息查询及发布功能。

（10）应具备系统管理、数据存取、操作日志、故障日志、预报警记录等功能。

尾矿库在线安全监测系统应全天候连续正常运行。系统出现故障时，排除故障时间不宜超过 7 d，排除故障期间应保持无故障监测设备正常运行。

尾矿库在线安全监测系统的运行管理应配备专业人员负责。

在汛期前后、地震后，应对尾矿库在线安全监测系统进行检查，且每年对尾矿库在线安全监测系统的全面检查次数不应少于 3 次。

3) 风险监控系统报警信息处置

《尾矿库在线安全监测系统工程技术规范》（GB 51108—2015）规定，尾矿库安全监测预警由低级到高级分为黄色预警、橙色预警、红色预警三个等级，尾矿库安全状况预警应由尾矿库安全监测项目的最高预警等级确定。预警信息必须立即送达尾矿库企业生产安全管理部门。当尾矿库安全监测项目处于橙色预警时，必须进行隐患检查治理；当尾矿库安全监测项目处于红色预警时，必须采取应急抢险措施。

预警信息反馈可采用尾矿库在线安全监测系统信息发布、手机短信、邮件、声音报警等方式告知相应部门和人员，红色预警信息应立即用电话方式告知相应部门和人员，并应送达书面报告。

尾矿库在线安全监测系统应按照管理权限要求将预警信息实时自动反馈给各级安全管理人员。预警事件得到处置且尾矿库运行正常，尾矿库在线安全监测系统应解除预警。

【创建要点】

尾矿库企业应当建立完善尾矿库在线监测预警系统，湿式尾矿库应当至少对坝体位移、浸润线、库水位等进行在线监测和重要部位进行视频监控，干式尾矿库应当至少对坝体表面位移进行在线监测和重要部位进行视频监控。在线监测预警系统应当具有水情预警及坝体渗透破坏、坍塌预警功能。在线监测系统应正常运行，及时分类处置报警信息，汛期实施 24 h 监测监控和值班值守。每年至少进行一次系统检查，做好正式记录，存档备查。必须对在线监测系统加以防护。尾矿库在线监测预警系统工程建档资料、尾矿库运营期间的监测成果资料应归档保存。

《关于印发防范化解尾矿库安全风险工作方案的通知》（应急〔2020〕15 号）要求，地方各级应急管理部门要建立完善尾矿库安全风险监测预警信息平台，实现与企业尾矿库在线安全监测系统的互联互通。各省（自治区、直辖市）尾矿库安全风险相关信息要接入国家灾害风险综合监测预警信息平台。应急管理部门牵头会同有关部门建立重大安全风险会商研判机制，针对台风、暴雨、连续降雨等极端天气，建立健全预警信息发布制度，及时向企业发出预警信息，并督促做好应急准备。

【创建实例】

湖北三等及以上尾矿库实现"在线监测"全覆盖（发布时间：2020 - 01 - 02）

截至 2019 年底，湖北 28 座三等及以上尾矿库（坝高超过 60 m 或库容 1000 ×

$10^4\ m^3$ 的尾矿库）在线监测系统日前实现全省联网，这意味着湖北省市县和企业对三等及以上尾矿库的实时在线监测监控和风险预警成为现实。

三等及以上尾矿库"在线监测"全覆盖后，相关部门将可以通过采集到的尾矿库库区相关数据，实现三维空间模拟可视化功能，帮助监管人员准确快速了解尾矿库基础数据、在线监测数据和周边环境，进行风险预警，并为隐患排查、应急救援、监管执法提供技术支撑。

【评价内容3】

对渣土受纳场堆积体进行稳定性验算及监测。

【评分标准】

未对渣土受纳场堆积体进行稳定性验算的，未对渣土受纳场堆积体表面水平位移和沉降、堆积体内水位进行监测的，每发现一处扣0.2分，1分扣完为止。

【指标解读】

1）渣土受纳场

经政府允许的收集、堆放各类房屋建筑和市政工程建设过程中产生的泥土、砂石和其他无机固体废弃物的场地。

2）稳定性验算及监测

《建筑垃圾处理技术标准》（CJJ/T 134—2019）规定，垃圾坝体建筑级别为Ⅰ、Ⅱ类的，在初步设计阶段应进行坝体稳定性分析计算。当建筑垃圾堆放高度高出地坪超过3 m时，应进行堆体和地基稳定性验算，保证堆体和地基的稳定安全。当堆放场地附近有挖方工程时，应进行堆体和挖方边坡稳定性验算，保证挖方工程安全。

填埋堆体边坡的稳定性计算宜按照现行国家标准《建筑边坡工程技术规范》（GB 50330—2013）中土坡计算方法的有关规定执行。边坡稳定性评价应在查明工程地质、水文地质条件的基础上，根据边坡岩土工程条件，采用定性分析和定量分析相结合的方法进行。

如果堆填作业填高超过3 m且堆填速率超过3 m/月，应对堆体和地基稳定性进行监测。填埋场运行期间宜设置堆体变形与污水导流层水位监测设备设施，对填埋堆体典型断面的沉降、水平移动情况及污水导流层水头进行监测，根据监测结果对滑移等危险征兆采取应急控制措施。堆体变形与污水水位监测宜按照现行行业标准《生活垃圾卫生填埋场岩土工程技术规范》（CJJ 176—2012）中有关规定执行。

【创建要点】

创建城市应建立渣土受纳场台账，包括渣土受纳场名称、管理单位名称、地址、堆放高度等信息。

渣土受纳场管理单位要严格落实安全生产主体责任，建立健全安全生产责任制和安全生产规章制度，加大安全生产投入，加强从业人员安全生产、应急处置培训教育。要切实加强作业场所安全管理，提高从业人员现场应急处置能力和自救互救能力。要完善落实隐患排查治理制度，建立隐患排查治理自查自报自改机制，认真开展作业场所危险因素分析，加强安全风险等级防控。

负责渣土受纳场安全生产监督管理的部门应建立渣土受纳场常态监测机制，综合运用现代信息技术，加强对各类垃圾填埋场表面水平位移监测、深层水平位移监测、堆积体沉降监测、堆积体内水位监测等实时监测工作，实现事故风险感知、分析、服务、指挥、监察"五位一体"，做到早发现、早报告、早研判、早处置、早解决。取缔非法渣土场。

【创建实例】

泰州市城管局对渣土受纳场堆积体进行稳定性监测（发布时间：2021 – 03 – 18）

3 月 17 日上午，按照《泰州市创建省级安全发展示范城市实施方案》的要求，市城管局会同第三方工作人员成立专项检查组，到泰州绿志环保科技有限公司对该公司渣土受纳场内堆积的渣土（建筑垃圾）进行稳定性监测。

3. 建设施工作业安全风险

【评价内容1】

建设施工现场视频及大型起重机械安全监控系统安装率100%。

【评分标准】

（1）建设施工现场未安装视频监控系统的，每发现一处扣0.1分，0.5分扣完为止。

（2）建设工程施工现场塔吊等起重机械未按照《建筑塔式起重机安全监控系统应用技术规程》（JGJ 332—2014）要求安装安全监控系统的；列入《安装安全监控管理系统的大型起重机械目录》（质检办特联〔2015〕192号）的建设工程施工现场大型起重机械未安装安全监控管理系统的；每发现一处扣0.1分，0.5分扣完为止。

【指标解读】

1）建设施工现场视频

施工现场安装视频监控系统是指建筑工程项目部设置视频监控中心（室），通过在建设工程施工现场出入口、料堆等重点部位安装视频监控系统，对建筑工程质量、安全生产和现场文明施工等情况进行实时图像监控管理。

《建筑工程施工现场视频监控技术规范》（JGJ/T 292—2012）规定，建筑工程施工现场视频监控系统应由捕影部分、传输部分和显示部分构成。视频服务器或硬盘录像机的存储空间应保证录制施工现场的视频信号时长不应少于 7 d，视频服务器或硬盘录像机应配置一台 UPS 电源，断电后 UPS 供电时间不应少于 20 min。

施工现场摄像机的部署应符合下列规定：

（1）在施工现场的作业面、料场、出入口、仓库、围墙或塔吊等重点部位应安装监控点，监控部位应无监控盲区。

（2）在需要监控固定场景（如出入口、仓库等）的位置，宜安装固定式枪机。

（3）在需要监控大范围场景（如作业面、料场等）的位置，宜安装匀速球机。

（4）施工现场的重点监控部位如需要在低照度环境下采集视频信号，应采用红外摄像机、低照度摄像机或配备人造光源，人造光源的最低照度不应低于 100 lx。

施工现场监控点数量部署应符合下列规定：

（1）建筑面积在 5×10^4 m² 以下的项目，监控点位数量不应少于 3 个。

（2）建筑面积在 $5 \times 10^4 \sim 10 \times 10^4$ m² 的项目，监控点位数量不应少于 5 个。

（3）建筑面积在 10×10^4 m² 以上的项目，监控点位数量不应少于 8 个。

2）大型起重机械安全监控系统

《安装安全监控管理系统的大型起重机械目录》（质检办特联〔2015〕192 号）要求，大型起重机械应安装安全监控管理系统（表 3 – 7）。依照《起重机械安全监控管理系统》（GB/T 28264—2017）规定，采集起重量限制器、起升高度限制器等相关参数。

表 3 – 7　安装安全监控管理系统的大型起重机械目录

序号	类　别	品　种	参　数	备　注
1	桥式起重机	通用桥式起重机	200 t 以上	
			50 t 至 74 t	特指用于吊运熔融金属的通用桥式起重机
2		冶金桥式起重机	75 t 以上	特指吊运熔融金属的冶金桥式起重机
3	门式起重机	通用门式起重机	100 t 以上	
4		造船门式起重机	参数不限	
5		架桥机	参数不限	

表3-7（续）

序号	类　别	品　种	参　数	备　　注
6	塔式起重机	普通塔式起重机	315 t·m 以上	
7		电站塔式起重机	1000 t·m 以上	
8	流动式起重机	轮胎起重机	100 t 以上	
9		履带起重机	200 t 以上	
10	门座式起重机	门座起重机	60 t 以上	
11	缆索式起重机		参数不限	
12	桅杆式起重机		100 t 以上	

注：本表参数中，"以上"含本数。

　　大型起重机械安全监控系统应具有对《起重机械安全监控管理系统》（GB/T 28264—2017）中5.2.2的表1（起重机械信息采集源）所列的信息进行处理及控制的功能，具有对起重机械运行状态及故障信息进行实时记录的功能，具有对起重机械运行状态及故障信息进行历史追溯的功能，具有故障自诊断功能。系统通电时应有自检程序，对警报、显示等功能进行验证；在系统自身发生故障而影响正常使用时，能立即发出报警信号。系统检出起重机械发生故障时，除发出报警外还应具备按要求预设的止停控制功能。

【创建要点】

　　创建城市应建立大型起重机械台账，包括项目名称、施工单位、项目地址、大型起重机械名称、型号等信息。

　　《建筑起重机械安全监督管理规定》（原建设部令第166号）规定，县级以上地方人民政府建设主管部门对本行政区域内的建筑起重机械的租赁、安装、拆卸、使用实施监督管理。特种设备安全监督管理部门对大型起重机械生产、使用单位和检验检测机构实施安全监察。

　　大型起重机械使用单位应当对在用的建筑起重机械及其安全保护装置、吊具、索具等进行经常性和定期的检查、维护和保养，并做好记录，履行下列安全职责：

　　（1）根据不同施工阶段、周围环境以及季节、气候的变化，对建筑起重机械采取相应的安全防护措施。

　　（2）制定建筑起重机械生产安全事故应急救援预案。

　　（3）在建筑起重机械活动范围内设置明显的安全警示标志，对集中作业区做好安全防护。

　　（4）设置相应的设备管理机构或者配备专职的设备管理人员。

（5）指定专职设备管理人员、专职安全生产管理人员进行现场监督检查。

（6）建筑起重机械出现故障或者发生异常情况的，立即停止使用，消除故障和事故隐患后，方可重新投入使用。

《特种设备安全监察条例》（2003 年 3 月 11 日国务院令第 373 号公布，根据 2009 年 1 月 24 日国务院令第 549 号修正）规定，大型起重机械使用单位应当建立健全大型起重机械特种设备安全管理制度、岗位安全责任制度和特种设备安全技术档案，安全技术档案应当包括以下内容：

（1）大型起重机械的设计文件、制造单位、产品质量合格证明、使用维护说明等文件以及安装技术文件和资料。

（2）大型起重机械的定期检验和定期自行检查的记录。

（3）大型起重机械的日常使用状况记录。

（4）大型起重机械及其安全附件、安全保护装置、测量调控装置及有关附属仪器仪表的日常维护保养记录。

（5）大型起重机械运行故障和事故记录。

（6）高耗能特种设备的能效测试报告、能耗状况记录以及节能改造技术资料。

【创建实例】

贵阳不一样的"智慧工地"！数字化监管护航工程安全（发布时间：2020 - 09 - 29）

为进一步提升贵阳市建筑施工现场信息化水平，加快推进全市建筑工地智慧工地全覆盖，2020 年 9 月 29 日，贵阳市建筑领域"智慧工地"、实名制观摩暨工作推进会在中国建筑第八工程局西北公司贵阳奥体中心（二期）项目部举行。260 余人实地参观感受"智慧工地"建设带来的智慧、高效、安全。

视频监控全方位布点，对项目现场各出入口、加工场、作业面、办公生活区、通道、仓库、停车场、围墙等建设高清视频监控。

塔吊检测系统实时监测塔吊使用情况，能对力矩、起重量、高度、幅度、风速进行有效监控，当有违规操作时，系统自动报警，防止因为塔吊交叉作业带来的风险，避免塔吊发生意外事故。

【评价内容 2】

危大工程施工方案按规定审查并施工。

【评分标准】

建设工程项目的危险性较大分部分项工程未按照《危险性较大的分部分项工程安全管理规定》（2018 年 2 月 12 日住房和城乡建设部令第 37 号发布，根据 2019 年 3 月 13 日住房和城乡建设部令第 47 号修正）要求审查或未按方案施工的，每发现一处扣0.2分，1分扣完为止。

【指标解读】

1）危大工程

房屋建筑和市政基础设施工程在施工过程中，容易导致人员群死群伤或者造成重大经济损失的分部分项工程。

《住房城乡建设部办公厅关于实施〈危险性较大的分部分项工程安全管理规定〉有关问题的通知》（建办质〔2018〕31号）规定，危险性较大的分部分项工程范围包括：

（1）基坑工程：

① 开挖深度超过3 m（含3 m）的基坑（槽）的土方开挖、支护、降水工程。

② 开挖深度虽未超过3 m，但地质条件、周围环境和地下管线复杂，或影响毗邻建、构筑物安全的基坑（槽）的土方开挖、支护、降水工程。

（2）模板工程及支撑体系：

① 各类工具式模板工程：包括滑模、爬模、飞模、隧道模等工程。

② 混凝土模板支撑工程：搭设高度5 m及以上，或搭设跨度10 m及以上，或施工总荷载（荷载效应基本组合的设计值，以下简称设计值）10 kN/m² 及以上，或集中线荷载（设计值）15 kN/m² 及以上，或高度大于支撑水平投影宽度且相对独立无联系构件的混凝土模板支撑工程。

③ 承重支撑体系：用于钢结构安装等满堂支撑体系。

（3）起重吊装及起重机械安装拆卸工程：

① 采用非常规起重设备、方法，且单件起吊重量在10 kN及以上的起重吊装工程。

② 采用起重机械进行安装的工程。

③ 起重机械安装和拆卸工程。

（4）脚手架工程：

① 搭设高度24 m及以上的落地式钢管脚手架工程（包括采光井、电梯井脚手架）。

② 附着式升降脚手架工程。

③ 悬挑式脚手架工程。

④ 高处作业吊篮。

⑤ 卸料平台、操作平台工程。

⑥ 异型脚手架工程。

（5）拆除工程。可能影响行人、交通、电力设施、通信设施或其他建、构筑物安全的拆除工程。

（6）暗挖工程。采用矿山法、盾构法、顶管法施工的隧道、洞室工程。

（7）其他工程：

① 建筑幕墙安装工程。

② 钢结构、网架和索膜结构安装工程。

③ 人工挖孔桩工程。

④ 水下作业工程。

⑤ 装配式建筑混凝土预制构件安装工程。

⑥ 采用新技术、新工艺、新材料、新设备可能影响工程施工安全，尚无国家、行业及地方技术标准的分部分项工程。

超过一定规模的危险性较大的分部分项工程范围包括：

（1）深基坑工程。开挖深度超过 5 m（含 5 m）的基坑（槽）的土方开挖、支护、降水工程。

（2）模板工程及支撑体系：

① 各类工具式模板工程：包括滑模、爬模、飞模、隧道模等工程。

② 混凝土模板支撑工程：搭设高度 8 m 及以上，或搭设跨度 18 m 及以上，或施工总荷载（设计值）15 kN/m^2 及以上，或集中线荷载（设计值）20 kN/m 及以上。

③ 承重支撑体系：用于钢结构安装等满堂支撑体系，承受单点集中荷载 7 kN 及以上。

（3）起重吊装及起重机械安装拆卸工程：

① 采用非常规起重设备、方法，且单件起吊重量在 100 kN 及以上的起重吊装工程。

② 起重量 300 kN 及以上，或搭设总高度 200 m 及以上，或搭设基础标高在 200 m 及以上的起重机械安装和拆卸工程。

（4）脚手架工程：

① 搭设高度 50 m 及以上的落地式钢管脚手架工程。

② 提升高度在 150 m 及以上的附着式升降脚手架工程或附着式升降操作平台工程。

③ 分段架体搭设高度 20 m 及以上的悬挑式脚手架工程。

（5）拆除工程：

① 码头、桥梁、高架、烟囱、水塔或拆除中容易引起有毒有害气（液）体或粉尘扩散、易燃易爆事故发生的特殊建、构筑物的拆除工程。

② 文物保护建筑、优秀历史建筑或历史文化风貌区影响范围内的拆除工程。

（6）暗挖工程：

采用矿山法、盾构法、顶管法施工的隧道、洞室工程。

（7）其他工程：

① 施工高度 50 m 及以上的建筑幕墙安装工程。

② 跨度 36 m 及以上的钢结构安装工程，或跨度 60 m 及以上的网架和索膜结构安装工程。

③ 开挖深度 16 m 及以上的人工挖孔桩工程。

④ 水下作业工程。

⑤ 重量 1000 kN 及以上的大型结构整体顶升、平移、转体等施工工艺。

⑥ 采用新技术、新工艺、新材料、新设备可能影响工程施工安全，尚无国家、行业及地方技术标准的分部分项工程。

2）施工方案

施工单位应当在危大工程施工前组织工程技术人员编制专项施工方案。实行施工总承包的，专项施工方案应当由施工总承包单位组织编制。危大工程实行分包的，专项施工方案可以由相关专业分包单位组织编制。

危大工程专项施工方案的主要内容应当包括：

（1）工程概况：危大工程概况和特点、施工平面布置、施工要求和技术保证条件。

（2）编制依据：相关法律、法规、规范性文件、标准、规范及施工图设计文件、施工组织设计等。

（3）施工计划：包括施工进度计划、材料与设备计划。

（4）施工工艺技术：技术参数、工艺流程、施工方法、操作要求、检查要求等。

（5）施工安全保证措施：组织保障措施、技术措施、监测监控措施等。

（6）施工管理及作业人员配备和分工：施工管理人员、专职安全生产管理人员、特种作业人员、其他作业人员等人员及其分工。

（7）验收要求：验收标准、验收程序、验收内容、验收人员等。

（8）应急处置措施。

（9）计算书及相关施工图纸。

3）按规定审查并施工

《危险性较大的分部分项工程安全管理规定》（2018 年 2 月 12 日住房和城乡建设部令第 37 号发布，根据 2019 年 3 月 13 日住房和城乡建设部令第 47 号修正）要求，专项施工方案应当由施工单位技术负责人审核签字、加盖单位公章，并由总监理工程师审查签字、加盖执业印章后方可实施。危大工程实行分包并由分包单位编制专项施工方案的，专项施工方案应当由总承包单位技术负责人及分包单位技术负责人共同审核签字并加盖单位公章。

对于超过一定规模的危大工程，施工单位应当组织召开专家论证会对专项施工方案进行论证。实行施工总承包的，由施工总承包单位组织召开专家论证会。专家论证前专项施工方案应当通过施工单位审核和总监理工程师审查。

施工单位应当在施工现场显著位置公告危大工程名称、施工时间和具体责任人员，并在危险区域设置安全警示标志。施工单位应当严格按照专项施工方案组织施工，不得擅自修改专项施工方案。因规划调整、设计变更等原因确需调整的，修改后的专项施工方案应当按照上述规定重新审核和论证。涉及资金或者工期调整的，建设单位应当按照约定予以调整。

【创建要点】

创建城市应建立危大工程台账，包括项目名称、施工单位、项目地址、危大工程名称等信息。

县级以上地方人民政府住房城乡建设主管部门或者所属施工安全监督机构，应当根据监督工作计划对危大工程进行抽查。在监督抽查中发现危大工程存在安全隐患的，应当责令施工单位整改；重大安全事故隐患排除前或者排除过程中无法保证安全的，责令从危险区域内撤出作业人员或者暂时停止施工；对依法应当给予行政处罚的行为，应当依法作出行政处罚决定，并将单位和个人的处罚信息纳入建筑施工安全生产不良信用记录。

危大工程施工单位应当对危大工程施工作业人员进行登记，项目负责人应当在施工现场履职。项目专职安全生产管理人员应当对专项施工方案实施情况进行现场监督，对未按照专项施工方案施工的，应当要求立即整改，并及时报告项目负责人，项目负责人应当及时组织限期整改。施工单位应当按照规定对危大工程进行施工监测和安全巡视，发现危及人身安全的紧急情况，应当立即组织作业人员撤离危险区域。

监理单位应当结合危大工程专项施工方案编制监理实施细则，并对危大工程施工实施专项巡视检查。发现施工单位未按照专项施工方案施工的，应当要求其进行整改；情节严重的，应当要求其暂停施工，并及时报告建设单位。施工单位拒不整改或者不停止施工的，监理单位应当及时报告建设单位和工程所在地住房城乡建设主管部门。

对于按照规定需要进行第三方监测的危大工程，建设单位应当委托具有相应勘察资质的单位进行监测。对于按照规定需要验收的危大工程，施工单位、监理单位应当组织相关人员进行验收。验收合格的，经施工单位项目技术负责人及总监理工程师签字确认后，方可进入下一道工序。危大工程验收合格后，施工单位应当在施工现场明显位置设置验收标识牌,公示验收时间及责任人员。

施工、监理单位应当建立危大工程安全管理档案。施工单位应当将专项施工方案及审核、专家论证、交底、现场检查、验收及整改等相关资料纳入档案管理。监理单位应当将监理实施细则、专项施工方案审查、专项巡视检查、验收及整改等相关资料纳入档案管理。

【创建实例】

南通市危大工程专项施工方案论证情况公示(发布时间:2022 – 04 – 08)

3.2.2 人员密集区域

1. 人员密集场所安全风险

【评价内容1】

人员密集场所按规定开展风险评估。

【评分标准】

人员密集场所未按照《人员密集场所消防安全评估导则》(GA/T 1369—2016)要求开展风险评估的,每发现一处扣0.1分,0.5分扣完为止。

【指标解读】

1)人员密集场所

《中华人民共和国消防法》规定,人员密集场所是指公众聚集场所(宾馆、饭店、商场、集贸市场、客运车站候车室、客运码头候船厅、民用机场航站楼、体育场馆、会堂以及公共娱乐场所)、医院的门诊楼、病房楼,学校的教学楼、图书馆、食堂和集体宿舍,养老院,福利院,托儿所,幼儿园,公共图书馆的阅览室,公共展览馆、博物馆的展示厅,劳动密集型企业的生产加工车间和员工集体宿舍,旅游、宗教活动场所等。

2)按规定开展风险评估

《国务院办公厅关于印发〈消防安全责任制实施办法〉的通知》要求,对容易造成群死群伤火灾的人员密集场所火灾高危单位,应建立消防安全评估制度,由具有资质的机构定期开展评估,评估结果向社会公开。

人员密集场所应按照《人员密集场所消防安全评估导则》(XF/T 1369—2016)的要求开展风险评估。

消防安全评估的最终结果应形成评估报告,报告的正文内容至少应包括:

(1)消防安全评估项目概况:给出项目目的,界定评估对象。

(2)消防安全基本情况:综述评估对象的消防安全情况。

(3)消防安全评估方法及现场检查方法:说明采用的评估方法和现场检查方法。

（4）消防安全评估内容：详细介绍评估单元、评估依据及各评估单元的现场检查情况、检查发现的消防安全问题清单等内容，并给出各单元的不合格项汇总表。

（5）消防安全评估结论：根据各单元的评估结果填写单元评估结果汇总表，计算单元合格率，确定被评估对象的评估结论等级。

（6）消防安全对策、措施及建议：根据场所特点、现场检查和定性、定量评估的结果，针对各评估单元存在的问题提出对策、措施及建议，其内容包括但不仅限于管理制度、消防设施设备设置、安全疏散以及隐患整改等方面。消防安全对策、措施及建议的内容应具有合理性，经济性和可操作性。

【创建要点】

创建城市应建立人员密集场所火灾高危单位台账，包括单位名称、地址、类型等信息。

消防部门应针对火灾高危单位消防安全评估情况，督促单位加强消防安全工作。鼓励和推动消防安全评估纳入单位信用评级体系建设和火灾公众责任保险。

火灾高危单位应每年按要求对本单位消防安全情况进行一次评估，根据评估发现存在的问题制定整改计划，积极采取措施进行整改。结合消防安全评估，对本单位消防车通道、安全出口、疏散通道、各类消防设施（自动灭火系统、火灾自动报警系统、防排烟系统、防火分隔系统等）开展全面的自查自检，并将检查情况纳入消防安全评估的内容，确保单位消防设施完好有效。

【创建实例】

南京消防发布：人员密集场所按《人员密集场所消防安全评估导则》开展评估（发布时间：2020-06-05）

开展人员密集场所风险评估。全市各人员密集场所要按照《人员密集场所消防安全评估导则》的要求，聘请专业公司（含具有维保或检测资质的公司）对本场所开展消防安全评估，并形成专门评估报告，上报至辖区消防部门。

【评价内容2】

人员密集场所设置视频监控系统；建立大客流监测预警和应急管控制度。

【评分标准】

人员密集场所未安装视频监控系统的，未建立大客流监测预警和应急管控制度的，每发现一处扣0.1分，0.5分扣完为止。

【指标解读】

1）视频监控系统

视频监控系统是利用视频技术探测、监视监控区域并实时显示、记录现场视频图像的电子系统。

《安全防范工程技术标准》（GB 50348—2018）要求，人员密集的公共区域视频监控应做到全覆盖。视频监控设备应能看清周界环境中人员的活动情况，能清晰辨别出入口出入人员的面部特征和出入车辆的号牌，通道和公共区域视频监控应能看清监控区域内人员、物品、车辆的通行状况；重要点位宜清晰辨别人员的面部特征和车辆的号牌。

《视频安防监控系统工程设计规范》（GB 50395—2007）规定，视频安防监控系统应对需要进行监控的建筑物内（外）的主要公共活动场所、通道、电梯（厅）、重要部位和区域等进行有效的视频探测与监视，图像显示、记录与回放。系统应能手动或自动操作，对摄像机、云台、镜头、防护罩等的各种功能进行遥控，控制效果平稳、可靠。系统记录的图像信息应包含图像编号/地址、记录时的时间和日期。

2）大客流监测预警和应急管控制度

客流监测信息主要包括：客流量、客流密度、客流方向、客流结构、客流路径等信息。人员密集场所应充分发挥新科技的智能效应，依靠"互联网＋"等新技术，进一步提高大客流监测、预测和预警能力，积极采用综合手机基站、无线网络嗅探、视频监控自动识别、"客流眼"、手机 App、路面流量感应设备等新技术，建立客流监控分析和预警系统，实施客流预警措施。

《道路旅客运输及客运站管理规定》（交通运输部令 2020 年第 17 号）要求，班车客运经营者或者其委托的售票单位、配客站点应当针对客流高峰、恶劣天气及设备系统故障、重大活动等特殊情况下实名制管理的特点，制定有效的应急预案。

《城市轨道交通运营管理规定》（交通运输部令 2018 年第 8 号）要求，运营单位应当加强城市轨道交通客流监测。可能发生大客流时，应当按照预案要求及时增加运力进行疏导；大客流可能影响运营安全时，运营单位可以采取限流、封站、甩站等措施。

《铁路旅客运输服务质量　第 2 部分：服务过程》（GB/T 25341.2—2019）规定，铁路运输企业应制定突发客流应急预案，定期组织培训演练，做好应急响应。铁路运输企业应及时、准确发布信息，尽快采取措施，恢复正常秩序。

《大型商业综合体消防安全管理规则（试行）》（应急消〔2019〕314 号）要求，大型商业综合体在主要出入口、人员易聚集的部位应当安装客流监控设备。

《景区最大承载量核定导则》（LB/T 034—2014）要求，景区宜充分考虑空间承载量、设施承载量、生态承载量、心理承载量、社会承载量等多种因素，建立旅游者流量控制联动系统，通过实时监测、疏导分流、预警上报、特殊预案等对景区流量进行控制。通过监测数据，预测景区旅游者流量趋势，对景区旅游者流量实行分级管理，为疏导分流工作预案的启动提供依据。景区内旅游者数量达到最大承载量80%时，启动包括交通调控、入口调控等措施控制旅游者流量。

《展览建筑设计规范》（JGJ 218—2010）要求，展览建筑建立客流统计与分析系统，通过对监测区域的出入口和客流密度监测、分析、纪录，确保客流量不超过限定值，并预警提示进行客流疏导，当发生事故时及时反馈现场情况。特大型展览建筑宜设置公共安全应急联动系统。

《体育场馆运营管理办法》规定，体育场馆运营单位应当完善安全管理制度，健全应急救护措施和突发公共事件预防预警及应急处置预案，定期开展安全检查、培训和演习。鼓励有条件的场馆配备全面视频监控，实行动态管理，场地等重要场所监控录像保留时间不低于30 d。

【创建要点】

《关于加强公共安全视频监控建设联网应用工作的若干意见》（发改高技〔2015〕996号）要求，到2020年，基本实现"全域覆盖、全网共享、全时可用、全程可控"的公共安全视频监控建设联网应用，在加强治安防控、优化交通出行、服务城市管理、创新社会治理等方面取得显著成效。

全域覆盖。重点公共区域视频监控覆盖率达到100%，新建、改建高清摄像机比例达到100%；重点行业、领域的重要部位视频监控覆盖率达到100%，逐步增加高清摄像机的新建、改建数量。

全网共享。重点公共区域视频监控联网率达到100%；重点行业、领域涉及公共区域的视频图像资源联网率达到100%。

全时可用。重点公共区域安装的视频监控摄像机完好率达到98%，重点行业、领域安装的涉及公共区域的视频监控摄像机完好率达到95%，实现视频图像信息的全天候应用。

全程可控。公共安全视频监控系统联网应用的分层安全体系基本建成，实现重要视频图像信息不失控，敏感视频图像信息不泄露。

视频监控系统建设（使用）单位应制定系统运行与维护规划，建立包括人员、经费、制度和技术支撑系统在内的运行维护保障体系。

【创建实例】

实例1

兴隆台公安分局创新派出所开展辖区场所监控系统运行情况大检查（发布时间：2015 - 06 - 24）

为积极构建立体化防控体系，加强辖区内人员密集场所监控系统建设和辖区治安管控，2015年6月18日，兴隆台公安分局创新派出所组织民警深入辖区各场所开展视频监控系统安装使用情况检查。

检查中，民警重点对旅店、歌厅等人员密集场所的监控设施是否完好有效、监控保存期是否符合规定、监控区域是否存在死角等情况进行了全面的检查。对检查中发现的问题，民警责令立即整改，并要求业主保证监控系统运行良好，为预防不良事件发生和对违法违规行为进行取证，以及群众参与治安联防、打击犯罪作贡献。

此次检查，共检查网吧 7 家、旅店 72 家、歌厅 18 家，发现问题 8 处（当场责令整改）。通过检查，切实提升了辖区人员密集场所安全防范能力。

实例 2

大数据预判"补偿式出游"高峰　江苏"智慧"应对大客流（发布时间：2021 - 05 - 06）

公安机关利用大数据客流态势分析系统，对南京市所有景区景点实施客流态势监测，预知预警，随着客流态势变化情况对现场各项管控措施实施动态调整，针对重点景区分别制定了交通保障子方案，确保打通重点、畅通路网循环。

实例 3

濉溪县交通运输局：突发性大客流控制应急预案（发布时间：2020 - 12 - 21）

为提高应对公交运营突发大客流事件的处置能力，将突发大客流事件造成的影响降到最低限度，确保公交安全运营，特编制本预案。本预案适用于公交线路发生突发性大客流控制的应急处置。

【评价内容 3】

人员密集场所特种设备注册登记和定检率100%。

【评分标准】

人员密集场所电梯未注册登记、未监督检验或未定期检验的，每发现一处扣0.1 分，0.5 分扣完为止。

【指标解读】

1）人员密集场所特种设备

主要是指在人员密集场所内使用的，列入《质检总局关于修订〈特种设备目录〉的公告》（2014 年第 114 号）的电梯、客运索道、大型游乐设施和场（厂）内专用机动车辆等特种设备。

2）注册登记和定检

《中华人民共和国特种设备安全法》规定，特种设备使用单位应当在特种设备投入使用前或者投入使用后三十日内，向负责特种设备安全监督管理的部门办理使用登记，取得使用登记证书。登记标志应当置于该特种设备的显著位置。特种设备进行改造、修理，按照规定需要变更使用登记的，应当办理变更登记，方

85

可继续使用。

特种设备使用单位应当按照安全技术规范的要求，在检验合格有效期届满前一个月向特种设备检验机构提出定期检验要求。特种设备检验机构接到定期检验要求后，应当按照安全技术规范的要求及时进行安全性能检验。特种设备使用单位应当将定期检验标志置于该特种设备的显著位置。未经定期检验或者检验不合格的特种设备，不得继续使用。

【创建要点】

创建城市应建立人员密集场所特种设备台账，包括单位名称、场所性质、使用单位名称、设备状态、设备类别、设备使用地点、设备代码、下次检验日期等信息。

特种设备安全监督管理部门依照《中华人民共和国特种设备安全法》《特种设备安全监察条例》（2003 年 3 月 11 日国务院令第 373 号公布，根据 2009 年 1 月 24 日国务院令第 549 号修正）等的规定，对特种设备生产、使用单位和检验检测机构实施安全监察；应当对学校、幼儿园以及医院、车站、客运码头、商场、体育场馆、展览馆、公园等公众聚集场所的特种设备，实施重点安全监督检查。

特种设备使用单位应当对在用特种设备进行经常性日常维护保养，并定期自行检查。应当建立特种设备安全技术档案。

电梯的日常维护保养必须由取得许可的安装、改造、维修单位或者电梯制造单位进行。电梯应当至少每 15 日进行一次清洁、润滑、调整和检查。电梯的日常维护保养单位应当在维护保养中严格执行国家安全技术规范的要求，保证其维护保养的电梯的安全技术性能，并负责落实现场安全防护措施，保证施工安全，对其维护保养的电梯的安全性能负责。电梯的日常维护保养单位，应当对其维护保养的电梯安全性能负责；接到故障通知后，应当立即赶赴现场，并采取必要的应急救援措施。

电梯、客运索道、大型游乐设施等为公众提供服务的特种设备运营使用单位，应当设置特种设备安全管理机构或者配备专职的安全管理人员。特种设备的安全管理人员应当对特种设备使用状况进行经常性检查，发现问题的应当立即处理；情况紧急时，可以决定停止使用特种设备并及时报告本单位有关负责人。

【创建实例】

实例 1

强监管　护安全　南京市市场监管局在"两在两同"中扛起使命担当（发布时间：2021－09－30）

截至 2021 年 9 月下旬，全市物联网系统覆盖电梯 11073 台，按需维保电梯扩展至 14477 台。重点排查人员密集场所和住宅小区，保持人员密集场所及高层建筑电梯登记率、定检率、操作人员持证率"三个100%"。

实例 2

重庆巴南区大型游乐设施接受"体检"（发布时间：2017 – 02 – 13）

目前我区共有 3 家游乐设施使用单位，共涉及 15 台在用大型游乐设施。其中，区人民广场 4 台、巴滨水世界 10 台、南泉建文峰 1 台。此外，还有正在建设之中的龙洲湾海洋公园。

记者跟随区质监局执法人员一行，对 15 台大型游乐设施进行了逐一排查。本次督查行动"严"字当头，除了对每一台大型游乐设施的制造单位、检验报告、注册登记信息、运行记录等资料进行逐项核对检查，对操作人员的证件、职责等进行核查之外，执法人员还对 15 台游乐设施进行现场试运行检测，通过观察其运行情况、紧急保护装置、安全保护装置等，确保每一台大型游乐设施安全运行。

【评价内容 4】

人员密集场所安全出口、疏散通道等符合标准要求。

【评分标准】

人员密集场所消防车通道不符合《城市消防规划规范》（GB 51080—2015）等要求的，每发现一处扣 0.1 分，0.5 分扣完为止。

【指标解读】

1）安全出口、疏散通道

安全出口是供人员安全疏散用的楼梯间和室外楼梯的出入口或直通室内外安全区域的出口。安全疏散设施主要包括疏散门、疏散走道、安全出口或疏散楼梯（包括室外楼梯）、疏散指示标志和应急照明等。

《建筑设计防火规范（2018 年版）》（GB 50016—2014）中对安全出口、疏散通道的相关要求如下：

（1）餐饮、商店等商业设施通过有顶棚的步行街连接，且步行街两侧的建筑需利用步行街进行安全疏散时，步行街两侧建筑内的疏散楼梯应靠外墙设置并宜直通室外，确有困难时，可在首层直接通至步行街；首层商铺的疏散门可直接通至步行街，步行街内任一点到达最近室外安全地点的步行距离不应大于 60 m。步行街两侧建筑二层及以上各层商铺的疏散门至该层最近疏散楼梯口或其他安全出口的直线距离不应大于 37.5 m。

（2）托儿所、幼儿园的儿童用房，老年人活动场所和儿童游乐厅等儿童活动场所设置在高层建筑内时，应设置独立的安全出口和疏散楼梯；设置在单、多层建筑内时，宜设置独立的安全出口和疏散楼梯。

（3）剧场、电影院、礼堂确需设置在其他民用建筑内时，至少应设置1个独立的安全出口和疏散楼梯。

（4）公共建筑内每个防火分区或1个防火分区的每个楼层，其安全出口的数量应经计算确定，且不应少于2个。符合该规范中5.5.8条款要求的条件之一的公共建筑，可设置1个安全出口或1部疏散楼梯。

（5）一类高层公共建筑和建筑高度大于32 m的二类高层公共建筑，其疏散楼梯应采用防烟楼梯间。裙房和建筑高度不大于32 m的二类高层公共建筑，其疏散楼梯应采用封闭楼梯间。

（6）医疗建筑、旅馆、公寓、老年人建筑及类似使用功能的建筑，设置歌舞娱乐放映游艺场所的建筑，商店、图书馆、展览建筑、会议中心及类似使用功能的建筑，6层及以上的其他多层公共建筑，除与敞开式外廊直接相连的楼梯间外，均应采用封闭楼梯间。

（7）除建筑高度小于27 m的住宅建筑外，民用建筑、厂房和丙类仓库的下列部位应设置疏散照明：

① 封闭楼梯间、防烟楼梯间及其前室、消防电梯间的前室或合用前室、避难走道、避难层（间）。

② 观众厅、展览厅、多功能厅和建筑面积大于200 m² 的营业厅、餐厅、演播室等人员密集的场所。

③ 建筑面积大于100 m² 的地下或半地下公共活动场所。

④ 公共建筑内的疏散走道。

⑤ 人员密集的厂房内的生产场所及疏散走道。

（8）疏散照明灯具应设置在出口的顶部、墙面的上部或顶棚上；备用照明灯具应设置在墙面的上部或顶棚上。

（9）公共建筑、建筑高度大于54 m的住宅建筑应设置灯光疏散指示标志，并应符合下列规定：

① 应设置在安全出口和人员密集的场所的疏散门的正上方。

② 应设置在疏散走道及其转角处距地面高度1.0 m以下的墙面或地面上。灯光疏散指示标志的间距不应大于20 m；对于袋形走道，不应大于10 m；在走道转角区，不应大于1.0 m。

（10）总建筑面积大于8000 m² 的展览建筑，总建筑面积大于5000 m² 的地上商店，总建筑面积大于500 m² 的地下或半地下商店，歌舞娱乐放映游艺场所，座位数超过1500个的电影院、剧场，座位数超过3000个的体育馆、会堂或礼堂应在疏散走道和主要疏散路径的地面上增设能保持视觉连续的灯光疏散指示标志或蓄光疏散指示标志。

《消防安全标志设置要求》（GB 15630—1995）要求，商场（店）、影剧院、娱乐厅、体育馆、医院、饭店、旅馆、高层公寓和候车（船、机）室大厅等人员密集的公共场所的紧急出口、疏散通道处、层间异位的楼梯间（如避难层的楼梯间）、大型公共建筑常用的光电感应自动门或360°旋转门旁设置的一般平开疏散门，必须相应地设置"紧急出口"标志。在远离紧急出口的地方，应将"紧急出口"标志与"疏散通道方向"标志联合设置，箭头必须指向通往紧急出口的方向。紧急出口或疏散通道中的单向门必须在门上设置"推开"标志，在其反面应设置"拉开"标志。紧急出口或疏散通道中的门上应设置"禁止锁闭"标志。

《地铁设计规范》（GB 50157—2013）规定，车站安全出口设置应符合下列规定：

（1）车站每个站厅公共区安全出口数量应经计算确定，且应设置不少于2个直通地面的安全出口。

（2）地下单层侧式站台车站，每侧站台安全出口数量应经计算确定，且不应少于2个直通地面的安全出口。

（3）地下车站的设备与管理用房区域安全出口的数量不应少于2个，其中有人值守的防火分区应有1个安全出口直通地面。

（4）安全出口应分散设置，当同方向设置时，两个安全出口通道口部之间净距不应小于10 m。

（5）竖井、爬梯、电梯、消防专用通道，以及设在两侧式站台之间的过轨地道不应作为安全出口。

（6）地下换乘车站的换乘通道不应作为安全出口。

区间的安全疏散应符合下列规定：

（1）每个区间隧道轨道区均应设置到达站台的疏散楼梯。

（2）两条单线区间隧道应设联络通道，相邻两个联络通道之间的距离不应大于600 m，联络通道内应设并列反向开启的甲级防火门，门扇的开启不得侵入限界。

（3）道床面应作为疏散通道，道床步行面应平整、连续、无障碍物。

车站站台公共区的楼梯、自动扶梯、出入口通道，应满足当发生火灾时在6 min内将远期或客流控制期超高峰小时一列进站列车所载的乘客及站台上的候车人员全部撤离站台到达安全区的要求。站台和站厅公共区内任一点，与安全出口疏散的距离不得大于50 m。

《中小学校设计规范》（GB 50099—2011）要求，疏散通道应采用防滑构造做法，疏散楼梯不得采用螺旋楼梯和扇形踏步。教学用房的门窗设置应符合下列规定：

（1）疏散通道上的门不得使用弹簧门、旋转门、推拉门、大玻璃门等不利于疏散通畅、安全的门。

（2）各教学用房的门均应向疏散方向开启，开启的门扇不得挤占走道的疏散通道。

（3）靠外廊及单内廊一侧教室内隔墙的窗开启后，不得挤占走道的疏散通道，不得影响安全疏散。

2）消防通道

城市各级道路、居住区和企事业单位内部道路宜设置成环状，减少尽端路。人员密集场所消防车通道应符合《建筑设计防火规范（2018年版）》（GB 50016—2014）中"7.1消防车道""7.2救援场地和入口"的规定：①消防车通道之间的中心线间距不宜大于160 m；②环形消防车通道至少应有两处与其他车道连通，尽端式消防车通道应设置回车道或回车场地；③消防车通道的净宽度和净空高度均不应小于4 m，与建筑外墙的距离宜大于5 m；④消防车通道的坡度不宜大于8%，转弯半径应符合消防车的通行要求。举高消防车停靠和作业场地坡度不宜大于3%。

《消防救援局关于进一步明确消防车通道管理若干措施的通知》（应急消〔2019〕334号）要求，对单位或者住宅区内的消防车通道沿途实行标志和标线标识管理，划设消防车通道标志标线，设置警示牌，并定期维护，确保鲜明醒目。

【创建要点】

县级以上地方人民政府有关部门应当根据本部门的特点，有针对性地开展消防安全检查，及时督促整改火灾隐患。

消防救援机构应当对人员密集场所安全出口、疏散通道依法进行监督检查。监督检查发现火灾隐患的，应当通知有关单位或者个人立即采取措施消除隐患；不及时消除隐患可能严重威胁公共安全的，消防救援机构应当依照规定对危险部位或者场所采取临时查封措施。

人员密集场所单位应保障疏散通道、安全出口、消防车通道畅通。同一建筑物由两个以上单位管理或者使用的，应当明确各方的消防安全责任，并确定责任人对共用的疏散通道、安全出口、建筑消防设施和消防车通道进行统一管理。

任何单位、个人不得占用、堵塞、封闭疏散通道、安全出口、消防车通道。人员密集场所的门窗不得设置影响逃生和灭火救援的障碍物。

人员密集场所的管理使用单位对管理区域内消防车通道落实以下维护管理职责：

（1）划设消防车通道标志标线，设置警示牌，并定期维护，确保鲜明醒目。

（2）指派人员开展巡查检查，采取安装摄像头等技防措施，保证管理区域内车辆只能在停车场、库或划线停车位内停放，不得占用消防车通道，并对违法占用行为进行公示。

（3）在管理区域内道路规划停车位，应当预留消防车通道宽度。消防车通道的净宽度和净空高度均不应小于 4 m，转弯半径应满足消防车转弯的要求。

（4）消防车通道上不得设置停车泊位、构筑物、固定隔离桩等障碍物，消防车道与建筑之间不得设置妨碍消防车举高操作的树木、架空管线、广告牌、装饰物等障碍物。

（5）采用封闭式管理的消防车通道出入口，应当落实在紧急情况下立即打开的保障措施，不影响消防车通行。

（6）定期向管理对象和居民开展宣传教育，提醒占用消防车通道的危害性和违法性，提高单位和群众法律和消防安全意识。

（7）发现占用、堵塞、封闭消防车通道的行为，应当及时进行制止和劝阻；对当事人拒不听从的，应当采取拍照摄像等方式固定证据，并立即向消防救援机构和应急管理部门报告。

【创建实例】

福清市商务局关于在全市商贸领域开展消防安全大排查大整治促稳定行动的通知（发布时间：2022 - 04 - 21）

持续深化商贸领域消防隐患治理。以商场、超市、商业综合体、非星级酒店等为重点，各镇街要在 3 月 25 日前督促本辖区商贸企业，对照消防法律法规和技术标准，加强防火巡查自查，完善应急预案，开展全员培训教育，规范电气线路敷设以及电气设备安装使用，杜绝使用易燃可燃材料装修，畅通疏散通道，加强自动消防设施维护，切实强化消防安全自主管理。对自查发现的火灾隐患和不安全因素要立即落实整改方案，做到措施、资金、时限、责任人、预案"五落实"。

【评价内容 5】

人员密集场所火灾自动报警系统等消防设施符合标准要求。

【评分标准】

人员密集场所的安全出口、疏散通道、消防设施（火灾自动报警系统、自动灭火系统、防排烟系统、防火卷帘、防火门）不符合《建筑设计防火规范》（GB 50016—2014）、《火灾自动报警系统设计规范》（GB 50116—2013）、《自动喷水灭火设计规范》（GB 50084—2017）、《建筑防烟排烟系统技术标准》（GB 51251—2017）等要求的，每发现一处扣 0.1 分，1 分扣完为止。

【指标解读】

1）火灾自动报警系统

火灾自动报警系统是探测火灾早期特征、发出火灾报警信号，为人员疏散、防止火灾蔓延和启动自动灭火设备提供控制与指示的消防系统。

火灾自动报警系统的设计应符合《火灾自动报警系统设计规范》(GB 50116—2013) 的要求。根据《建筑设计防火规范（2018 年版)》(GB 50016—2014) 的要求，人员密集场所的下列建筑或场所应设置火灾自动报警系统：

（1）任一层建筑面积大于 1500 m^2 或总建筑面积大于 3000 m^2 的商店、展览、财贸金融、客运和货运等类似用途的建筑，总建筑面积大于 500 m^2 的地下或半地下商店。

（2）图书或文物的珍藏库，每座藏书超过 50 万册的图书馆，重要的档案馆。

（3）特等、甲等剧场，座位数超过 1500 个的其他等级的剧场或电影院，座位数超过 2000 个的会堂或礼堂，座位数超过 3000 个的体育馆。

（4）大、中型幼儿园的儿童用房等场所，老年人建筑，任一层建筑面积 1500 m^2 或总建筑面积大于 3000 m^2 的疗养院的病房楼、旅馆建筑和其他儿童活动场所，不少于 200 床位的医院门诊楼、病房楼和手术部等。

（5）歌舞娱乐放映游艺场所。

（6）二类高层公共建筑内建筑面积大于 50 m^2 的可燃物品库房和建筑面积大于 500 m^2 的营业厅。

（7）其他一类高层公共建筑。

建筑内可能散发可燃气体、可燃蒸气的场所应设置可燃气体报警装置。

2）消防设施

消火栓系统、自动喷水灭火系统、火灾自动报警系统、防排烟系统、疏散指示标志和应急照明等消防设施应符合《建筑设计防火规范（2018 年版)》(GB 50016—2014) 中"8 消防设施的设置"对消防给水、灭火、火灾自动报警、防烟与排烟系统和配置灭火器的要求。

自动喷水灭火系统、水喷雾灭火系统、泡沫灭火系统和固定消防炮灭火系统等系统以及超过 5 层的公共建筑、其他高层建筑、超过 2 层或建筑面积大于 10000 m^2 的地下建筑（地下室）的室内消火栓给水系统应设置消防水泵接合器。

单独建造的消防水泵房，其耐火等级不应低于二级；附设在建筑内的消防水泵房，不应设置在地下三层及以下或室内地面与室外出入口地坪高差大于 10 m 的地下楼层；疏散门应直通室外或安全出口。

设置火灾自动报警系统和需要联动控制的消防设备的建筑（群）应设置消

防控制室。消防水泵房和消防控制室应采取防水淹的技术措施。

【创建要点】

消防救援机构在消防监督检查中发现公共消防设施不符合消防安全要求的应当由应急管理部门书面报告本级人民政府。接到报告的人民政府应当及时核实情况，组织或者责成有关部门、单位采取措施，予以整改。

人员密集场所管理单位应按照相关标准配备消防设施、器材，设置消防安全标志，定期检验维修，对建筑消防设施每年至少进行一次全面检测，确保完好有效。设有消防控制室的，实行 24 h 值班制度，每班不少于 2 人，并持证上岗。自动消防设施操作人员应取得建（构）筑物消防员（消防设施操作员）资格证书。

【创建实例】

山西：太原消防严查城乡接合部人员聚集场所消防安全（发布时间：2020 - 09 - 07）

2020 年 9 月 1 日至 9 月 20 日，太原市消防救援支队在全市开展城乡接合部人员聚集场所消防安全专项检查行动。

执法人员将重点检查消防安全检查手续是否齐全，单位消防安全责任人和管理人是否依法履行消防安全职责，建筑结构耐火等级是否符合消防技术标准规范要求，消防设施、器材是否按照要求设置并保持完好有效，安全出口疏散通道是否符合规范要求，疏散标识是否齐全，是否制定灭火和应急疏散预案并组织开展演练，人员聚集活动消防安全措施是否到位等。

2. 大型群众性活动安全风险

【评价内容 1】

大型群众性活动开展风险评估。

【评分标准】

大型群众性活动未开展风险评估工作的，每发现一次扣 0.5 分，1 分扣完为止。

【指标解读】

1）大型群众性活动

《大型群众性活动安全管理条例》（国务院令第 505 号）规定，大型群众性活动是指法人或者其他组织面向社会公众举办的每场次预计参加人数达到 1000 人以上的下列活动：

（1）体育比赛活动。

（2）演唱会、音乐会等文艺演出活动。

（3）展览、展销等活动。

（4）游园、灯会、庙会、花会、焰火晚会等活动。

（5）人才招聘会、现场开奖的彩票销售等活动。

影剧院、音乐厅、公园、娱乐场所等在其日常业务范围内举办的活动，不适用本条例的规定。

2）风险评估

《大型活动安全要求 第1部分：安全评估》（GB/T 33170.1—2016）要求，大型活动承办者应该在活动前向相关职能部门提出申请并聘请专业评估机构进行安全评估，评估机构对大型活动的合法性、合理性、可行性、安全性等方面先期作出评估，根据安全评估情况采取应对措施，确保大型活动安全、有序举办，编制大型活动安全评估报告。安全评估报告是被评估对象采取有效对策措施的指导文件，应为第三方出具的技术性咨询文件。

不同类型的大型活动安全评估报告在评估内容上有不同的侧重点，可根据实际需要进行部分调整或补充，主要应包括：

（1）编制依据：相关标准、法规。

（2）目的和适用范围：对被评估对象的概况进行描述，明确评估的边界。

（3）评估程序和方法：对评估的过程和采用的方法进行描述。

（4）危险有害因素辨识：可逐条列举，尽量地描述各因素的基本情况、部位或环节、诱发因素、后果形式及影响范围、现有的控制措施。

（5）风险等级分析：描述必要的分析过程，得到明确的可能性、后果严重性以及风险等级。

（6）评估结论。

（7）对策措施及建议：对于需要采取措施的问题逐一列出，明确措施的主体和期望达到的效果。

【创建要点】

创建城市应建立大型群众性活动台账，包括活动类别、活动名称、举办时间、举办地点、参与人数、警力数、场次、万人以上场次、是否需要行政审批、是否开展风险评估等信息，还需收集存档大型活动安全评估报告备查。

大型群众性活动的预计参加人数在1000人以上5000人以下的，由活动所在地县级人民政府公安机关实施安全许可；预计参加人数在5000人以上的，由活动所在地设区的市级人民政府公安机关或者直辖市人民政府公安机关实施安全许可；跨省、自治区、直辖市举办大型群众性活动的，由国务院公安部门实施安全许可。

大型群众性活动的承办者对其承办活动的安全负责，承办者的主要负责人为大型群众性活动的安全责任人。承办者应当制定大型群众性活动安全工作方案，在活动前向相关职能部门提出申请并聘请专业评估机构进行安全评估。

【创建实例】

杭州对大型群众性活动安全管理立法　加强自发聚集活动管理（发布时间：2022－05－10）

2022 年 5 月 10 日，浙江省杭州市人大常委会召开"杭州市大型群众性活动安全管理规定"新闻发布会，《杭州市大型群众性活动安全管理规定》提出，承办者应当根据大型群众性活动方案、疫情防控要求、安全等级评估标准和安全工作规范，开展安全等级评估，形成书面评估报告。承办者应当根据安全等级评估报告，按照安全工作规范编制大型群众性活动安全工作方案，实施安全许可的公安机关应当对承办者进行指导。

【评价内容 2】

建立大客流监测预警和应急管控措施。

【评分标准】

未在大型群众性活动中使用大客流监测预警技术手段的，未针对大客流采取区域护栏隔离、人员调度、限流等应急管控措施的，每发现一处扣 0.5 分，1 分扣完为止。

【指标解读】

1）大客流监测预警

大型群众性活动承办者应明确场地的最大容量和安全容量，并在活动期间经常监测活动达到的规模，包括人员日流量、总流量、瞬时最大人数、持续时间等。承办者可委托专业机构进行估计和监测工作。活动场地应设置专门的监控室、急救点、应急指挥中心等区域。

大客流监测预警是为保障大型活动的安全，在活动中对进入场地的人员和人流的正常性进行实时监控和在线测试，在需要提防的危险发生之前，根据以往总结的规律或观测得到的可能性前兆向接受方发出紧急信号，报告危险情况，以避免危害在不知情或准备不足的情况下发生，从而最大程度地降低危害所造成的损失。

《大型活动安全要求　第 2 部分：人员管控》（GB/T 33170.2—2016）要求，大型活动管理方应进行人群聚集监测，对大型活动中心场地及狭窄通道、出入口、上下坡、楼梯、桥梁、涵洞、观景场所等易产生人群聚集的区域范围进行人群聚集和拥挤现象的监测，宜采用计数器、电子票以及视频统计等手段实时采集人员流量，防止人群聚集、拥挤现象的发生。

《大型活动安全要求　第 2 部分：人员管控》（GB/T 33170.2—2016）规定，预警级别分为一般（Ⅲ级）预警、严重（Ⅱ级）预警和特别严重（Ⅰ级）预警。大型活动承办者相关人员应根据不同的预警级别，向相关机构上报预警信息。当人员监测到异常情况时，应将有关视频图像等预警信息及时上传到指挥中心，以利于指挥中心第一时间掌握现场情况，判断异常情况种类，协助第一时间了解预警信息、妥善处理和合理调配应对力量。

2）应急管控措施

《大型活动安全要求　第2部分：人员管控》(GB/T 33170.2—2016) 规定，在监测过程中，发现人群聚集和拥挤现象时，活动承办者应及时派工作人员予以疏导。发生人群聚集报警后的现场秩序维护、人群疏导的主要工作包括：对水、电、气等重点部位的看护，对桥梁、涵洞、窄路、水域等危险区域的控制，对出入口、安全通道的疏导，入退场人员和车辆的导向，入场人员达到安全额定容量时的控制，广播疏导宣传。

《大型活动安全要求　第3部分：场地布局和安全导向标识》(GB/T 33170.3—2016) 要求，大型活动场地布局应充分考虑活动的规模大小，应有足够的通行能力和避免大规模人群聚集的缓冲空间；突发事件情况下满足人群尽快离开场地的应急疏散能力；便于利用已有的基础设施和安全设备；应在现场安全疏散通道、消防车通道、安全出入口、楼梯口设置明显的标志、标识，标明疏散方向，并保证场地建筑设施、消防设施、照明设施、电视监控和广播系统等应急疏散等设备设施运转正常，并做好管理和值守工作；用于紧急疏散的安全导向标识应提供一致、连续的信息，以便公众能从危险区域有序地疏散到集合区，应显示出疏散路线上的中途点（如安全出口、集合区、避难区）和最终目的地，并引导公众绕过障碍和凸起的地方。如根据行动不便人群的特殊需求专门设计了疏散路线，则应专门提供安全导向标识，以及为有特殊需要的人专门提供的避难场所和设备，也应专门提供安全导向标识。

《大型活动安全要求　第5部分：安保资源配置》(GB/T 33170.5—2016) 要求，大型活动现场对人群情况和活动秩序进行维护，并防止人为干扰秩序和故意破坏财物、伤害他人的事件发生，应设置现场维护类安保设备，主要包括：硬质隔离护栏、安全导向标识、手持扩音器、客流统计系统、闭路电视监控系统、伸缩警棍、橡胶警、警用钢叉、防割手套、防刺服。

为保障大型活动现场发生突发事件情况下人员的紧急撤离、救护和事态的有效控制，应设置应急处置类安保设备，主要包括：应急广播、应急车辆（例如消防车、救护车）、应急指挥系统、应急电源、应急照明、应急通信设备、防毒面具、防护服、卫生应急物资、灭火救援器材、防爆毯、防爆罐。

【创建要点】

《大型群众性活动安全管理条例》(国务院令第 505 号) 要求，大型群众性活动的场所管理者具体负责下列安全事项：

（1）保障活动场所、设施符合国家安全标准和安全规定。

（2）保障疏散通道、安全出口、消防车通道、应急广播、应急照明、疏散指示标志符合法律、法规、技术标准的规定。

（3）保障监控设备和消防设施、器材配置齐全、完好有效。

（4）提供必要的停车场地，并维护安全秩序。

参加大型群众性活动的人员应当遵守下列规定：

（1）遵守法律、法规和社会公德，不得妨碍社会治安、影响社会秩序。

（2）遵守大型群众性活动场所治安、消防等管理制度，接受安全检查，不得携带爆炸性、易燃性、放射性、毒害性、腐蚀性等危险物质或者非法携带枪支、弹药、管制器具。

（3）服从安全管理，不得展示侮辱性标语、条幅等物品，不得围攻裁判员、运动员或者其他工作人员，不得投掷杂物。

公安机关应当履行下列职责：

（1）审核承办者提交的大型群众性活动申请材料，实施安全许可。

（2）制定大型群众性活动安全监督方案和突发事件处置预案。

（3）指导对安全工作人员的教育培训。

（4）在大型群众性活动举办前，对活动场所组织安全检查，发现安全隐患及时责令改正。

（5）在大型群众性活动举办过程中，对安全工作的落实情况实施监督检查，发现安全隐患及时责令改正。

（6）依法查处大型群众性活动中的违法犯罪行为，处置危害公共安全的突发事件。

【创建实例】

应对端午节大客流，上海黄浦强化重点时段、区域实时预警监测（发布时间：2022－06－03）

针对户外可能出现的大客流，借助黄浦大客流风险监测系统、"客流眼"等技术手段，对重点时段、重点区域的客流规模、持续时间、人员流向和人群密度进行实时预警监测，动态调整人员疏导措施，保障现场客流总量可控、密度可控、安全有序。针对室内场所，确定最大承载量和瞬时客流，划设进出通道，实行错峰限流，做好场外排队和引导。豫园商城严格实行预约制入园，园内限流人数瞬时不超过 5000 人次。

3. 高层建筑、"九小"场所安全风险

【评价内容1】

高层建筑按规定设置消防安全经理人、楼长、消防安全警示、标识公告牌。

【评分标准】

高层公共建筑未明确消防安全经理人的；高层住宅建筑未明确楼长的；高层建筑未设置消防安全警示标识的；每发现一处扣 0.1 分，0.5 分扣完为止。

【指标解读】

1）高层建筑

建筑高度大于 27 m 的住宅建筑和建筑高度大于 24 m 的非单层厂房、仓库和其他民用建筑。

2）消防安全经理人（消防安全管理人）

《高层民用建筑消防安全管理规定》（应急管理部令第 5 号）规定，高层公共建筑的业主、使用人、物业服务企业或者统一管理人应当明确专人担任消防安全管理人，负责整栋建筑的消防安全管理工作，并在建筑显著位置公示其姓名、联系方式和消防安全管理职责。

高层公共建筑的消防安全管理人应当具备与其职责相适应的消防安全知识和管理能力。对建筑高度超过 100 m 的高层公共建筑，鼓励有关单位聘用相应级别的注册消防工程师或者相关工程类中级及以上专业技术职务的人员担任消防安全管理人。

3）消防安全警示、标识公告牌

《高层民用建筑消防安全管理规定》（应急管理部令第 5 号）规定，设有建筑外墙外保温系统的高层民用建筑，其管理单位应当在主入口及周边相关显著位置，设置提示性和警示性标识，标示外墙外保温材料的燃烧性能、防火要求。

高层民用建筑的消防车通道、消防车登高操作场地、灭火救援窗、灭火救援破拆口、消防车取水口、室外消火栓、消防水泵接合器、常闭式防火门等应当设置明显的提示性、警示性标识。消防车通道、消防车登高操作场地、防火卷帘下方还应当在地面标识出禁止占用的区域范围。消火栓箱、灭火器箱上应当张贴使用方法的标识。

高层公共建筑内应当确定禁火禁烟区域，并设置明显标志。

高层民用建筑内的锅炉房、变配电室、空调机房、自备发电机房、储油间、消防水泵房、消防水箱间、防排烟风机房等设备用房应当按照消防技术标准设置，确定为消防安全重点部位，设置明显的防火标志，实行严格管理，并不得占用和堆放杂物。

高层民用建筑的疏散通道、安全出口应当保持畅通，禁止堆放物品、锁闭出口、设置障碍物。平时需要控制人员出入或者设有门禁系统的疏散门，应当保证发生火灾时易于开启，并在现场显著位置设置醒目的提示和使用标识。

【创建要点】

创建城市应建立高层建筑台账，包含建筑名称、地址、建筑类别（高层住宅建筑、高层公共建筑）、建筑高度、管理单位名称、消防安全管理人姓名等信息。

《高层民用建筑消防安全管理规定》（应急管理部令第5号）规定，消防救援机构和其他负责消防监督检查的机构依法对高层民用建筑进行消防监督检查，督促业主、使用人、受委托的消防服务单位等落实消防安全责任；对监督检查中发现的火灾隐患，通知有关单位或者个人立即采取措施消除隐患。

消防救援机构应当加强高层民用建筑消防安全法律、法规的宣传，督促、指导有关单位做好高层民用建筑消防安全宣传教育工作。

村民委员会、居民委员会应当依法组织制定防火安全公约，对高层民用建筑进行防火安全检查，协助人民政府和有关部门加强消防宣传教育；对老年人、未成年人、残疾人等开展有针对性的消防宣传教育，加强消防安全帮扶。

高层公共建筑的消防安全管理人应当履行下列消防安全管理职责：

（1）拟订年度消防工作计划，组织实施日常消防安全管理工作。

（2）组织开展防火检查、巡查和火灾隐患整改工作。

（3）组织实施对建筑共用消防设施设备的维护保养。

（4）管理专职消防队、志愿消防队（微型消防站）等消防组织。

（5）组织开展消防安全的宣传教育和培训。

（6）组织编制灭火和应急疏散综合预案并开展演练。

【创建实例】

实例 1

广东河源多措并举提升高层建筑火灾防控水平（发布时间：2022－05－10）

依托社会消防安全管理平台和"粤商通"平台建立高层建筑消防安全责任人、管理人履职承诺制度，积极推行高层公共建筑专职消防安全经理人、高层住宅建筑消防楼长制和"三自主两公开一承诺"制度，督促其落实消防安全主体责任。

实例 2

共创城市安全，共建美好生活——宿迁消防全力以赴做好省级安全发展示范城市创建工作（发布时间：2021－09－27）

宿迁市消防救援支队高对创建城区1251栋高层公共建筑、高层住宅建筑按规定分别明确1名消防安全经理人和1名消防楼长，在高层建筑主要进出口及单元楼道醒目处张贴消防楼长公示牌，消防安全警示、标识公告牌全覆盖，建筑内消防设施张贴醒目标志和警示标识。

【评价内容 2】

高层建筑特种设备注册登记和定检率 100%。

【评分标准】

高层公共建筑、高层住宅建筑电梯未注册登记、未监督检验或未定期检验的，每发现一处扣 0.1 分，0.5 分扣完为止。

【指标解读】

1）高层公共建筑、高层住宅建筑

高层住宅建筑，是指建筑高度超过 27 m 的住宅建筑。

高层公共建筑，是指建筑高度超过 24 m 的非单层公共建筑，包括宿舍建筑、公寓建筑、办公建筑、科研建筑、文化建筑、商业建筑、体育建筑、医疗建筑、交通建筑、旅游建筑、通信建筑等。

2）特种设备注册登记和定检

参见 3.2.2 人员密集场所安全风险的【评价内容 3】的指标解读。

【创建要点】

参见 3.2.2 人员密集场所安全风险的【评价内容 3】的创建要点。

高层公共建筑、高层住宅建筑电梯使用单位应当向负责特种设备安全监督管理的部门办理使用登记，取得使用登记证书。登记标志应当置于该特种设备的显著位置。特种设备使用单位应当按照安全技术规范的要求及时向特种设备检验机构提出定期检验要求进行安全性能检验，未经定期检验或者检验不合格的特种设备，不得继续使用。

【创建实例】

江苏省泰州市姜堰区市场监管局依托省级安全发展示范城市创建 推动特种设备安全提质增效（发布时间：2021 - 12 - 17）

依托智慧监管平台，及时掌握设备注册登记和定期检验情况。全面运用"大数据＋网格化＋铁脚板"工作机制，深入基层一线，提供上门服务，确保全区高层建筑电梯和人员聚集场所特种设备定期检验和注册登记率 100%。

【评价内容 3】

消防安全重点单位"户籍化"工作验收达标率 100%。

【评分标准】

消防安全重点单位"户籍化"工作未验收达标的，每发现一处扣 0.1 分，0.5 分扣完为止。

【指标解读】

1）消防安全重点单位

《机关、团体、企业、事业单位消防安全管理规定》（公安部令第 61 号）规定，下列范围的单位是消防安全重点单位：

（1）商场（市场）、宾馆（饭店）、体育场（馆）、会堂、公共娱乐场所等公众聚集场所（以下统称公众聚集场所）。

（2）医院、养老院和寄宿制的学校、托儿所、幼儿园。

（3）国家机关。

（4）广播电台、电视台和邮政、通信枢纽。

（5）客运车站、码头、民用机场。

（6）公共图书馆、展览馆、博物馆、档案馆以及具有火灾危险性的文物保护单位。

（7）发电厂（站）和电网经营企业。

（8）易燃易爆化学物品的生产、充装、储存、供应、销售单位。

（9）服装、制鞋等劳动密集型生产、加工企业。

（10）重要的科研单位。

（11）其他发生火灾可能性较大以及一旦发生火灾可能造成重大人身伤亡或者财产损失的单位。

2）"户籍化"

《关于消防安全重点单位实行消防安全"户籍化"管理工作的意见》（公消〔2012〕164号）规定，消防安全重点单位消防安全"户籍化"管理是充分运用信息化手段，通过互联网社会单位消防安全信息系统，为每个重点单位设置一个专用账户，建立消防安全"户籍化"管理档案，重点单位负责将本单位基本情况、每幢建筑消防安全基本信息、消防安全管理制度、逐级消防安全责任落实情况、员工消防安全教育培训及灭火和应急疏散预案等录入消防安全"户籍化"管理档案；及时记录日常动态消防安全管理、开展消防安全"四个能力"建设等情况，并根据重点单位消防安全"户籍化"管理档案自动统计分析功能反映出的工作薄弱环节和问题，采取针对性工作措施；定期向当地公安机关消防机构（现为消防救援机构）报告备案有关消防工作开展情况，全面规范自身消防安全管理；公安机关消防机构（现为消防救援机构）对重点单位消防安全"户籍化"管理实行动态监督，严格审查重点单位报告备案文件，及时录入消防监督情况，定期统计分析本地区重点单位消防安全管理情况，有针对性地开展消防监督检查，切实提高消防监督工作的有效性。

重点单位消防安全"户籍化"管理的主要内容有：

（1）建立消防安全"户籍化"管理档案。重点单位消防安全责任人要依法履行消防安全职责，确定消防安全管理人具体负责本单位消防安全"户籍化"管理工作；消防安全管理人要组织建立并完善消防安全"户籍化"管理档案，记录日常消防安全管理和消防安全"四个能力"建设情况，更新本单位消防安全管理信息，通过互联网社会单位消防安全信息系统，了解公安机关消防机构（现为消防救援机构）有关工作部署和对本单位实施消防监督检查情况，定期向当地公安机关消防机构报告备案有关消防工作，规范本单位消防安全管理。

（2）实行消防安全管理人员报告备案制度。重点单位依法确定的消防安全责任人、消防安全管理人、专（兼）职消防管理员、消防控制室值班操作人员等，自确定或变更之日起5个工作日内，通过互联网社会单位消防安全信息系统向当地公安机关消防机构（现为消防救援机构）报告备案，确保重点单位消防安全工作有人抓、有人管。消防安全责任人、消防安全管理人要切实履行消防安全职责，接受公安机关消防机构（现为消防救援机构）的业务指导和培训，落实各项消防责任，全面提高本单位消防安全管理水平。

（3）实行消防设施维护保养报告备案制度。设有建筑消防设施的重点单位，应当对建筑消防设施进行日常维护保养，并每年至少进行一次全面检测，不具备维护保养和检测能力的重点单位应委托具有资质的机构进行维护保养和检测，保障消防设施完整好用。重点单位要将维护保养合同、每月维保记录、设备运行记录实时录入消防安全"户籍化"管理档案，并每月向当地公安机关消防机构（现为消防救援机构）报告备案。提供消防设施维护保养和检测的技术服务机构，必须具有相应等级的资质，依照签订的维护保养合同认真履行义务，承担相应责任，确保建筑消防设施正常运行，并自签订维护保养合同之日起5个工作日内通过互联网社会单位消防安全信息系统向当地公安机关消防机构（现为消防救援机构）报告备案。

（4）实行消防安全自我评估报告备案制度。重点单位应当按照标准开展消防安全"四个能力"建设，每季度至少组织一次消防安全"四个能力"建设自我评估，评估发现的问题和工作薄弱环节，要采取切实可行的措施及时整改。评估情况应自评估完成之日起5个工作日内通过互联网社会单位消防安全信息系统向当地公安机关消防机构（现为消防救援机构）报告备案，并向社会公开。

【创建要点】

县级以上地方人民政府消防救援机构应当将发生火灾可能性较大以及发生火灾可能造成重大的人身伤亡或者财产损失的单位，确定为本行政区域内的消防安全重点单位，并由应急管理部门报本级人民政府备案。

消防安全重点单位及其消防安全责任人、消防安全管理人应当报当地公安消防机构（现为消防救援机构）备案。

《中华人民共和国消防法》规定，消防安全重点单位应当履行下列消防安全职责：

（1）确定消防安全管理人，组织实施本单位的消防安全管理工作。

（2）落实消防安全责任制，制定本单位的消防安全制度、消防安全操作规程，制定灭火和应急疏散预案。

（3）建立消防档案，确定消防安全重点部位，设置防火标志，实行严格管理。

（4）按照国家标准、行业标准配置消防设施、器材，设置消防安全标志，并定期组织检验、维修，确保完好有效。

（5）对建筑消防设施每年至少进行一次全面检测，确保完好有效，检测记录应当完整准确，存档备查。

（6）保障疏散通道、安全出口、消防车通道畅通，保证防火防烟分区、防火间距符合消防技术标准。

（7）实行每日防火巡查，并建立巡查记录；组织防火检查，及时消除火灾隐患。公众聚集场所在营业期间的防火巡查应当至少每 2 h 一次；营业结束时应当对营业现场进行检查，消除遗留火种。医院、养老院、寄宿制的学校、托儿所、幼儿园应当加强夜间防火巡查，其他消防安全重点单位可以结合实际组织夜间防火巡查。

（8）对职工进行岗前消防安全培训，消防安全重点单位对每名员工应当至少每年进行一次消防安全培训；应当按照灭火和应急疏散预案，至少每半年进行一次演练，并结合实际，不断完善预案。

（9）法律、法规规定的其他消防安全职责。

【创建实例】

海南东方：消防安全重点单位"户籍化"（发布时间：2012 – 07 – 11）

海南省东方市消防支队结合当地实际，积极创新消防社会管理，建立基层网格化工作机制，从 6 月中旬起全面启动了消防安全"户籍化"管理工作。截至目前(2012 年 7 月 11 日)，全市 85 家消防重点单位的"户籍化"率已达到 100%。

【评价内容4】

"九小"场所开展事故隐患排查，按计划完成整改。

【评分标准】

上一年度未开展"九小"场所隐患排查的或未开展建筑内部及周边道路消防车通道隐患排查整治的，扣 1 分；未按照整改计划完成整改的，每发现一处扣 0.2 分。1 分扣完为止。

【指标解读】

1）"九小"场所

小商店、小餐饮场所、小旅馆、小歌舞娱乐场所、小美容洗浴场所、小学校、小医院、小生产加工企业、小仓库等小型场所。

2）事故隐患排查

集中整治群租房、施工现场、电动车等三类消防突出问题，严格落实群租房防火分隔、违规住宿清理、夜间值守、电动车清理等防范措施。

《应急管理部关于人员密集场所防范重大消防安全风险加强消防安全管理的通告》规定，严禁违规使用易燃可燃材料装修装饰，严禁擅自改变建筑结构和用途，破坏原有防火分隔，严禁占用、堵塞、封闭疏散通道、安全出口，严禁违规使用、储存易燃易爆危险品，严禁损坏、挪用或者擅自拆除、停用消防设施、器材，严禁在生产储存经营易燃易爆危险品场所、厂房和仓库、大型商场市场等建筑内设置人员居住场所，严禁电动自行车停放在建筑门厅、楼梯间、走道等室内公共区域。

3）消防车通道

参见 3.2.2 人员密集场所安全风险的【评价内容 4】的指标解读。

【创建要点】

创建城市应建立"九小"场所隐患排查台账，包括单位名称、检查人单位、检查人、检查时间、隐患名称、处罚方式、隐患整改状态等信息。

县级以上地方人民政府有关部门应当根据本系统的特点，有针对性地开展开展"九小"场所隐患排查，及时督促整改安全隐患。

消防救援机构应当对建筑内部及周边道路消防车通道依法进行监督检查。监督检查发现火灾隐患的，应当通知有关单位或者个人立即采取措施消除隐患；不及时消除隐患可能严重威胁公共安全的，消防救援机构应当依照规定对危险部位或者场所采取临时查封措施。

"九小"场所单位的主要负责人对本单位的安全生产工作全面负责，应检查本单位的安全生产工作，及时消除生产安全事故隐患。

【创建实例】

嘉禾："大体检"筑牢"九小场所"安全防线（发布时间：2022-05-09）

2022 年 5 月 9 日，嘉禾县公安局开展"九小场所"安全隐患大排查大整治专项行动，对全县范围内的"九小场所"进行一次全面安全"大体检"。

嘉禾县公安局由治安大队牵头负责，会同各基层派出所，对全县范围内的小学校或幼儿园、小医院、小商店、小餐饮场所、小旅馆、小歌舞娱乐场所、小网吧、小美容洗浴场所、小生产加工企业等"九小场所"进行了拉网式排查，重点对"九小场所"的房屋结构是否牢固，安全通道是否畅通，消防设施、消防器材的日常维护检查是否落实，场所内的煤气、电气设备等是否安全规范等方面进行重点检查。

截至目前，嘉禾县公安局出动警力 300 余人次，检查"九小"场所 114 家，排查消防隐患 53 处，整改隐患 18 处，下发整改通知书 15 份。

【评价内容 5】

餐饮场所按规定安装可燃气体浓度报警装置。

【评分标准】

餐饮场所未按照《城镇燃气设计规范》（GB 50028—2006）要求安装可燃气体浓度报警装置的，每发现一处扣 0.1 分，0.5 分扣完为止。

【指标解读】

1) 餐饮场所

《饮食建筑设计标准》（JGJ 64—2017）规定，餐饮场所是指公开地对一般大众提供食品、饮料等餐饮的设施或场所，按经营方式、饮食制作方式及服务特点划分，可分为餐馆、快餐店、饮品店、食堂等四类。

餐馆是接待消费者就餐或宴请宾客的营业性场所。为消费者提供各式餐点和酒水、饮料，不包括快餐店、饮品店、食堂。

快餐店是能在短时间内为消费者提供方便快捷的餐点、饮料等的营业性场所，食品加工供应形式以集中加工配送，在分店简单加工和配餐供应为主。

饮品店是为消费者提供舒适、放松的休闲环境，并供应咖啡、酒水等冷热饮料及果蔬、甜品和简餐为主的营业性场所，包括酒吧、咖啡厅、茶馆等。

食堂是设于机关、学校和企事业单位内部，供应员工、学生就餐的场所，一般具有饮食品种多样、消费人群固定、供餐时间集中等特点。

自助餐厅是顾客以自选、自取的方式到取餐台选取食品，根据所取食品的样数付账或支付固定金额后任意选取食品，是餐馆、快餐店、食堂餐厅的一种特殊形式。

2) 按规定安装可燃气体浓度报警装置

《城镇燃气设计规范（2020 年版）》（GB 50028—2006）要求在下列场所应设置燃气浓度检测报警器：①建筑物内专用的封闭式燃气调压、计量间；②地下室、半地下室和地上密闭的用气房间；③燃气管道竖井；④地下室、半地下室引入管穿墙处；⑤有燃气管道的管道层。

燃气浓度检测报警器的设置应符合下列要求：①当检测比空气轻的燃气时，检测报警器与燃具或阀门的水平距离不得大于 8 m，安装高度应距顶棚 0.3 m 以内，且不得设在燃具上方；②当检测比空气重的燃气时，检测报警器与燃具或阀门的水平距离不得大于 4 m，安装高度应距地面 0.3 m 以内；③燃气浓度检测报警器的报警浓度应按《家用和小型餐饮厨房用燃气报警器及传感器》（GB/T 34004—2017）的规定确定；④燃气浓度检测报警器宜与排风扇等排气设备联锁；⑤燃气浓度检测报警器宜集中管理监视；⑥报警器系统应有备用电源。

【创建要点】

县级以上地方人民政府燃气管理部门负责本行政区域内的燃气管理工作，其他有关部门依照《城镇燃气管理条例》（2010 年 11 月 19 日国务院令第 583 号发布，根据 2016 年 2 月 6 日国务院令第 666 号修订）和其他有关法律、法规的规定，在各自职责范围内负责有关燃气管理工作。

燃气管理部门以及其他有关部门和单位应当根据各自职责，对燃气经营、燃气使用的安全状况等进行监督检查，发现燃气安全事故隐患的，应当通知燃气经营者、燃气用户及时采取措施消除隐患；不及时消除隐患可能严重威胁公共安全的，燃气管理部门以及其他有关部门和单位应当依法采取措施，及时组织消除隐患，有关单位和个人应当予以配合。

燃气经营者应当向燃气用户持续、稳定、安全供应符合国家质量标准的燃气，指导燃气用户安全用气、节约用气，并对燃气设施定期进行安全检查。

燃气用户应当遵守安全用气规则，使用合格的燃气燃烧器具和气瓶，及时更换国家明令淘汰或者使用年限已届满的燃气燃烧器具、连接管等，建立健全安全管理制度，加强对操作维护人员燃气安全知识和操作技能的培训。

【创建实例】

南通餐饮场所推广安装燃气预警装置（发布时间：2020 - 10 - 27）

根据国务院安全生产专项督导组交办的任务清单要求，南通市正在餐饮场所推广安装燃气泄漏安全保护装置，推进全市燃气安全智能化监管工作。昨日（2020 年 10 月 26 日），市商务局发布最新动态，目前，全市已摸排使用燃气的餐饮企业 15579 家，安装燃气泄漏安全保护装置比例为 62.73%。

根据《江苏省燃气管理条例》等相关规定，餐饮用户、在室内公共场所使用燃气的、在符合用气条件的地下或者半地下建筑物内使用管道燃气的，都应当安装使用燃气泄漏安全保护装置。

据统计，目前全市餐饮场所瓶装液化气用户安装保护装置的比例达 59.5%，管道天然气用户安装保护装置的比例达 80.9%。接下来，各地将按照国务院督导组"回头看"提出的整改要求，加大扶持引导，强化督查督办，加速推进全市餐饮场所安装燃气预警系统，确保 10 月底前全面安装到位。

【评价内容 6】

各类游乐场所和游乐设施开展事故隐患排查，按计划完成整改。

【评分标准】

上一年度未开展各类游乐场所和游乐设施隐患排查的，扣 1 分；未按照整改计划完成整改的，每发现一处扣 0.2 分。1 分扣完为止。

【指标解读】

1）游乐场所

《游乐园（场）服务质量》（GB/T 16767—2010）规定，游乐场所是以游乐设施为主要载体，以娱乐活动为重要内容，为游客提供游乐体验的经营场所。

2）游乐设施

《游乐设施术语》（GB/T 20306—2017）规定，游乐设施是用于人们游乐（娱乐）的设备或设施。按参数可划分为大型游乐设施和小型游乐设施。大型游乐设施是用于经营目的，承载乘客游乐的设施，其范围规定为设计最大运行线速度大于或者等于 2 m/s，或者运行高度距地面高于或者等于 2 m 的载人大型游乐设施。小型游乐设施是在公共场所使用，承载儿童游乐的设施，且不属于《特种设备目录》中规定的大型游乐设施。如滑梯、秋千、摇马、跷跷板、攀网、转椅、室内软体等游乐设施。

3）事故隐患排查

《游乐园（场）服务质量》（GB/T 16767—2010）规定，游乐场所经营单位应制定游乐场所和游乐设施等安全检查制度，制定用电、防火安全管理制度与操作规范，相关人员应严格遵守；应建立健全消防组织，定期或不定期地组织消防安全检查，及时消除隐患。

游乐园（场）应建立安全管理机构，负责安全管理工作，安全管理机构应至少履行下列职责：建立健全安全管理制度体系；制定安全操作规程；确定各级、各岗位安全责任人及其职责；落实各项安全措施，组织安全检查；制定突发事件的应急预案，并定期组织实施演习。

游乐设施应进行日，周、月、节假日前和旺季开始前的例行检查，还应每年全面检修一次，超过安全检验有效期的游乐设施不得运营载客。严禁设备带故障运转；游乐设施每天运营前应进行例行安全检查，并经安全检查人员签字确认后才能投入运营；不定期的安全检查，每周不少于一次，检查发现的隐患和问题应及时做好记录，并视情节轻重签发限期整改通知或处罚通知。

《大型游乐设施安全规范》（GB 8408—2018）规定，大型游乐设施使用单位应按照设备使用维护保养说明书及有关法规、标准要求建立自检作业指导文件。游乐设施的检查方式包括：点检和巡检。点检时，检查人员应按照规定的方法、频次，用仪器设备对检查部位进行测量，并记录检测数据，依据判定标准得出检查结果；巡检时，检查人员应用感观、目测等方式对游乐设施的运行状态进行判断，并记录巡检结果。

大型游乐设施检查类型包括：定期安全检查（日检、周检、月检、年检）、重大节假日及重大活动前安全检查。定期安全检查前，检查人员应准备好检测仪器、工装设备，安全防护装备；检查过程中，检查人员应严格按照作业指导书安全作业；检查结束后，检查人员应记录检查结果，将所发现安全隐患及时报告安全管理人员处置。重大节假日及重大活动前安全检查应由使用单位根据定期安全检查结果适当增加检查项目。

《小型游乐设施安全规范》（GB/T 34272—2017）要求，小型游乐设施使用单位应针对设备情况制定日检、月检、年检计划并保存检验记录，检验内容包括：重要部件、焊接部位、连接部位、螺栓及紧固件、安全保护装置、电气、保险装置、防挤夹保护部位等是否正常等。使用单位经检查发现有异常情况时，应及时处理，严禁小型游乐设施带故障和安全隐患使用。当天气恶劣、设备发生故障及停电等紧急情况或有可能发生上述情况时，使用单位应采取应急措施和停止运营。

【创建要点】

创建城市应建立游乐场所、游乐设施台账，包含游乐场所名称、地址、游乐设施名称、类别（大型、小型）、使用单位名称、上一年度隐患排查记录（排查部门、时间、排查结果、整改情况）等信息。

《国务院安委会办公室关于加强游乐场所和游乐设施安全监管工作的通知》（安委办〔2019〕14号）要求各地区要组织各有关部门按照职责分工抓好游乐场所的安全监管。各级教育、住房城乡建设、文化和旅游等部门及游乐场所项目审批部门要按照"管行业必须管安全、管业务必须管安全、管生产经营必须管安全"原则和"谁的场地谁负责"的要求，扎实开展本行业领域内的游乐场所和游乐设施安全风险隐患排查整治。市场监管部门按照相关法律法规要求切实加强大型游乐设施安全监察，完善游乐设施安全标准。配合有关部门委托相关技术机构开展风险评估、检验检测等技术服务工作，为小型游乐设施安全管理提供指导和服务。应急管理部门充分发挥安委办综合协调作用，督促各地区及有关部门加强游乐场所和游乐设施安全监管。其他有关部门配合做好游乐场所市场秩序规范、打击违法行为和舆论教育引导等工作。乡镇街道加强对本行政区域内游乐场所和游乐设施的经营管理主体安全生产状况的监督检查，协助上级人民政府有关部门依法履行安全监管职责。加强地区和部门间协同配合、联防联动，组织开展联合执法检查活动。

乘坐游乐设施前，工作人员应提醒乘客应当认真阅读并自觉遵守乘客须知和警示标志的要求。乘客有义务听从工作、服务人员的指挥，不做损坏设施、危及自身及他人安全的行为。

【创建实例】

实例1

龙湖区安委办组织开展游乐场所和游乐设施安全专项检查（发布时间：2021－04－13）

4月13日上午，依照市安委办《关于迅速贯彻落实市领导批示要求进一步加强游乐场所和游乐设施安全防范工作的通知》要求，龙湖区安委办牵头区市场监管局、城管局、教育局和珠池街道对汕头市儿童公园开展游乐设施安全专项检查。

检查组重点查看了园内各游乐设施检验资质、运行情况及维修保养记录等资料，对现场发现的部分管理人员安全培训缺失等问题提出整改要求，并责令公园运营方立即落实整改，保障安全运营。

实例2

商场游乐设施安全问题谁来管？常州开展专项治理（发布时间：2022－02－21）

2022年1月25日，常州市市场监督管理局印发《关于开展商场游乐设施安全检查工作的紧急通知》，组织全市市场监管部门全面摸排商场范围内游乐设施分布使用情况。

全市市场监管部门共计检查各类商场（含综合体、大型超市）37家，排查小型游乐设施、游乐设备1027台套，排查中没有发现有未纳入特种设备安全监管的大型游乐设施。

从1月27日至2月28日在全市范围内开展小型游乐设施和游乐设备安全专项治理行动。对全市范围内各商场（超市）、商业综合体、文化经营场所、景区、公园、广场以及临时搭建在室内外的滑梯、秋千、跷跷板、攀网、转椅、摇摇车、碰碰车等各类小型游乐设施和游乐设备开展专项治理。

检查重点是小型游乐设施和游乐设备经营管理主体是否落实企业主体责任，是否设立安全管理机构或配备专兼职安全管理人员，是否开展从业人员安全教育培训，是否针对小型游乐设施和游乐设备建立专门的安全管理制度；小型游乐设施和游乐设备是否符合安全质量要求，是否经正规厂家安装检测和验收，是否设置有效的安全防护设施，是否在醒目位置标明适合游玩的年龄和安全注意事项等信息。

3.2.3 公共设施

1. 城市生命线安全风险

【评价内容1】

供电、供水、供热管网安装安全监测监控设备。

【评分标准】

供电管网未安装电压、频率监测监控设备的，供水、供热管网未安装压力、流量监测监控设备的，每发现一处扣0.1分，0.5分扣完为止。

【指标解读】

1）供电管网电压、频率监测监控设备

《电力系统安全稳定控制技术导则》（GB/T 26399—2011）规定，电压异常预防控制的目标是按分层分区原则，通过预防控制合理调整系统无功功率，维持系统电压于规定范围，保持适当的无功功率储备，保持系统在预定的扰动情况下或由于某种原因负荷大量变化时的电压稳定性。控制方法有：

（1）监视关键节点的运行电压及其变化趋势，按照事先制定的运行控制要求进行相应的控制调节。

（2）控制方法包括但不限于下述方法：调整发电机无功功率，投切无功补偿设备、投退输电线路、转移负荷和改变交直流功率分配等。

（3）电力系统正常电压调节应尽量使用并联电容器、并联电抗器、变压器分接头调节等措施，将无功备用留在运行发电机组上，尤其是负荷中心的发电机组。供电变压器的带负荷调压（OLTC）应在高压侧电源电压过低（例如低于$0.95U_N$）时停止使用。

（4）电网中厂、站的无功电压自动控制系统（AVC）应满足维持母线电压于规定范围并具有必要的电压稳定裕度的要求。

（5）在对具体电力系统研究分析的基础上，积极采用可控高压并联电抗器、静止无功补偿器（SVC）、动态无功补偿（STATCOM）等系统动态无功补偿设备，加强电网的动态无功支撑，改善系统的电压稳定性。

频率异常预防控制的控制目标是通过预防控制使系统频率维持于规定范围，监视、评价电厂和整个系统的旋转备用容量和分布，保证电网一次和二次调频能力，维持系统频率和联络线潮流于目标值。控制方法有：

（1）监视系统频率、联络线潮流、运行备用等运行参数及其变化趋势，按运行实际值与预定目标值的偏差相应调整发电功率及潮流分布，使实际运行值符合目标值。

（2）控制方法包括但不限于下述方法：增减发电机的出力、启停蓄能机组，水轮机及燃气轮机发电机组快速启动、人工切除部分负荷、直流功率调制等。

2）供水管网压力、流量监测监控设备

《中华人民共和国城市供水条例》（国务院令第158号）规定，城市自来水供水企业和自建设施对外供水的企业，应当按照国家有关规定设置管网测压点，做好水压监测工作，确保供水管网的压力符合国家规定的标准。

《城镇供水管网运行、维护及安全技术规程》（CJJ 207—2013）要求，供水单位应建立满足调度需求的数据采集系统，对下列参数和状态进行实时监测：

（1）管网各监测点上的压力、流量和水质。

（2）水厂出水泵房、管网系统中的泵站等设施运行的压力、流量、水质、电量和水泵开停状态等。

（3）调流阀的启闭度、流量和阀门前后的压力。

（4）大用户的用水量和供水压力数据。

管网压力监测点应根据管网供水服务面积设置，每 10 km² 不应少于一个测压点，管网系统测压点总数不应少于 3 个，在管网末梢位置上应适当增加设置点数。

对管网水质、水量和水压的动态变化应进行定期检查和实时掌握，对可能出现的供水管网安全运行隐患进行预警；通过管网在线监测，及时发现管网运行的异常情况，对安全事故进行预警。

3）供热管网压力、流量监测监控设备

《城镇供热管网设计标准》（CJJ/T 34—2022）规定，城镇供热管网应具备必要的热工参数监测与控制装置，并应建立完备的计算机监控系统。

（1）热水管网在热源与供热管网分界处的参数监测及记录应符合下列规定：

① 应监测并记录供水压力、回水压力、供水温度、回水温度、供水流量、回水流量、热功率和累计热量以及热源处供热管网补水的瞬时流量、累计流量、温度和压力。

② 供回水压力、温度和流量应采用记录仪表连续记录瞬时值，其他参数应定时记录。

（2）蒸汽管网在热源与供热管网分界处的参数监测及记录应符合下列规定：

① 应检测并记录供汽压力、供汽温度、供汽瞬时流量和累计流量（热量）、返回热源的凝结水温度、压力、瞬时流量和累计流量。

② 供汽压力和温度、供汽瞬时流量应采用记录仪表连续记录瞬时值，其他参数应定时记录。

【创建要点】

创建城市应建立供电、供水、供热管网运营单位台账，包含单位名称、地址、管网性质等信息。

《电力安全生产监督管理办法》（国家发展和改革委员会令第 21 号）规定，国家能源局及其派出机构依照该办法，对电力企业的电力运行安全（不包括核安全）、电力建设施工安全、电力工程质量安全、电力应急、水电站大坝运行安全和电力可靠性工作等方面实施监督管理。

县级以上城市人民政府确定的城市供水行政主管部门主管本行政区域内的城市供水工作，供热主管部门负责本行政区域内的供热管理工作。

电力企业是电力安全生产的责任主体，应当遵照国家有关安全生产的法律法规、制度和标准，建立健全电力安全生产责任制，加强电力安全生产管理，完善电力安全生产条件，确保电力安全生产。

城市自来水供水企业和自建设施供水的企业对其管理的城市供水的专用水库、引水渠道、取水口、泵站、井群、输（配）水管网、进户总水表、净（配）水厂、公用水站等设施，应当定期检查维修，确保安全运行。

《城镇供热服务》（GB/T 33833—2017）规定，供热经营企业应制定合理的供热系统运行方案，加强运行工况的调节，建立健全供热运行管理制度和安全操作规程，采取有效措施降低运行事故率，按《城镇供热系统运行维护技术规程》（CJJ 88—2014）的规定对供热设施进行运行维护。

【创建实例】

实例 1

大连：智能巡检无人机助力电网安全运行（发布时间：2021 - 04 - 06）

"红瓦1线"作为核电新能源输送线路，承担着大连和营口地区的主要供电，其所处地区多为山路，山上杂草丛生，在干燥的气候下，很容易引发森林火灾。国网大连供电公司利用固定机巢无人机自主巡检，对输电线路开展精细化巡视和通道巡视，从多角度对输电线路本体隐蔽部位进行精细巡视。同时，"红瓦1线"安装的17类共计186套智能感知类设备能够对导线电流和温度、外界温度、风速、湿度等线路运行状态、周边气象条件实时监测，并能够对绝缘子劣化、金具浮放电、污秽等异常放电进行定位、辨识预警，指导运维人员更快的查找线路故障点。

实例 2

镇江实现智能监测水网"流量数据"（发布时间：2020 - 04 - 28）

近日，随着镇江市区一小区门前一台 DN300（DN 即管道的公称直径，单位为 mm）自来水管区域流量计安装完毕，镇江市主城区供水管网基本实现了流量智能监控网格化管理模式。城市供水区域被有机切分为几百块"蛋糕"后，40只二级水表，600 余只三、四级水表日夜盯牢流经水管的自来水流量，对有可能存在的漏水点、水量异动点进行实时记录并上传。

对于市区的供水重点区域，镇江市自来水公司在供水管网信息平台上设定了夜间小流量监控报警，每当流量变化大于 5 m^3/h 时，数据栏便自动报警提示，以便工作人员及时实地测漏分析原因。

实例 3

为城市供热 为百姓暖心——郑州热力集团有限公司为民服务纪实（发布时间：2021 - 04 - 15）

近年来，郑州热力建成智能化的集中供热生产指挥调度系统，通过对供热管网、热力站加装远程监测监控设备，运用信息网络技术，实时进行热网监测、远程调控、生产调度指挥。

热网监控系统热力站点数量从 1491 个增加到 2620 个，其中监控站点数量从 1383 个增加到 2569 个，监控覆盖率增长到 98.05%，实现信息化自动化管理，为"一城一网"热网调度提供了有力支撑。

【评价内容 2】

重要燃气管网和厂站监测监控设备安装率 100%。

【评分标准】

重要燃气管网和厂站未安装视频监控、燃气泄漏报警、压力、流量监控设备的，每发现一处扣 0.1 分，0.5 分扣完为止。

【指标解读】

1）燃气管网和厂站

《城镇燃气管网泄漏检测技术规程》（CJJ/T 215—2014）规定，燃气管网是从城镇燃气供气点至用户引入管之间的管道、管道附属设施、厂站内工艺管道及管网工艺设备的总称。

《城镇燃气工程基本术语标准》（GB/T 50680—2012）规定，厂站包括门站和储配站。门站是燃气长输管线和城镇燃气输配系统的交接场所，由过滤、调压、计量、配气、加臭等设施组成。储配站是城镇燃气输配系统中，储存和分配燃气的场所，由具有接收储存、配气、计量、调压或加压等设施组成。

2）监测监控设备

《城镇燃气设计规范（2020 年版）》（GB 50028—2006）要求，城市燃气输配系统宜设置监控及数据采集系统。系统应设主站、远端站，主站应设在燃气企业调度服务部门，并宜与城市公用数据库连接；远端站宜设置在区域调压站、专用调压站、管网压力监测点、储配站、门站和气源厂等。系统宜配备实时瞬态模拟软件，软件应满足系统进行调度优化、泄漏检测定位、工况预测、存量分析、负荷预测及调度员培训等功能。远端站应具有数据采集和通信功能，并对需要进行控制或调节的对象点，应有对选定的参数或操作进行控制或调节功能。系统的主站机房，应设置可靠性较高的不间断电源设备及其备用设备。

（1）压缩天然气供应站。

《压缩天然气供应站设计规范》（GB 51102—2016）要求压缩天然气供应站内流量、压力、温度仪表的设置应符合表 3 - 8 的规定。

表3-8 压缩天然气供应站内流量、压力、温度仪表的设置要求

参数	位　置	功　能		
		指示	记录	累计
流量	进出站管道及需要作为参数控制处	应设置	应设置	应设置
压力	进出站管道、容器、进出设备压力控制及所有压力调节处	应设置	应设置	没有要求设置
温度	温度控制处	应设置	应设置	没有要求设置

压缩天然气加气站、压缩天然气储配站内应根据需要设置测定燃气组分、发热量、密度、含水量、含硫量及其他有害杂质含量的仪器、仪表。

压缩天然气供应站应设置自控系统，并宜作为燃气输配数据采集监控系统的远端站。自系统应包括工艺过程控制系统、可燃气体检测报警系统和紧急切断系统。

压缩天然气供应站的监测和控制应符合下列规定：

①应对管道天然气的进（出）站压力、温度、流量进行监测，并应具有记录、显示、报警功能，进站压力信号应与进站紧急切断阀联锁，实现超压自动切断。

②应对脱水装置工作压力、温度、再生温度、再生压力、含水量进行监测，并应具有记录、显示、报警功能。

③应对压缩机的天然气各级进、出口压力和温度、冷却水温度、油压、油温、电机运行状态进行监测，并应具有记录、显示、报警功能。

④应对每个成组工作储气瓶组（储气井）的运行压力进行监测，并应具有记录、显示、报警功能。运行压力信号应与紧急切断阀联锁，实现超压自动切断。

⑤应对加气、卸气气瓶车的压力、流量（累计、瞬时、车次）进行监测，并应具有记录、显示、报警功能。加气压力信号应与紧急切断阀联锁，实现超压自动切断。

⑥应对各级调压后的压力、温度进行监控，并应具有记录、显示、报警功能；压力信号应与紧急切断阀联锁，实现超压自动切断。

⑦应对天然气加热装置的进出口水温、水压进行监控，并应具有记录、显示、报警功能；出口水温宜与加热炉联锁，进行水温自动调控。

⑧应对出站管道内天然气的加臭量进行监测，并应具有记录、显示功能；

加臭设备控制器应与天然气流量信号联锁，实现加臭量的自动调控。

⑨ 根据工艺控制要求，应能实现全站紧急切断。

⑩ 紧急切断系统应只能手动复位。

可燃气体探测报警系统的设计应符合下列规定：

① 在生产、使用可燃气体的场所和有可燃气体产生的场所应设置可燃气体探测报警系统，并应符合国家现行标准《城镇燃气报警控制系统技术规程》（CJJ/T 146—2011）和《石油化工可燃气体和有毒气体检测报警设计规范》（GB 50493—2019）的有关规定。

② 可燃气体探测报警浓度应为天然气爆炸下限的20%（体积百分数）。

③ 可燃气体探测器应采用固定式，设置可燃气体探测器的场所应配置声光报警器。

④ 报警控制器应设置在有人值守的监控室内，并应与自控系统连接。

一级、二级、三级压缩天然气供应站应设置视频监控系统和周界入侵报警系统，四级压缩天然气供应站宜设置视频监控系统和周界入侵报警系统。

视频监控系统和入侵报警系统的主机应设置在有人值守的控制室或值班室内。

（2）液化石油气供应站。

《液化石油气供应工程设计规范》（GB 51142—2015）要求，液化石油气储罐检测仪表的设置应符合下列规定：

① 应设置就地显示的液位计、压力表。

② 当全压力式储罐小于3000 m³时，就地显示液位计宜采用能直接观测储罐全液位的液位计。

③ 应设置远传显示的液位计和压力表，且应设置液位上、下限报警装置和压力上限报警装置。

④ 应设置温度计。

液化石油气气液分离器和容积式气化器应设置直观式液位计和压力表。

液化石油气储罐、泵、压缩机、气化、混气和调压、计量装置的进、出口应设置压力表。

液化石油气供应站应设置可燃气体检测报警系统和视频监视系统。

液化石油气供应站爆炸危险场所应设置可燃气体泄漏报警控制系统，并应符合下列规定：

① 可燃气体探测器和报警控制器的选用和安装，应符合国家现行标准《石油化工可燃气体和有毒气体检测报警设计规范》（GB 50493—2019）和《城镇燃气报警控制系统技术规程》（CJJ/T 146—2011）的有关规定。

② 瓶组气化站和瓶装液化石油气供应站可采用手提式可燃气体泄漏报警装置，可燃气体探测器的报警设定值应按可燃气体爆炸下限的20%确定。

③ 可燃气体报警控制器宜与控制系统联锁。

④ 可燃气体报警控制系统的指示报警设备应设在值班室或仪表间等有值班人员的场所。

三级及以上液化石油气供应站应设置安防中心控制室，并应符合下列规定：

① 视频安防监控、入侵报警（紧急报警）、出入口控制、电子巡查系统的控制，显示设备均应设置在独立的安防中心控制室，并应能实现对各子系统的操作、记录和打印。

② 应安装紧急报警装置，并应与区域报警中心联网。

③ 应配置能与报警同步的终端图形显示装置，并应能准确地识别报警区域，实时显示发生警情的区域、日期、时间及报警类型等信息。

（3）液化天然气供应站。

《城镇燃气设计规范（2020年版）》（GB 50028—2006）要求液化天然气供应站应满足以下监测监控要求：储罐进出液管必须设置紧急切断阀，并与储罐液位控制联锁。

液化天然气储罐仪表的设置，应符合下列要求：

① 应设置两个液位计，并应设置液位上、下限报警和联锁装置。容积小于 3.8 m^3 的储罐和容器，可设置一个液位计（或固定长度液位管）。

② 应设置压力表，并应在有值班人员的场所设置高压报警显示器，取压点应位于储罐最高液位以上。

③ 采用真空绝热的储罐，真空层应设置真空表接口。

液化天然气气化器的液体进口管道上宜设置紧急切断阀，该阀门应与天然气出口的测温装置联锁。

液化天然气气化器和天然气气体加热器的天然气出口应设置测温装置并应与相关阀门联锁；热媒的进口应设置能遥控和就地控制的阀门。

对于有可能受到土壤冻结或冻胀影响的储罐基础和设备基础，必须设置温度监测系统并应采取有效保护措施。

储罐区、气化装置区域或有可能发生液化天然气泄漏的区域内应设置低温检测报警装置和相关的联锁装置，报警显示器应设置在值班室或仪表室等有值班人员的场所。

爆炸危险场所应设置燃气浓度检测报警器。报警浓度应取爆炸下限的20%，报警显示器应设置在值班室或仪表室等有值班人员的场所。

液化天然气气化站内应设置事故切断系统，事故发生时，应切断或关闭液化天然气或可燃气体来源，还应关闭正在运行可能使事故扩大的设备。

液化天然气气化站内设置的事故切断系统应具有手动、自动或手动自动同时启动的性能，手动启动器应设置在事故时方便到达的地方，并与所保护设备的间距不小于 15 m。手动启动器应具有明显的功能标志。

【创建要点】

创建城市应建立燃气管网和厂站运营单位台账，包含单位名称、地址、管网长度、管网覆盖区域、场站等级等信息。

《城镇燃气管理条例》（2010 年 11 月 19 日国务院令第 583 号发布，根据 2016 年 2 月 6 日国务院令第 666 号修订）规定，县级以上地方人民政府燃气管理部门负责本行政区域内的燃气管理工作。城市燃气输配系统的监控及数据采集系统宜与城市公用数据库连接。

重要燃气管网和厂站按相关规定安装视频监控、燃气泄漏报警、压力、流量监控设备，监控及数据采集的运行与维护应符合《城镇燃气设施运行、维护和抢修安全技术规程》（CJJ 51—2016）的以下要求：

（1）监控及数据采集系统设备外观应保持完好。在爆炸危险区域内的仪器仪表应有良好的防爆性能，不得有漏电、漏气和堵塞状况。机箱、机柜和仪器仪表应有良好的接地。

（2）监控及数据采集系统的监控中心应符合下列规定：

① 系统的各类设备应运行正常。

② 操作键接触应良好，显示屏幕显示应清晰、亮度适中，系统状态指示灯指示应正常，状态画面显示系统应运行正常。

③ 记录曲线应清晰、无断线，打印机打字应清楚、字符完整。

④ 机房环境应符合现行国家标准《数据中心设计规范》（GB 50174—2017）的有关规定。

（3）采集点和传输系统的仪器仪表应按国家有关规定定期进行检定和校准。

（4）监控及数据采集系统运行维护人员应掌握安全防爆知识，且应按有关安全操作规程进行操作。

（5）运行维护人员应定期对系统及设备进行巡检，并应对现场仪表与远传仪表的显示值、同管段上下游仪表的显示值以及远传仪表和监控中心的数据进行对比检查。

（6）对无人值守站，应定期到现场对仪器、仪表及设备进行检查。

（7）仪表维修人员拆装带压管线和爆炸危险区域内的仪器仪表设备时，应在取得管理部门同意和现场配合后方可进行。

（8）运行维护人员应定期对系统数据进行备份。

在城镇燃气设施运行、维护和抢修中，应利用监控及数据采集系统，逐步实现故障判断、作业指挥及事故统计分析的智能化。

【创建实例】

智慧燃气，让城市生活更安全（发布时间：2022 - 05 - 06）

深圳现有燃气场站40座（其中包括4座天然气门站和2座燃气储备库），燃气管网8535 km，管道气用户378万户。

深圳燃气集团依托国家高新技术企业的创新优势，以国家级博士后科研工作站、院士（专家）工作站、广东省智慧燃气工程技术研发中心、深圳市重点企业研究院等8大创新载体为支撑，打造了全国首个"地 - 空 - 天"一体化5G + 智慧燃气体系，助推深圳市全面实施"瓶改管"攻坚任务安全高效实施。

5G技术打通燃气数据"大动脉"，科技力量支撑燃气安全智慧化运营。

深圳燃气集团构建5G与NB - IoT"全城一张网"、燃气数字孪生管网"全城一张图"，利用5G、AIoT、物联网等技术，深度融合管网巡查、场站监测等业务应用，实现"一网承载业务，一图感知全局"，全方位保障城市燃气安全供应。

百万终端守护城市燃气"生命线"，优质服务提升市民用气数字化体验。智能远传燃气表、压力监测、泄漏监测等智能感知终端已经覆盖全市百万家庭，基于CIM、BIM以及5G + AIoT信息技术，融入城市级燃气数字孪生管网，实现城市燃气管网健康诊断、市民用气异常分析，全面提升居民用气安全。

【评价内容3】

建立地下管线综合管理信息系统。

【评分标准】

未建立地下管线综合管理信息系统的，扣0.5分。

【指标解读】

1）地下管线

敷设于地下的给水、排水、燃气、热力、电力、通信、工业等管线的总称。

2）综合管理信息系统

在计算机软件、硬件、数据库和网络的支持下，利用地理信息系统技术实现对综合地下管线数据进行输入、编辑、存储、查询、统计、分析、维护更新和输出的计算机管理信息系统。

《城市综合地下管线信息系统技术规范》（CJJ/T 269—2017）要求：

（1）地下管线信息系统应建立数据库，提供数据共享与信息服务。

（2）地下管线信息系统建设应达到下列目标：①对城市地下管线实行集中、统一、规范的信息化管理；②满足城市规划、建设和管理对地下管线信息的应用需求；③为工程设计、施工建设、运营维护、应急防灾、公共服务等工作提供管线信息和辅助决策支持服务。

（3）地下管线信息系统建设应具备可扩展性和兼容性。

（4）地下管线信息系统应采用与城市基础地理信息相一致的平面坐标系统、高程基准和统一的时间基准。

（5）地下管线信息系统应使用现势的城市基础地理信息数据，地形图比例尺宜采用 1：500。

（6）地下管线信息系统使用的地下管线数据应符合现行行业标准《城市地下管线探测技术规程》（CJJ 61—2017）的相关规定。

（7）地下管线数据库可采用地下管线普查、修补测、竣工测量等方式更新。

（8）地下管线信息系统建设过程应包括需求分析、系统设计、功能实现、系统测试、系统试运行、成果验收。

（9）地下管线信息系统应具备完善的网络和系统安全、保密措施，并应符合国家相关规定。

（10）地下管线信息系统应根据不同用户提供多种模式的信息服务。

【创建要点】

创建城市应提供地下管线综合管理信息系统的建设情况说明，包含系统建设历程、入库管线长度、系统功能、管线信息普查与动态维护、信息系统建设与维护、管线数据利用与管理、相关成效等内容。

《住房和城乡建设部　工业和信息化部　国家广播电视总局　国家能源局关于进一步加强城市地下管线建设管理有关工作的通知》（建城〔2019〕100号）要求建设管线综合管理信息系统。各地管线行业主管部门和管线单位要在管线普查基础上，建立完善专业管线信息系统。管线综合管理牵头部门要推进地下管线综合管理信息系统建设，在管线建设计划安排、管线运行维护、隐患排查、应急抢险及安全防范等方面全面应用地下管线信息集成数据，提高管线综合管理信息化、科学化水平。积极探索建立地下管线综合管理信息系统与专业管线信息系统共享数据同步更新机制，加强地下管线信息数据标准化建设，在各类管线信息数据共享、动态更新上取得新突破，确保科学有效地实现管线信息共享和利用。

【创建实例】

广州：累计录入地下管线数据总长度约 8.6×10^4 km（发布时间：2022 – 05 – 16）

广州市住房和城乡建设局把管线综合管理作为一项重要的民生实事来抓，从完善工作机制、建立现代化信息管理系统、加强综合管廊建设等措施多管齐下，破解管理难题。

2021 年，广州完成 1710 km 管线数据录入市地下管线综合管理信息系统（其中，786 km 规划条件核实测量数据，924 km 补测补绘数据）。目前广州市地下管线综合管理系统累计录入管线数据总长度约 8.6×10^4 km。

【评价内容4】

开展地下管线隐患排查，按计划完成整改。

【评分标准】

上一年度未开展地下管线隐患排查的，扣 0.5 分；未按照计划完成整改的，每发现一处扣 0.1 分。0.5 分扣完为止。

【指标解读】

1）地下管线隐患排查

《住房和城乡建设部　工业和信息化部　国家广播电视总局　国家能源局关于进一步加强城市地下管线建设管理有关工作的通知》（建城〔2019〕100 号）要求加强城市地下管线普查。各地管线行业主管部门要落实国务院有关文件要求，制定工作方案，完善工作机制和相关规范，组织好地下管线普查，摸清底数，找准短板。管线单位是管线普查的责任主体，要加快实现城市地下管线普查的全覆盖、周期化、规范化，全面查清城市范围内地下管线现状，准确掌握地下管线的基础信息，并对所属管线信息的准确性、完整性和时效性负责。管线行业主管部门要督促、指导管线单位认真履行主体责任，积极做好所属管线普查摸底工作，全面深入摸排管线存在的安全隐患和危险源，对发现的安全隐患要及时采取措施予以消除，积极配合做好管线普查信息共享工作。

2）按计划完成整改

《国务院办公厅关于加强城市地下管线建设管理的指导意见》要求各城市要定期排查地下管线存在的隐患，制定工作计划，限期消除隐患。加大力度清理拆除占压地下管线的违法建（构）筑物。清查、登记废弃和"无主"管线，明确责任单位，对于存在安全隐患的废弃管线要及时处置，消灭危险源，其余废弃管线应在道路新（改、扩）建时予以拆除。加强城市窨井盖管理，落实维护和管理责任，采用防坠落、防位移、防盗窃等技术手段，避免窨井伤人等事故发生。要按照有关规定完善地下管线配套安全设施，做到与建设项目同步设计、施工、交付使用。

【创建要点】

创建城市应建立地下管线隐患排查台账，包含问题隐患项目、整改落实情况、行业主管部门、管线单位、整改期限、是否完成整改等内容。

《国务院办公厅关于加强城市地下管线建设管理的指导意见》要求，各城市要督促行业主管部门和管线单位，建立地下管线巡护和隐患排查制度，严格执行安全技术规程，配备专门人员对管线进行日常巡护，定期进行检测维修，强化监控预警，发现危害管线安全的行为或隐患应及时处理。

【创建实例】

实例1

龙口市开展管道燃气管线隐患排查专项行动（发布时间：2022-05-23）

2022年以来，龙口市开展了全市管道燃气管线隐患大排查、大整治活动，本次行动主要针对密闭空间内燃气设施的安全隐患，占压燃气管线设施的安全隐患，与其他地下管线、沟渠、夹层、窨井等存在交叉或可能互串燃气管线设施的安全隐患，15年以上运行的燃气管线及设施的泄漏隐患，近年发生过两次以上漏气抢修的燃气管线设施的泄漏隐患，大型综合体、学校、医院、酒店、餐厅、超市、菜市场等存在人员密集活动场所的燃气管线及用气设施安全隐患，存在薄弱环节、可能构成群死群伤、重大影响的场所内的燃气管线设施隐患等七类重点风险点。

各管道燃气企业加大对燃气管网、设施及用户的安全检查力度和频次，排查点位1720余处，管网750多千米；人员密集场所、集市、重点设施公建24处。现场发现隐患24处，排除24处。

实例2

沈阳大排查自来水管网地面塌陷、丢井盖是重点（发布时间：2013-04-02）

2013年3月29日到4月29日，沈阳水务运营管理有限公司将开展管网安全隐患排查。

首先对沈阳水务集团范围内的所有过河管路进行一次全面调查。还要对各类明管进行巡视，对频繁爆管的地下管路要进行排查和分析。在排查过程中，尤其要注意观察地面塌陷等现象，有效地判断是否与地下供水管路的泄漏有关，防止由于供水管道长期漏水引发道路事故以及其他连环责任事故。

同时，对施工现场进行有效的排查，主要排查管道以及附属设施的压埋占。目前，沈阳市现有各类管网附属设施14041座，14041个井盖。本次大排查要对这些设备逐一登记，并检查是否存在隐患。据介绍，沈阳市每年丢失自来水井盖200多个。去年，因压埋占更换的井盖近500个。

【评价内容5】

建立城市电梯应急处置平台。

【评分标准】

未建立城市电梯应急处置平台的，扣0.2分。

【指标解读】

电梯应急处置平台

《电梯应急处置平台技术规范》（T/CPASE M001—2019）规定，电梯应急处置平台是基于通信、调度、地理信息系统、物联网等信息技术，接受电梯困人等故障的报警，开展组织、协调、指挥救援行动的公共服务平台。

依据《关于推进电梯应急处置服务平台建设的指导意见》（国质检特〔2014〕433 号）电梯应急处置服务平台应具备以下功能：

（1）发挥应急协调指挥功能。接到乘客困梯电话后，指挥并监督电梯的签约维保单位按照电梯应急救援响应程序和时限要求实施救援；对维保单位不能及时救援的，协调就近的其他电梯维保单位或消防等救援力量，实施安全、快速、科学的救援，最大程度缩短乘客困梯时间。

（2）发挥咨询服务功能。接受群众有关电梯安全的咨询、投诉和举报，解答和协调解决群众使用电梯中的安全问题，对电梯维保、消防等救援力量进行电梯应急救援培训和技术指导等。

（3）发挥风险监控功能。按时统计和分析电梯困人等故障数据，开展风险监测，及时发布预警信息，实施分类监管，实现电梯安全的动态监管和科学监管。

（4）发挥社会监督功能。定期向社会公布电梯安全状况的信息，向当地政府和相关部门提出电梯安全管理工作的建议，发挥社会监督作用，促进电梯使用、维保单位落实安全主体责任，推动多部门综合监管机制形成。

电梯应急处置服务平台建设的内容有：

（1）建立负责电梯应急处置和服务的常设机构。应急处置工作时效性、专业性较强，必须设置专门负责此项工作的公益性常设机构，明确人员编制，配备专业人员，并在装备、经费等方面给予充分保障。

（2）建立以应急呼叫电话为基础的应急处置信息系统。申请专用的电梯应急呼叫电话号码，鉴于前期多数地方已经采用"96333"的号码，为方便联网和记忆，各地一般采用此号码。明示相关信息，在电梯轿厢张贴"96333"应急电话的提示和电梯编号，乘客报告编号后，即可在电梯应急处置信息系统中找到电梯位置和使用维保单位等相关信息。建立信息汇总、统计和分析办法，电梯应急处置信息系统记录乘客困梯等故障报告、救援等情况，以及投诉举报等信息。

（3）建立应急处置工作流程等制度。建立从接到乘客困梯等故障报警电话，直到完成救援后对乘客的回访，整个过程协调指挥的程序、流程等，接受群众咨询、投诉处理的程序、流程等制度，以及规范故障统计格式和上报机制。

（4）建立与电梯救援队伍的协调机制。要与当地电梯签约维保单位、其他电梯维保单位和社会救援力量建立应急协调指挥机制，明确在实施应急救援中各自责任和义务等，解决好施救处置分工、分级响应责任界定、激励和惩处等问题。

【创建要点】

创建城市应提供电梯应急处置平台的建设情况说明，包含系统建设历程、电梯运行概况、电梯应急处置概况等内容。

电梯应急处置机构应负责应急处置平台的组织、运行、管理和咨询服务。

维保单位应负责所维保电梯的应急救援及故障排除。

电梯应急救援机构应接受电梯应急处置机构的指令，负责就近区域内电梯的应急救援。

使用单位应负责应急救援的现场组织、协调，安抚被困人员，维持现场秩序。

【创建实例】

聊城市全力推进"96333"电梯应急救援处置服务平台建设（发布时间：2021 – 11 – 11）

聊城市市场监督管理局着力提升特种设备安全监管效能，积极推进电梯应急救援处置服务平台建设，在电梯应急救援处置服务平台合理设立三个层级救援：一级为承保的电梯维保单位站点，二级为电梯公共救援站点，三级为"110"或"119"救援；由"96333"号码直接或者转接。截至目前，全市电梯中已经录入23233台。

为进一步提升电梯故障应急救援能力及救援效果，结合层级救援，对全市已申请的电梯维保站点，确定了39个公共救援站点作为二级救援力量，为全市电梯故障救援提供了有力技术支撑。在此基础上，及时督导相关企业将新投入使用的电梯录入电梯应急救援处置服务平台，并在电梯显著位置张贴绑定"96333"救援电话标牌，做到一梯一牌，准确定位，便于查询，建立了多渠道、多层次、全领域的救援机制。经统计，"96333"平台共接市民电话4057通，处置电梯故障总数711起；救援人员到达现场平均用时9.23分钟，现场实施救援平均用时3.62分钟；维保单位"三分钟响应率"为100%，"三十分钟到达率"为100%。

【评价内容6】

用户平均停电时间低于全国城市平均水平。

【评分标准】

城市用户上一年度平均停电时间高于该年度全国城市用户平均停电时间的，扣0.3分。

【指标解读】

1）用户平均停电时间

《电力可靠性基本名词术语》（DL/T 861—2020）将"用户平均停电时间（AIHC）"修订为"系统平均停电时间（SAIDI）"，即供电系统用户在统计期间内的平均停电小时数，记作 t_{SAIDI}（h/户）。

$$t_{SAIDI} = \frac{\sum r_i N_i}{\sum N_T}$$

式中　　r_i——统计期内第 i 次停电时间；

N_i——统计期内第 i 次停电用户数；

N_T——用户总数。

2）全国城市用户平均停电时间

全国城市用户平均停电时间可在国家能源局电力可靠性管理和工程质量监督中心网站上查询《全国电力可靠性年度报告》获得。其中，近 5 年的全国城市用户平均停电时间如下：

2021 年——4.89 h/户；

2020 年——4.82 h/户；

2019 年——4.50 h/户；

2018 年——4.77 h/户；

2017 年——5.02 h/户。

【创建要点】

创建城市应编制年度供电可靠性分析报告，包含全市供电可靠性指标情况、指标原因分析、下一步工作计划等内容。

《电力可靠性管理办法（暂行）》（国家发展和改革委员会令第 50 号）规定，电力企业应当于每年 2 月 15 日前将上一年度电力可靠性管理和技术分析报告报送所在地国家能源局派出机构、省级政府能源管理部门和电力运行管理部门；中央电力企业总部于每年 3 月 1 日前报送国家能源局。国家能源局应当定期发布电力可靠性指标。

【创建实例】

2020 年部分地级行政区用户平均停电时间分布情况（2020 年全国电力可靠性年度报告）（发布时间：2021 年 8 月）

平均停电时间小于 2 h 的部分城市地区：河北石家庄；辽宁大连；江苏南京、无锡、常州、苏州、扬州；浙江杭州、宁波、嘉兴、湖州、绍兴、金华、舟山；福建福州、厦门；山东济南、青岛、枣庄、烟台、潍坊；湖北武汉；广东广州、深圳、珠海、佛山、江门、东莞、中山；广西南宁；海南三亚、三沙。

【评价内容7】

无。

【评分标准】

未开展地下工程施工影响区域、老旧管网集中区域、地下人防工程影响区域主要道路塌陷隐患排查的，扣 0.5 分；未按照计划完成整改的，每发现一处扣 0.1 分。0.5 分扣完为止。

【指标解读】

1）地下工程

《地下工程防水技术规范》（GB 50108—2008）规定，地下工程包括以下类别：

（1）工业与民用建筑地下工程，如医院、旅馆、商场、影剧院、洞库、电站、生产车间等。

（2）市政地下工程，如城市共用沟、城市公路隧道、人行过街道、水工涵管等。

（3）地下铁道，如城市地铁区间隧道、地下铁道车站等。

（4）防护工程，为战时防护要求而修建的国防和人防工程，如指挥工程、人员掩蔽工程、疏散通道等。

（5）铁路、公路隧道、山岭及水底隧道等。

2）老旧管网

供水、供热老旧管网指一次、二次网中运行年限 30 年以上或材质落后、管道老化腐蚀脆化严重、存在泄漏、接口渗漏等隐患的老旧管网。燃气老旧管网指使用年限超过 30 年的灰口铸铁管、镀锌钢管（经评估可以继续使用的除外），或公共管网中泄漏或机械接口渗漏、腐蚀脆化严重等问题的老旧管网。

3）地下人防工程

《人民防空工程建设管理规定》（国人防办字〔2003〕18 号）对人民防空工程的定义是，为保障战时人员与物资掩蔽、人民防空指挥、医疗救护而单独修建的地下防护建筑，以及结合地面建筑修建的战时可用于防空的地下室。

4）道路塌陷隐患

《道路塌陷隐患雷达检测技术规范》（T/CMEA 2—2018）对道路塌陷隐患的定义是，对道路运行安全造成危害的地下空洞、脱空、土体疏松区和富水区道路结构异常状态。

【创建要点】

创建城市应建立主要道路塌陷隐患排查治理台账，明确排查时间、道路名称、位置、长度、病害类型、隐患周边环境、整改情况等内容。

创建城市应组织开展道路塌陷隐患排查工作，对各部门管辖范围内的道路开展拉网式道路塌陷隐患排查。对临近区域存在第三方施工扰动、地面高密度荷载作用以及道路地下存在大型地下空间、大口径管网的道路，要组织责任单位和相关单位联合开展重点探查排摸工作。责任单位应对排查出的道路塌陷隐患编制隐患清单，并进行成因分析。

相关责任单位负责隐患治理方案的制定和实施计划的落实，深入开展治理项目决策和方案报批工作。不能即知即改的隐患治理项目，责任单位要建立切实可行的应急处置预案。

相关责任单位负责组织隐患整治工作，建立整治台账。整治工作跨年度的项目，相关责任单位要落实安全保障措施，确保道路设施安全和道路运行安全。

道路塌陷事故多为多因素耦合成灾，各部门要根据隐患的成因分析，建立道路设施安全风险联防联控长效管理机制，持续开展综合防控，实现长效管理。

【创建实例】

合肥多次出现路面塌陷　市政部门将展开"拉网式"大排查（发布时间：2021－08－02）

从 2016 年起，合肥率先在全省开展道路雷达探测。自项目实施以来，累计探测道路总长度超过 400 km，消除了多处塌陷隐患，保障了市民出行平安。

受梅雨天气和台风影响，全市一些市政设施不同程度受损，部分路段接连出现空洞塌陷隐患。为此，2021 年 8 月，合肥市城乡建设局市政管理处下发通知，要求各县（市）、区（开发区）市政设施管理部门加强市政设施安全隐患排查和养护维修，确保市民身边市政设施平稳运行。

各部门将对所管辖的市政设施开展一次拉网式安全隐患排查，特别是因暴雨造成的道路损坏、坑洞及可能存在地面空洞的隐患点，如轨道交通、排水管道途经路面等要开展雷达探测，发现问题及时处置。

2. 城市交通安全风险

【评价内容1】

制定城市公共交通应急预案，定期开展应急演练。

【评分标准】

未制定城市公共交通应急预案，并定期开展应急演练的，扣0.4分。

【指标解读】

1）城市公共交通应急预案

《城市公共交通管理条例（征求意见稿）》规定，城市公共交通管理部门应当会同有关部门制定城市公共交通应急预案，报城市人民政府批准。城市公共交通企业应当制定具体应急预案，并定期培训演练。

（1）城市公共汽电车。

　　《城市公共汽车和电车客运管理规定》（交通运输部令 2017 年第 5 号）要求，城市公共交通主管部门应当会同有关部门制定城市公共汽电车客运突发事件应急预案，报城市人民政府批准。

　　交通运输部公布的《城市公共汽电车突发事件应急预案》规定，城市公共交通主管部门按照交通运输部制定的城市公共汽电车突发事件应急预案和省级城市公共汽电车突发事件应急预案，在城市人民政府的领导下和省级交通运输主管部门的指导下，为及时应对本行政区域内发生的城市公共汽电车突发事件而制定的应急预案，由城市公共交通主管部门组织制定并公布实施，报城市人民政府和省级交通运输主管部门备案。

　　城市公共汽电车运营企业根据国家及省级、市级城市公共汽电车突发事件应急预案的要求，结合自身实际，为及时应对可能发生的各类突发事件而制定的应急预案，由各城市公共汽电车运营企业组织制定并实施，报所属地城市公共交通主管部门备案。

　　（2）城市轨道交通。

　　《城市轨道交通运营管理规定》（交通运输部令 2018 年第 8 号）要求，城市轨道交通所在地城市及以上地方各级人民政府应当建立运营突发事件处置工作机制，明确相关部门和单位的职责分工、工作机制和处置要求，制定完善运营突发事件应急预案。运营单位应当按照有关法规要求建立运营突发事件应急预案体系，制定综合应急预案、专项应急预案和现场处置方案。

　　《国务院办公厅关于印发国家城市轨道交通运营突发事件应急预案的通知》规定，城市轨道交通所在地城市及以上地方人民政府要结合当地实际制定或修订本级运营突发事件应急预案。运营单位是运营突发事件应对工作的责任主体，要建立健全应急指挥机制，针对可能发生的运营突发事件完善应急预案体系，建立与相关单位的信息共享和应急联动机制。

　　（3）内河渡口渡船。

　　《内河渡口渡船安全管理规定》（交通运输部令 2014 年第 9 号）要求，日渡运量超过 300 人次渡口的运营人及载客定额超过 12 人的渡船应当编制渡口渡船安全应急预案；日渡运量较少的渡口及载客定额 12 人以下的渡船，应当制定应急措施。

　　（4）出租汽车。

　　《出租汽车经营服务管理规定》（交通运输部令 2016 年第 64 号）要求，巡游出租汽车经营者应当制定包括报告程序、应急指挥、应急车辆以及处置措施等内容的突发公共事件应急预案。

　　（5）城市公共自行车。

《城市公共自行车交通服务规范》（GB/T 32842—2016）要求，公共自行车运营服务企业应制定应对极端气候、重大社会活动以及其他可能危及安全情况下的应急预案，并做好相关资源、技术和组织准备。

2）定期开展应急演练

（1）城市公共汽电车。

交通运输部《城市公共汽电车突发事件应急预案》规定，地方交通运输主管部门要结合所辖区域实际，有计划、有重点地组织应急演练，地方城市公共汽电车突发事件应急演练每年至少一次。应急演练结束后，演练组织单位应当及时组织演练评估。鼓励委托第三方进行演练评估。

（2）城市轨道交通。

《城市轨道交通运营管理规定》（交通运输部令 2018 年第 8 号）要求，城市轨道交通运营主管部门应当按照有关法规要求，在城市人民政府领导下会同有关部门定期组织开展联动应急演练。运营单位应当定期组织运营突发事件应急演练，其中综合应急预案演练和专项应急预案演练每半年至少组织一次。现场处置方案演练应当纳入日常工作，开展常态化演练。运营单位应当组织社会公众参与应急演练，引导社会公众正确应对突发事件。

（3）内河渡口渡船。

《内河渡口渡船安全管理规定》（交通运输部令 2014 年第 9 号）要求，日渡运量超过 300 人次渡口的运营人及载客定额超过 12 人的渡船每月至少组织一次船岸应急演习；日渡运量较少的渡口及载客定额 12 人以下的渡船每季度至少组织一次演练。

【创建要点】

创建城市应建立城市公共交通应急预案及应急演练台账，包含应急预案名称、编制单位、编制（修订）时间、演练频次、演练时间、演练形式等内容，准备应急演练评估报告备查。

创建城市应建立源头管理、动态监控和应急处置相结合的安全防范体系，加快建立统一管理、多网联动、快速响应、处置高效的城市公交应急反应系统，提升城市公交安全防范和应急处置能力。

城区常住人口 100 万以上的城市全面建成城市公共交通运营调度管理系统、安全监控系统、应急处置系统。

【创建实例】

实例 1

大连举办城市公交突发事件应急演练（发布时间：2019－09－11）

为提升城市公交突发事件警企联动快速反应能力，增强公交司乘人员的反恐防范意识和应对突发事件能力，保障广大乘客生命财产安全，昨日（2019 年 9 月 10 日），市公安局、市交通运输局、市国资委及大连公交客运集团有限公司联合举办"保平安、迎大庆"城市公交突发事件应急演练。

演练针对公交车运行中突发事件应急救援、场区场站突发事件应急处置、公交场站内突发火情应急疏散等内容进行。通过此次演练，强化了司乘人员的安全防范意识，展现了城市公交突发事件警企联动应急机制，体现了警企协同作战能力。公交集团相关负责人表示，将进一步完善应急管理体系，坚持安全防范长效机制，提高干部职工应对各类突发事件的能力。

实例 2

厦门市城市轨道交通运营突发事件应急预案（发布时间：2019 – 03 – 22）

实例 3

杭州市城市轨道交通运营突发事件应急预案（2019 年修订）（发布时间：2020 – 01 – 10）

【评价内容 2】

建立公交驾驶员生理、心理健康监测机制，定期开展评估。

【评分标准】

未建立公交驾驶员生理、心理健康监测机制，定期开展评估的，扣 0.4 分。

【指标解读】

1）生理、心理健康监测机制

《健康中国行动（2019—2030 年）》要求，用人单位应建立完善的职业健康监护制度，依法组织劳动者进行职业健康检查，配合开展职业病诊断与鉴定等工作。对女职工定期进行妇科疾病及乳腺疾病的查治。

各单位应把心理健康教育融入员工思想政治工作，鼓励依托本单位党团、工会、人力资源部门、卫生室等设立心理健康辅导室并建立心理健康服务团队，或通过购买服务形式，为员工提供健康宣传、心理评估、教育培训、咨询辅导等服务，传授情绪管理、压力管理等自我心理调适方法和抑郁、焦虑等常见心理行为问题的识别方法，为员工主动寻求心理健康服务创造条件。对处于特定时期、特定岗位，或经历特殊突发事件的员工，及时进行心理疏导和援助。

《国务院安全生产委员会关于加强公交车行驶安全和桥梁防护工作的意见》（安委〔2018〕6 号）要求，相关部门加强对公交运输企业的监督检查，督促公交运输企业加强内部管理和驾驶员身心健康管理，健全驾驶员日常教育培训制度，以应对处置乘客干扰行车为重点，开展心理和行为干预培训演练，规范驾驶员安全驾驶行为，切实提高驾驶员安全应对处置突发情况的技能素质。

2）定期开展评估

公交企业应当关心公交驾驶员的身心健康，每年组织驾驶员进行体检，对发现驾驶员身体条件不适宜继续从事驾驶工作的，应及时调离驾驶岗位。

基层车队应建立运营驾驶员生理、心理健康档案，每月对运营驾驶员生理、心理健康进行分析，组织开展有针对性的谈心、家访，对有不良情绪人员建立一人一档，并采取对应措施。定期安排第三方专业机构或专业人员对运营驾驶员生理、心理健康评估。

【创建要点】

创建城市应建立城市公交企业台账，包含总公司、分公司、车队名称、地址等内容，说明公交企业建立公交驾驶员生理、心理健康监测机制，定期开展评估的情况。

交通运输管理部门应督促公交企业密切关注驾驶员身体、心理健康状况，严禁心理不健康、身体不适应的驾驶员上岗从事营运。

公交企业应建立公交驾驶员生理、心理健康监测机制，定期开展评估。加强内部管理和驾驶员身心健康管理，健全驾驶员日常教育培训制度，以应对处置乘客干扰行车为重点，开展心理和行为干预培训演练，规范驾驶员安全驾驶行为，切实提高驾驶员安全应对处置突发情况的技能素质。

公交驾驶员应合理安排作业时间，做到规律饮食，定时定量；保持正确的作业姿势，将座位调整至适当的位置，确保腰椎受力适度，并注意减少震动，避免颈椎病、肩周炎、骨质增生、坐骨神经痛等疾病的发生；作业期间注意间歇性休息，减少憋尿，严禁疲劳驾驶。

【创建实例】

实例1

马鞍山市公交集团建立公交驾驶员心理健康帮扶监测机制（发布时间：2021-06-22）

公交驾驶员，维系广大乘客生命安全，责任重大。稳定的心理素质是公交驾驶员安全行车的首要保障，心理健康问题尤为重要，市公交集团持续关心关爱驾驶员的心理健康。为此，与马鞍山市第四人民医院心理健康中心合作，联合建立公交驾驶员心理健康帮扶监测机制。

一是开展心理评估评估。对所有在岗驾驶员进行心理检测，摸排驾驶员心理状况，分析造成心理不健康因素，并建立健康心理档案。二是举办心理健康讲座。每年为驾驶员安排4场次心理健康讲座，从专业角度对公交驾驶员进行心理疏导，普及心理健康知识，提高驾驶员自我调节心理、正确释放压力的意识和能力。三是开展重点对象心理援助。对心理异常驾驶员进行专业性测评和临床评估，提供心理疏导和团体辅导等心理援助项目。对于明显异常者，出具病情诊断证明，提出岗位调整建议。四是实施突发事件的心理危机干预。对企业或企业职工遭遇的突发事件进行及时的心理危机干预。五是开展新入职人员职业适应性检测。对新入职人员进行岗前心理评估，完善职业适应性检测。

实例 2

驻马店千余名公交车司机接受心理健康评估和干预（发布时间：2020 - 08 - 10）

2020 年 7 月 27 日至 8 月 6 日，驻马店市 1000 多位公交车司机来到市第二人民医院，接受心理健康评估和干预，以便更好地为市民服务；同时，该院对有不良情绪的个体进行针对性的干预，避免极端事件的发生。

在 7 月 27 日至 8 月 6 日，驻马店市第二人民医院安排为该市公交公司的 1000 多位公交车司机进行抑郁自评量表、焦虑自评量表、心理健康症状自评量表、人格问卷调查等心理健康测试。

【评价内容 3】

新增公交车驾驶区域安装安全防护隔离设施。

【评分标准】

新增公交车驾驶区域未安装安全防护隔离设施的，每发现一辆扣 0.1 分，0.2 分扣完为止。

【指标解读】

驾驶区防护隔离设施

驾驶区防护隔离设施是设置在驾驶区，用于阻隔乘客与驾驶员，保障驾驶员安全操作的隔离设施。一般由后围、侧围等组成，侧围设置护围门。其技术要求应满足《城市公共汽电车驾驶区防护隔离设施技术要求》（JT/T 1241—2019）。

《城市公共汽电车车辆专用安全设施技术要求》（JT/T 1240—2019）规定，驾驶区防护隔离设施设置的主要原则有：不应影响驾驶员安全视线，不应影响乘客及驾驶员的应急撤离；不应影响驾驶员的驾驶操作和座椅调节；不应影响驾驶员观测右侧前乘客门区域及后视镜、刷卡机、投币机等；应有效防止乘客与驾驶员直接肢体接触，防止乘客抢夺方向盘；应满足结构强度设计要求。

对发动机后置公共汽电车和新能源公共汽电车的防护隔离设施规定了以下要求：防护隔离设施后围上部空隙高度不大于 300 mm，侧围上沿最低点距乘客区通道地板高度不小于 1600 mm，侧围前端应在驾驶员遇乘客威胁、袭击或抢夺方向盘等事件时起到防护作用；防护隔离设施护围门开启方向应向外打开，门轴宜设在驾驶员后侧，护围门内侧应有锁止装置，驾驶员突遇身体不适等紧急情况应能从外部打开。

对发动机前置公共汽电车应结合车长、发动机布置形式等条件，设置防护隔离设施护围门或护栏。

对所有设有乘客站立区的公共汽电车，设置驾驶员防护隔离设施，均要求通过《城市公共汽电车车辆专用安全设施技术要求》（JT/T 1240—2019）中规定的测量装置检验，即设置在乘客站立区域的测量装置的活动臂无法碰到驾驶员身体任何部位和转向盘。

防护隔离设施后围或其他醒目位置上应设置"影响公交车司机安全驾驶涉嫌违法犯罪"等标识，标识位置不应影响驾驶员工作视野。宜利用车载媒体播放视频、语音等方式，提醒乘客遵守规则、文明乘车。

【创建要点】

创建城市应建立 2019 年以来新增公交车台账，包含所属公司、车牌号、运营线路等内容，说明公交车驾驶区防护隔离设施情况。

城市公共交通主管部门应当建立"双随机"抽查制度，并定期对城市公共汽电车客运进行监督检查，维护正常的运营秩序，保障运营服务质量。

公安部门应加强对公交车运营线路和环境的巡防管控力度，严格按照最高人民法院、最高人民检察院和公安部联合出台的《关于依法惩治妨害公共交通工具安全驾驶违法犯罪行为的指导意见》要求，严厉打击以暴力方式影响正在行驶的公交车安全驾驶的违法犯罪行为；密切与检察、审判机关协调沟通，对每起案件不降格处理、不以罚代刑，确保依法办理、惩处到位；会同有关部门和新闻媒体，适时向社会公开曝光典型案例，教育警示公众、震慑遏制违法犯罪。

运营企业应规范驾驶区防护隔离设施的安装，提高物防技术水平，保护驾驶员不受不法乘客直接攻击，不法乘客不能直接接触方向盘；建立驾驶区防护隔离设施安全生产管理制度，落实责任制，加强管理和维护。

【创建实例】

辽阳 730 台公交车全部安装驾驶区防护隔离设施（发布时间：2021 - 09 - 02）

2021 年 8 月 31 日，辽阳市 730 台公交车全部安装完成驾驶区防护隔离设施，公交运营车辆安装率达 100%。

辽阳市交通运输执法队按照省交通运输厅《关于加快推进城市公共汽电车驾驶区域防护隔离设施安装工作的实施意见》和市交通运输局的相关工作安排，积极筹措资金、专款专用，对全市公交车辆驾驶区域加装防护隔离设施。驾驶区防护隔离设施的安装，能够有效减少驾驶员和乘客之间发生肢体冲突而造成的安全隐患，对保障驾驶员安全行车和乘客安全乘车方面具有重要意义。

【评价内容4】

长途客运车辆、旅游客车、危险物品运输车辆安装防碰撞、智能视频监控报警装置和卫星定位装置。

【评分标准】

长途客运车辆、旅游客车、危险物品运输车辆未安装防碰撞、智能视频监控报警装置和卫星定位装置的，每发现一辆扣0.1分，1分扣完为止。

【指标解读】

1）长途客运车辆、旅游客车、危险物品运输车辆

长途客运车辆、旅游客车、危险物品运输车辆简称"两客一危"。

《汽车和挂车类型的术语和定义》（GB/T 3730.1—2001）规定，长途客运车辆是一种为城间运输而设计和装备的客车，这种车辆没有专供乘客站立的位置，但在其通道内可载运短途站立的乘客；旅游客车是一种为旅游而设计和装备的客车，这种车辆的布置要确保乘客的舒适性，不载运站立的乘客。

根据《危险货物分类和品名编号》（GB 6944—2012），危险物品运输车辆是指运输具有爆炸、易燃、毒害、感染、腐蚀、放射性等危险特性的物质和物品的车辆。

2）防碰撞

《营运客车安全技术条件》（JT/T 1094—2016）规定，车长大于9 m的营运客车应装置符合《营运车辆行驶危险预警系统 技术要求和试验方法》（JT/T 883—2014）规定的车道偏离预警系统（LDWS），还应装备自动紧急制动系统（AEBS）。AEBS的前撞预警功能应符合《营运车辆行驶危险预警系统 技术要求和试验方法》（JT/T 883—2014）的规定，其他功能应符合相关标准规定。

《营运货车安全技术条件 第1部分：载货汽车》（JT/T 1178.1—2018）规定，总质量大于18000 kg且最高车速大于90 km/h的载货汽车，应具备车道偏离报警功能和车辆前向碰撞预警功能，车道偏离报警功能应符合《营运车辆行驶危险预警系统 技术要求和试验方法》（JT/T 883—2014）的规定，车辆前向碰撞预警功能应符合《智能运输系统 车辆前向碰撞预警系统 性能要求和测试规程》（GB/T 33577—2017）的规定。

《营运货车安全技术条件 第2部分：牵引车辆与挂车》（JT/T 1178.2—2019）规定，牵引车辆应具备车道偏离报警功能和车辆前向碰撞预警功能，车道偏离报警功能应符合《营运车辆行驶危险预警系统 技术要求和试验方法》（JT/T 883—2014）的规定，车辆前向碰撞预警功能应符合《智能运输系统 车辆前向碰撞预警系统 性能要求和测试规程》（GB/T 33577—2017）的规定。

3）智能视频监控报警装置

《交通运输部办公厅关于推广应用智能视频监控报警技术的通知》（交办运〔2018〕115 号）规定，鼓励支持道路运输企业在既有三类以上班线客车、旅游包车、危险货物道路运输车辆、农村客运车辆、重型营运货车（总质量 12 t 及以上）上安装智能视频监控报警装置，新进入道路运输市场的"两客一危"车辆应前装智能视频监控报警装置，实现对驾驶员不安全驾驶行为的自动识别和实时报警。智能视频监控报警装置应符合《道路运输车辆智能视频监控报警装置技术规范（暂行）》的规定。

智能视频监控报警装置对驾驶员驾驶行为监测功能包括：①疲劳驾驶报警；②接打手持电话报警；③长时间不目视前方报警；④驾驶员不在驾驶位置报警；⑤抽烟报警；双手同时脱离方向盘报警（选配）。

车辆运行监测功能（选配）包括：①前方车辆防碰撞报警；②车道偏离报警。

4）卫星定位装置

《道路运输车辆动态监督管理办法》（2014 年 1 月 28 日交通运输部、公安部、原国家安全生产监督管理总局令 2014 年第 5 号发布，根据 2016 年 4 月 20 日交通运输部、公安部、原国家安全生产监督管理总局令 2016 年第 55 号第一次修正，根据 2022 年 2 月 14 日交通运输部、公安部、应急管理部令 2022 年第 10 号第二次修正）规定，旅游客车、包车客车、三类以上班线客车和危险货物运输车辆在出厂前应当安装符合标准的卫星定位装置。重型载货汽车和半挂牵引车在出厂前应当安装符合标准的卫星定位装置，并接入全国道路货运车辆公共监管与服务平台。

《营运客车安全技术条件》（JT/T 1094—2016）规定，营运客车出厂时应装备具有行驶记录功能的卫星定位系统车载终端，卫星定位系统车载终端应符合 GB/T 19056、JT/T 794、JT/T 808 的规定。

《营运货车安全技术条件　第 1 部分：载货汽车》（JT/T 1178.1—2018）规定，总质量大于或等于 12000 kg 的载货汽车，应安装道路运输车辆卫星定位系统车载终端。道路运输车辆卫屋定位系统车载终端的性能应符合 JT/T 794 的规定。

《营运货车安全技术条件　第 2 部分：牵引车辆与挂车》（JT/T 1178.2—2019）规定，牵引车辆应安装具有行驶定位功能的道路运输车辆卫星定位系统车载终端，道路运输车辆卫星定位系统车载终端的性能应符合 JT/T 794 的规定。

【创建要点】

创建城市应建立"两客一危"台账，包含车牌号、经营范围、车辆类型、技术等级、所属公司、公司地址、防碰撞、智能视频监控报警装置和卫星定位装置安装情况等内容，说明"两客一危"监控平台建设情况。

道路运输管理机构应当充分发挥监控平台的作用，定期对道路运输企业动态监控工作的情况进行监督考核，并将其纳入企业质量信誉考核的内容，作为运输企业班线招标和年度审验的重要依据。

公安机关交通管理部门可以将道路运输车辆动态监控系统记录的交通违法信息作为执法依据，依法进行查处。

道路运输企业是道路运输车辆动态监控的责任主体。

道路运输经营者应当确保卫星定位装置正常使用，保持车辆运行实时在线。

卫星定位装置出现故障不能保持在线的道路运输车辆，道路运输经营者不得安排其从事道路运输经营活动。

道路旅客运输企业、道路危险货物运输企业和拥有 50 辆及以上重型载货汽车或牵引车的道路货物运输企业应当按照标准建设道路运输车辆动态监控平台，或者使用符合条件的社会化卫星定位系统监控平台，配备专职监控人员，对所属道路运输车辆和驾驶员运行过程进行实时监控和管理。监控人员配置原则上按照监控平台每接入 100 辆车设 1 人的标准配备，最低不少于 2 人。

【创建实例】

实例 1

中山市：11 月底客车、危运车全部安装智能视频监控报警装置（发布时间：2020 - 11 - 25）

为及时提醒及纠正驾驶员不安全驾驶行为，中山市交通运输局推动全市 1135 辆营运客车、1062 辆危运车辆安装使用了智能视频监控报警装置，目前（2020 年 11 月 25 日）安装完成率为 96.96%，将于本月底 100% 完成安装。

实例 2

"两客一危"车辆年底前全部安装智能防撞系统（发布时间：2018 - 02 - 09）

今年 6 月底前，我市（洛阳市）将完成"两客一危"车辆 4G 视频监控设备升级安装，并完成危险化学品运输车辆和 800 km 以上班线客运车辆智能防撞系统安装；年底前，完成所有"两客一危"车辆智能防撞系统安装。

装上该系统后，车辆在行驶过程中与前方目标小于安全距离时，系统会立即进行警示，提醒驾驶员采取措施。若驾驶员因疲劳驾驶、注意力不集中等未及时采取有效措施，系统会自动启动紧急制动，使车辆减速以实现防撞功能。该系统还可实时记录系统一年内的制动、报警、车速、车距、时间等信息，以便事后查找事故原因。

实例 3

铜陵市"两客一危"车辆动态监控轨迹平均完整率位居全省前列（发布时间：2022 – 03 – 03）

全市共有641辆"两客一危"车辆纳入安徽省卫星定位联网联控系统。今年1月起，市交通执法支队成立工作专班，利用全省联网联控系统对全市"两客一危"车辆进行全覆盖检查，对车载北斗卫星定位装置存在问题不能保持正常在线的195台车辆的包车牌和电子运单实施业务锁定，对17家企业下发责令整改通知书，处罚拒不整改企业1家。

经过两个月的整治，目前，全市"两客一危"运输车辆动态监控轨迹平均完整率由过去的84.4%提高到94.6%，位居全省前列。

【评价内容5】

按照规定对城市轨道交通工程可研、试运营前、验收阶段进行安全评价，进行运营前和日常运营期间安全评估、消防设施评估、车站紧急疏散能力评估。

【评分标准】

未按照《城市轨道交通安全预评价细则》（AQ 8004—2007）、《城市轨道交通试运营前安全评价规范》（AQ 8007—2013）、《城市轨道交通安全验收评价细则》（AQ 8005—2007）等要求在城市轨道交通工程可行性研究、试运营前、验收阶段进行安全评价的，每发现一项扣0.2分，0.6分扣完为止；未按照《城市轨道交通初期运营前安全评估技术规范　第1部分：地铁和轻轨》（交办运〔2019〕17号）要求开展初期运营前安全评估和车站紧急疏散能力评估的，未按照《城市轨道交通正式运营前安全评估规范　第1部分：地铁和轻轨》（交办运〔2019〕83号）和《城市轨道交通运营期间安全评估规范》（交办运〔2019〕84号）要求开展正式运营前和运营期间安全评估的，未按照《火灾高危单位消防安全评估导则（试行）》（公消〔2013〕60号）要求开展城市轨道交通消防设施评估的，每发现一项扣0.1分，0.4分扣完为止。

【指标解读】

1）城市轨道交通

《城市轨道交通安全预评价细则》（AQ 8004—2007）规定，城市轨道交通是在不同型式轨道上运行着大、中运量城市公共交通工具，是当代城市中地铁、轻轨、单轨、自动导向、磁浮等轨道交通的总称。

2）可研、试运营前、验收阶段安全评价

（1）城市轨道交通安全预评价。

城市轨道交通安全预评价是根据城市轨道交通工程可行性研究报告内容，全面系统分析和预测该工程可能存在的危险、有害因素的种类和程度，提出合理可行的安全对策措施及建议。安全预评价的程序、内容、方法和报告编制格式等应符合《城市轨道交通安全预评价细则》（AQ 8004—2007）的要求。

（2）城市轨道交通试运营前安全评价。

城市轨道交通试运营前安全评价是在城市轨道交通试运行后至试运营前的阶段，检查城市轨道交通工程的安全设施、设备、装置与主体工程同时设计、同时施工、同时投入生产和使用的情况，安全生产管理措施到位情况，安全生产规章制度健全情况，按运行图试运行情况，防灾系统安全性能热烟测试情况，事故应急体系建立情况，城市轨道交通工程建设满足安全生产法律、标准、行政规章、规范要求的符合性情况，从整体上评价城市轨道交通工程的安全条件，作出是否满足试运营安全条件评价结论的活动，只有通过试运营前安全评价审查的城市轨道交通工程方可投入试运营。试运营前安全评价的程序、内容、方法和报告编制格式等应符合《城市轨道交通试运营前安全评价规范》（AQ 8007—2013）的要求。

（3）城市轨道交通工程安全验收评价。

城市轨道交通工程安全验收评价是在城市轨道交通工程竣工、试运营正常后，检查城市轨道交通工程的安全设施、设备、装置与主体工程同时设计、同时施工、同时投入生产和使用的情况，安全生产管理措施到位情况，安全生产规章制度健全情况，事故应急救援预案建立情况，城市轨道交通工程建设满足安全生产法律法规、标准、行政规章、规范要求的符合性情况，从整体上确定城市轨道交通工程的运行状况和安全管理情况，作出安全验收评价结论的活动。安全验收评价的程序、内容、方法和报告编制格式等应符合《城市轨道交通安全验收评价细则》（AQ 8005—2007）的要求。

3）运营前和日常运营期间安全评估

（1）运营前安全评估。

初期运营前安全评估开展前，城市轨道交通工程项目应按规定通过专项验收并经竣工验收合格，且验收发现的影响运营安全和基本服务质量的问题已完成整改；有甩项工程的，甩项工程不得影响初期运营安全和基本服务水平，并有明确范围和计划完成时间。同时，要做到试运行关键指标达标，并完成保护区划定等工作。初期运营前安全评估工作应符合《城市轨道交通初期运营前安全评估管理暂行办法》（交运规〔2019〕1号）的要求，初期运营前设施设备系统功能和运营管理等方面应达到《城市轨道交通初期运营前安全评估技术规范　第1部分：地铁和轻轨》（交办运〔2019〕17号）的要求。

正式运营前安全评估开展前，城市轨道交通工程项目应符合以下条件：①初期运营至少1年，向城市轨道交通运营主管部门报送了初期运营报告；②全部甩项工程完工并验收合格，或者已履行设计变更手续；③初期运营前安全评估提出的需在初期运营期间完成的整改问题，已全部整改完成；④初期运营期间，土建工程、设施设备、系统集成的运行状况良好，发现存在问题或者安全隐患处理完毕；⑤正式运营前安全评估前一年内未发生列车脱轨、列车冲突、列车撞击、桥隧结构坍塌，或造成人员死亡、连续中断行车 2 h（含）以上等险性事件，初期运营最后 3 个月关键指标达到要求；⑥正式运营前安全评估应符合《城市轨道交通正式运营前和运营期间安全评估管理暂行办法》的要求，运营管理、安全应急等方面应达到《城市轨道交通正式运营前安全评估规范 第 1 部分：地铁和轻轨》（交办运〔2019〕83 号）的要求。

（2）运营期间安全评估。

城市轨道交通运营主管部门应当对投入运营的城市轨道交通线网进行运营期间安全评估，至少每 3 年组织开展一次。运营期间安全评估发现的问题，城市轨道交通运营主管部门、运营单位以及有关责任单位应当采取相应措施，限期整改到位。运营期间安全评估应符合《城市轨道交通正式运营前和运营期间安全评估管理暂行办法》（交运规〔2019〕16 号）的要求，评估报告应满足《城市轨道交通运营期间安全评估规范》（交办运〔2019〕84 号）的要求。

4）消防设施评估

城市轨道交通工程应每年按照《火灾高危单位消防安全评估导则（试行）》（公消〔2013〕60 号）的要求开展消防安全评估，根据《建筑消防设施的维护管理》（GB 25201—2010）的要求检查消防设施的维护管理，说明消防设施维护保养落实情况；根据《建筑消防设施检测技术规程》（XF 503—2004）的要求检查和测试消防设施，填写建筑消防设施检测记录表，说明消防设施配置以及完好有效情况。

5）车站紧急疏散能力评估

《城市轨道交通初期运营前安全评估技术规范 第 1 部分：地铁和轻轨》（交办运〔2019〕17 号）要求，城市轨道交通初期运营前应具有大客流车站（含各种交路折返车站和停车功能的车站）站台至站厅或其他安全区域的疏散楼梯、用作疏散的自动扶梯和疏散通道的通过能力模拟测试报告，核验超高峰小时一列进站列车所载乘客及站台上的候车人员能在 6 min 内全部疏散至站厅公共区或其他安全区域、公共区乘客人流密度等参数是否符合《地铁安全疏散规范》（GB/T 33668—2017）等规范对乘客疏散和安全运营的要求。

【创建要点】

创建城市应建立城市轨道交通工程台账，包含线路名称、建设阶段（可研、设计、建设、试运行、试运营、初期运营、验收阶段、正式运营）、建设/运营单位等信息，说明安全预评价、试运营前安全评价、安全验收评价、初期运营前安全评估、正式运营前安全评估、运营期间安全评估、车站紧急疏散能力评估、消防设施评估开展情况。

城市轨道交通项目可行性研究阶段应编制安全预评价报告，并由政府主管部门组织专家进行评审。

城市轨道交通试运营前安全评价程序包括：前期准备，编制试运营前安全评价计划、确定评价对象和范围等，现场检查，危险、有害因素辨识，划分评价单元，选择评价方法，定性、定量评价，提出安全对策措施建议，作出评价结论，编制试运营前安全评价报告，试运营前安全评价报告评审。

《城市轨道交通建设项目管理规范》（GB 50772—2011）要求，试运营前，建设管理单位应委托有资质的单位对城市轨道交通项目进行安全验收评价。政府安全主管部门应组织工程安全评价专项验收。验收应满足以下条件：①项目工程内各单位（子单位）工程按照设计文件和合同约定完工，并通过工程质量验收；②项目工程的安全设施、设备、装置及常规防护设施与主体工程同时投入运行；③已完成试运行前建设项目工程的安全评价工作；④已建立完善的安全生产规章制度和事故应急救援预案。

《城市轨道交通运营管理规定》（交通运输部令 2018 年第 8 号）规定，城市轨道交通工程项目验收合格后，由城市轨道交通运营主管部门组织初期运营前安全评估。通过初期运营前安全评估的，方可依法办理初期运营手续。初期运营期间，运营单位应当按照设计标准和技术规范，对土建工程、设施设备、系统集成的运行状况和质量进行监控，发现存在问题或者安全隐患的，应当要求相关责任单位按照有关规定或者合同约定及时处理。

城市轨道交通线路初期运营期满一年，运营单位应当向城市轨道交通运营主管部门报送初期运营报告，并由城市轨道交通运营主管部门组织正式运营前安全评估。通过安全评估的，方可依法办理正式运营手续。对安全评估中发现的问题，城市轨道交通运营主管部门应当报告城市人民政府，同时通告有关责任单位要求限期整改。

开通初期运营的城市轨道交通线路有甩项工程的，甩项工程完工并验收合格后，应当通过城市轨道交通运营主管部门组织的安全评估，方可投入使用。受客观条件限制难以完成甩项工程的，运营单位应当督促建设单位与设计单位履行设计变更手续。全部甩项工程投入使用或者履行设计变更手续后，城市轨道交通工程项目方可依法办理正式运营手续。

城市轨道交通运营主管部门应当对运营单位运营安全管理工作进行监督检查，定期委托第三方机构组织专家开展运营期间安全评估工作。

应急管理部门要依法督促轨道运营单位落实消防安全主体责任，建立完善管理制度，强化日常消防安全标准化管理。要加强消防监督检查，发现问题立即督促轨道运营单位采取措施整改，消除隐患；一时无法整改的，必须督促轨道运营单位加强人防、技防措施，明确整改责任、整改措施和整改时限，并依法书面报告政府。

【创建实例】

实例 1

南宁市轨道交通 2 号线东延线（玉洞—坛兴村）安全预评价报告通过专家评审（发布时间：2016 - 02 - 14）

2016 年 2 月 3 日上午，集团公司组织召开了《南宁市轨道交通 2 号线东延线（玉洞—坛兴村）工程安全预评价报告》（以下简称《评价报告》）评审会。会议邀请了 5 位专家成立了《评价报告》评审专家组。

与会专家及各部门代表们认真审阅了《评价报告》，在听取了《评价报告》编制单位中国安全生产科学研究院的汇报后，经质询和讨论交流，一致认为《评价报告》编制的框架结构合理、技术线路清晰、编制规范、针对性较强、评价内容全面，符合《安全预评价导则》（AQ 8002—2007）、《安全评价通则》（AQ 8001—2007）及《城市轨道交通安全预评价细则》（AQ 8004—2007）等国家建设项目安全评价的相关规范要求，同意报告通过专家评审。

安全预评价是南宁市轨道交通 2 号线东延线（玉洞—坛兴村）工程可行性研究报批过程中的重要附件，此次报告顺利通过专家评审，为 2 号线东延线（玉洞—坛兴村）工可报告报批创造了良好的条件。

市安全生产监督管理局、市发改委、市城乡建委、市轨道办、集团公司总工办、安监部、建设分公司、2 号线东延线工程报告编制单位广州地铁设计研究院等单位派员参会。

实例 2

通车越来越近！七号线西延段顺利通过专家组评审（发布时间：2021 - 12 - 07）

2021 年 12 月 5 日，《广州市轨道交通七号线一期西延顺德段工程试运营前安全评价报告》审查会在佛山东江国际大酒店召开，会议由广东顺广轨道交通有限公司（简称顺广公司）总工程师何××主持。为做好新线工程的安全生产工作，顺广公司委托中国安全生产科学研究院依据《城市轨道交通试运营前安全评价规范》（AQ 8007—2013）进行试运营前的安全评价，组织来自北京、深圳、广州的五位专家对线路试运营前的安全条件进行检查，并对安全评价报告进行评审。

按照评审方案，专家组首先对评审线路进行现场踏勘，实地查看益丰停车场、益丰主变电站、美的大道站的情况。随后，专家组听取了建设、运营单位的管理情况汇报及评价单位的评价报告汇报，并就运营安全条件和评价报告进行评审、答疑。经过讨论，专家组一致认为本次安全报告专家评审顺利通过。

试运营安全条件评审是地铁通车试运营前的最后关键环节，标志着广州市轨道交通七号线一期西延顺德段距离通车试运营又迈出坚实的一步，为后续的竣工验收奠定了基础。

实例 3

市交通运输局组织开展轨道交通 1 号线主线初期运营前安全预评估（发布时间：2022 - 03 - 21）

3 月 17—18 日，市交通运输局组织开展绍兴市城市轨道交通 1 号线主线初期运营前安全预评估工作。市政府副秘书长徐×出席专家意见反馈会并讲话，市交通运输局党委书记何×主持会议，沿线属地政府、市级有关部门、绍兴京越地铁公司负责人参加。

鉴于当前疫情形势，本次预评估采用线上 + 线下结合的形式开展。预评估专家组共由轨道交通各领域 16 名资深专家组成，其中包括交通运输部专家 3 名、教授级专家 8 名。

3 月 17 日，专家组听取了绍兴京越地铁有限公司《绍兴市轨道交通 1 号线主线工程建设情况报告》、绍兴京越地铁有限公司运营分公司《绍兴市轨道交通1 号线主线工程初期运营准备报告》，审阅了相关资料，以视频方式查看了部分车站、区间、鉴湖停车场、大明主变电所和镜湖控制中心等工程现场，与相关建设和运营单位进行询问交流，重点就车站建筑、综合联调、线路情况，车辆、车辆基地、通信、信号、供电、消防与给排水、综合监控等系统，运营管理、应急管理、岗位及人员等各项准备工作进行全面检查评估。

3 月 18 日上午，1 号线主线初期运营安全预评估专家意见反馈会召开。专家组成员反馈了各专项检查中发现的问题，提出了相关建议。越城区政府、镜湖开发办、市交通运输局、市建设局、市自然资源和规划局、市公安局、市应急管理局、市综合执法局、市市场监管局、市生态环境局、市卫生健康委、市人防办、市轨道交通集团、京越地铁公司等与会单位负责人结合部门职责就相关问题及下一步计划作了交流发言。

实例 4

（重庆市）璧山云巴正式运营安全评估通过专家评审（发布时间：2022 - 05 - 27）

2022 年 5 月 25—26 日，区交通局聘请第三方机构——中国安全生产科学研究院，组织 11 名专家对云巴进行了正式运营前安全评估。

评估工作历时 2 天，安全评估专家分成了总体组、运营管理组、设备设施一组和设备设施二组 4 个组，通过查阅资料，询问运营公司工作人员、现场查勘等形式，分别检查了 15 个云巴站台、车辆和线路、综合车场和控制中心，对云巴运营安全风险分级管控、隐患排查治理、线路的行车组织、客运组织、设施设备运行维护、人员管理、应急管理等方面的主要风险管控及措施制定、完善、落实情况进行了全面评估。

云巴正式运营前安全评估经专家审查后已评审通过。此次安全审查共检查评估了 78 项指标，达到要求的 74 个，满意率达 95%，剩余 4 项指标待整改，中国安全生产科学研究院将出具《璧山区导轨式胶轮系统正式运营前安全评估意见函》等评估文件。

实例 5

杭州交通组织开展地铁运营期间安全评估，总体状态良好（发布时间：2021 – 04 – 10）

2021 年 3 月 29 日至 4 月 1 日，杭州交通组织行业专家对杭州地铁 1 号线、2 号线、4 号线运营期间安全评估开展现场评审。专家们是来自北京、上海、深圳、天津等城市轨道交通行业的资深管理人员和高级工程师，以及相关大专院校资深专家，其中包含两名交通运输部专家库入库专家，行业管理经验丰富。

评审现场，专家们认真听取了杭州地铁运营总体情况，网格化运营情况，以及运营安全风险等级管控和隐患排查治理情况的汇报。专家分成运营组和设施设备组，按照 6 个专业分别审阅了运营单位提供的评估准备资料，访谈了运营单位相关安全管理人员，考核了部分运营单位的工作人员，现场勘探检查了 1 号线、2 号线和 4 号线的部分车站、区间、变电所、车辆段和控制中心，开展了信号系统供电系统以及机电系统的部分功能测试。

经过 4 天紧张有序的现场评审，专家组最终认定 1 号线、2 号线、4 号线运营总体状态良好，归纳出四个"最"的特点：一是作为新规发布后全国首批开展评估的城市，对标标准检查最严格；二是检查的专业领域和业务范围最全最大；三是查出问题数量最少；四是问题量级（严重性）最小。

实例 6

地铁车站安全疏散及应急救援能力评估项目通过验收（发布时间：2020 – 12 – 15）

2020 年 4 月，国务院安委会印发了《全国安全生产专项整治三年行动计划》，其中，在"消防安全专项整治三年行动实施方案"中明确提出了地下轨道交通应急救援能力提升的专项治理要求。中国安科院受北京市地铁运营有限公司的委托，针对北京市的典型大客流车站，开展了安全疏散模拟及应急救援能力评估工作。该项目由中国安科院交通安全研究所具体负责，项目组重点针对综合客流高峰、建筑结构、安全出口、疏散路线、通风照明条件、电气设备以及周边消防救援力量、装备器材等关键要素，开展了客流高峰时刻的疏散模拟评估，并创新提出了地铁车站应急救援能力评估指标体系及方法，编制完成了《地铁车站安全疏散及应急救援能力评估报告》。项目顺利通过了北京市地铁运营有限公司组织的专家验收，得到了北京市轨道交通消防支队及北京市地铁运营有限公司的充分肯定。中国安科院作为国家标准《地铁安全疏散规范》（GB/T 33668—2017）的主编单位，近年来在地铁安全疏散方面取得了一系列技术成果，在地铁行业得到了广泛应用。

实例 7

天津地铁 5 号线、6 号线、9 号线 2021 年度消防安全评估项目成交结果公示（发布时间：2021 – 11 – 04）

天津轨道交通运营集团有限公司所负责天津市轨道交通 5 号线、6 号线、9 号线地铁运营工作。具体线路情况如下：地铁 5 号线全长 34.84 km，共设车站 28 座，其中地下站 27 座，地面站 1 座；设梨园头车辆段 1 座，双街停车场 1 座。地铁 6 号线线路总长度为 42.50 km，共设车站 39 座，其中首开段开通 8 座，一期北段开通 16 座、二期开通 14 座，地下车站 38 座、高架站 1 座。设大毕庄车辆段 1 座。地铁 9 号线全长 52.25 km，共设 21 座车站，其中地下车站 5 座、高架车站 15 座、地面车站 1 座，设新立停车场 1 座、胡家园车辆段 1 座。本项目主要内容为按照国家及天津市有关消防安全评估标准要求，对天津轨道运营集团有限公司所运营、管辖范围内的地铁 5 号线、6 号线、9 号线所有在运营地铁车站包括但不局限于段场、主变电所、线网控制指挥中心等区域开展消防评估，分析区域范围可能存在的火灾危险源、合理划分评估单元，建立全面的评估指标体系，提出合理可行的消防安全对策及规划建立，指导采购人对消防安全隐患整改，并出具消防安全评估报告。

【评价内容 6】

城市内河渡口渡船安全达标率 100%。

【评分标准】

城市内河渡口渡船不符合《内河交通安全管理条例（2017 年修订）》（2002 年 6 月 28 日国务院令第 355 号发布，根据 2017 年 3 月 1 日国务院令第 676 号修正）、《内河渡口渡船安全管理规定》（交通运输部令 2014 年第 9 号）等要求的，每发现一处扣 0.1 分，0.2 分扣完为止。

【指标解读】

1）城市内河渡口安全达标

《内河渡口渡船安全管理规定》（交通运输部令2014年第9号）要求，渡口的设置应当具备下列安全条件：①选址应当在水流平缓、水深足够、坡岸稳定、视野开阔、适宜船舶停靠的地点，并且与危险物品生产、堆放场所之间的距离符合危险品管理相关规定；②具备货物装卸、旅客上下的安全设施；③配备必要的救生设备和专门管理人员。

渡口应当根据其渡运对象的种类、数量、水域情况和过渡要求，合理设置码头、引道，配置必要的指示标志、船岸通信和船舶助航、消防、安全救生等设施。渡口引道的宽度、纵坡和码头的设置应当满足相应的技术标准。

以渡运乘客为主的渡口应当有可供乘客安全上下的坡道，客运量较大的且具有相应陆域条件的渡口应当建有乘客候船亭等设施；以渡运货车为主的渡口，应当安装、使用地磅等称重设备，如实记录称重情况。有条件的渡口，应当设置电子监控设施。

经批准运输超长、超宽、超高物品的车辆或者重型车辆过渡，应当采取有效保护措施后方可过渡，但超过渡船限载、限高、限宽、限长标准的车辆，不得渡运。渡运危险货物车辆的，渡口应当设置危险货物车辆专用通道。

设置和使用缆渡，不得影响他船航行。

渡口运营人应当在渡口明显位置设置公告牌，标明渡口名称、渡口区域、渡运路线、渡口守则、渡运安全注意事项以及安全责任单位和责任人、监督电话等内容。

梯级河段、库区下游以及水位变化较大的渡口水域，渡口应当标识警戒水位线和停航封渡水位线。

2）城市内河渡船安全达标

《内河渡口渡船安全管理规定》（交通运输部令2014年第9号）要求，渡船应当悬挂符合国家规定的渡船识别标志，并在明显位置标明载客（车）定额、抗风等级以及旅客乘船安全须知等有关安全注意事项。

渡船夜航应当按照《内河船舶法定检验技术规则（2019）》《内河小型船舶法定检验技术规则（2019）》配备夜间航行设备和信号设备。高速客船从事渡运服务以及不具备夜航技术条件的渡船，不得夜航。

渡船应当按照规定配备消防救生设备，放置在易取处，保持其随时可用，并在规定的场所明显标识存放位置，张贴消防救生演示图和标示应急通道。

渡船应当定期维护保养，确保处于适航状态，并按期申请检验。逾期未检验或者检验不合格的，不得从事渡运。渡船载运危险货物或者载运装载危险货物的车辆的，应当持有船舶载运危险货物适装证书。渡船船员应当按照相关规定具备船员资格，持有相应船员证书。

渡船载客应当设置载客处所，实行车客分离。按照上船时先车后人、下船时先人后车的顺序上下船舶。车辆渡运时除驾驶员外车内禁止留有人员。乘客与大型牲畜不得混载。

【创建要点】

创建城市应建立城市内河渡口渡船台账，明确渡口名称、船名、客位、总吨、航线、运营单位等内容。

渡口渡船安全管理坚持安全第一、预防为主、各负其责、服务民生的原则。

县级以上地方人民政府及其指定的有关部门、乡镇渡口所在地乡镇人民政府应当建立渡口渡运安全检查制度，并组织落实。在监督检查中发现渡口存在安全隐患的，应当责令立即消除安全隐患或者限期整改。

海事管理机构应当建立渡船安全监督管理制度。在监督管理中发现渡船存在重大安全隐患的，应当责令立即消除安全隐患或者限期整改，并及时通报当地县级以上人民政府及其相关部门。

渡口运营人应当建立渡口渡船安全渡运的安全管理制度，并组织开展内部安全检查。

【创建实例】

关于 2021 年下半年渡口渡船安全管理达标评估情况的公示（发布时间：2022 - 01 - 14）

根据《福建省内河渡口渡船安全管理达标考评办法（2017 年修订）》（闽地海海事〔2017〕33 号）的要求，现将我市 2021 年下半年渡口渡船安全管理达标评估情况予以公示。

对公示内容如有异议，请于公示后 7 日内向我局反映。

监督联系电话：××××－×××××××

来访来电时间：正常工作时间

三明市交通运输局

2022 年 1 月 14 日

【评价内容 7】

铁路平交道口按规定设置安全设施和进行管理。

【评分标准】

铁路平交道口的安全设施及人员设置管理不符合《铁路道口管理暂行规定》经交〔1986〕161 号）等要求的，每发现一处扣 0.1 分，0.2 分扣完为止。

【指标解读】

1）铁路平交道口

《铁路道口管理办法》（铁总运〔2013〕121 号）规定，铁路平交道口是指在铁路线路上铺面宽度在 2.5 m 以上，直接与道路贯通的平面交叉。

2）安全设施

《铁路安全管理条例》（国务院令第 639 号）规定，铁路与道路交叉的无人看守道口应当按照国家标准设置警示标志；有人看守道口应当设置移动栏杆、列车接近报警装置、警示灯、警示标志、铁路道口路段标线等安全防护设施。

道口移动栏杆、列车接近报警装置、警示灯等安全防护设施由铁路运输企业设置、维护；警示标志、铁路道口路段标线由铁路道口所在地的道路管理部门设置、维护。

《铁路道口管理办法》（铁总运〔2013〕121 号）对道口安全设施的要求如下：

（1）有人看守道口应具备以下设备：①基本设备包括道口房、栏杆（门）、铺面、道路连接平台、道口道路交通标志、护桩（栏）、防护栅栏、鸣笛标、公告牌、限界架及揭示牌（电气化铁路）、电源、照明、道口电话、遮断信号、自动通知（列车接近报警装置）、自动信号（警示灯）、短路设备（轨道电路区段）、列车无线调度通信设备（无线列调固定电台、手持电台或 GSM – R 手持终端）及信号工具备品；②选用设备包括道口无线报警装置、道口视频监控设备、列车接近预警器、道口广播、作业记录仪、栏杆（门）开闭显示装置、电子警察以及其他安全强化设施。

（2）无人看守道口应具有铺面、道路连接平台、道口道路交通标志、护桩（栏）、鸣笛标、限界架及揭示牌（电气化铁路）。

（3）通向道口的道路应根据需要设置减速带。减速带距钢轨外侧距离不少于 15 m。

（4）在路堤地段道口的道路两侧应设置 5 根（困难情况下不少于 2 根）护桩，在路堑地段应设置护栏。城市市区可不设护桩或护栏。护桩或护栏宽度与道口铺面相同。人行过道线路两侧设置路障。

（5）道口两侧的栏杆（门）设在距钢轨外侧 3 m 以外。栏杆（门）中部安设直径为 250 mm 的红色圆牌，圆牌红色部位采用反光材料。栏杆（门）中部还需安设警示信号灯。

（6）在电气化铁路上，道口处线路两侧的道路上应设置限高架，其通过高度不应超过 4.5 m。

（7）在铁路线路上距道口、人行过道 500～1000 m 处应设置鸣笛标（站内或站内道口、人行过道两端不设）。

（8）有人看守道口两侧沿铁路方向各 50 m 范围内路肩外设置高度不低于 1.4 m 的防护栅栏。

（9）道口自动信号机设在通向道口、距道口最外股钢轨 5 m 以外的道路右侧，行人、机动车辆在距道口 50 m 外应能看见道口信号灯光；当透视距离不能满足时，应选择适当位置设置。

（10）设有自动通知设备的道口，当列车进入道口接近区段时，应能自动向道口看守员发出警报；道口自动通知及道口自动信号设备应能自动向道口看守员和道路通行方向的车辆、行人发出报警，报警方式为音响和灯光信号。当列车通过道口后，报警音响应及时停止，道口信号机应及时恢复定位。

（11）遮断信号机设在列车运行方向线路的左侧，距道口不得小于 50 m。

（12）位于轨道电路区段的有人看守道口应加装短路设备。

（13）道口无线报警装置应具备以无线方式向接近列车发出道口故障报警信息和平安信息，能接收列车接近预警信息、报警信息记录和查询、交直流供电自动转换等功能。

（14）道口视频监控设备应能对道路上车辆、行人及道口作业人员日常作业进行监视。有条件的应实现远程监控。

（15）道口公告牌设在通向道口道路的右侧最外护桩处。公告牌形状为长 900 mm、高 550 mm 长方形，正面为蓝底白字并采用反光材料，底边至地面高度为 1.8～2.2 m，立柱油漆黑白相间，宽度 200 mm。

（16）在距离最外股钢轨外侧 5 m 以外，通向人行过道的道路右侧设置宣传牌。宣传牌形状为长 800 mm、高 250 mm 的长方形，正面为白底黑字，边缘为 25 mm 宽的黑色边框，底边距地面高度为 1.8～2.2 m，写明"禁止机动车畜力车通行"。

（17）道口铭牌、闲人免进牌设在道口房面向道路侧外墙上。道口铭牌标明道口名称、线名、里程。闲人免进牌白底黑字标明"行车重地，闲人免进"。

《城市道路工程设计规范（2016 年版)》(CJJ 37—2012)，对铁路平交道口的安全设施有如下规定：

（1）通过道口的道路平面线形应为直线。从最外侧钢轨外缘算起的道路直线段最小长度应大于或等于 30 m。

（2）道路与铁路平交时，应优先设置自动信号控制或有人值守道口；无人值守或未设置自动信号的平交道口视距三角形范围内，严禁有任何妨碍机动车驾驶员视线的障碍物，机动车驾驶员要求的最小瞭望视距（S_s）应符合该规范 8.3.4 的规定。

（3）道口两侧应设平台，自最外侧钢轨外缘至最近竖曲线切点间的平台长度应大于或等于 16 m。

（4）道口安全防护设施应符合下列规定：

① 有人看守道口应设置道口看守房，并应设置电力照明以及栏木、有线或无线通信、道口自动通知、道口自动信号、遮断信号等安全预警设备。

② 无人看守道口应设置警示标志，并应根据需要设置道口自动信号和道口监护设施。

③ 道口两侧的道路上除应按规定设置护桩外，还应设置交通标志、路面标线、立面标志，电气化铁路的道口应在道路上设置限界架。

【创建要点】

创建城市应建立铁路平交道口台账，明确道口名称、位置、类型等内容。

《铁路安全管理条例》（国务院令第 639 号）规定，道口移动栏杆、列车接近报警装置、警示灯等安全防护设施由铁路运输企业设置、维护；警示标志、铁路道口路段标线由铁路道口所在地的道路管理部门设置、维护。

【创建实例】

铁路道口实现全覆盖安全检查（发布时间：2021 - 02 - 08）

太原市工信局 2 月 5 日消息，我市对铁路无人看守道口进行了全覆盖安全检查，确保群众生命财产及铁路运输安全。

为保障我市铁路无人看守道口安全畅通，市工信局对辖区范围内的铁路无人看守道口进行了全覆盖安全检查。重点查看了道口通行情况、道口设备设施及警示标识使用情况，并对每一处道口检查情况进行逐一记录，确保设施设备状态良好，警示标识不缺不漏。

【评价内容8】

建立铁路沿线安全环境整治机制；定期组织开展铁路沿线外部环境问题整治专项行动；按计划治理完成铁路外部环境安全管控通报问题。

【评分标准】

未建立高速铁路沿线安全环境整治"双段长"等机制的，扣 0.2 分；未定期组织开展铁路外部环境问题整治专项行动的，扣 0.2 分；未按计划完成铁路外部环境安全管控通报问题治理的，每发现一个扣 0.1 分，0.2 分扣完为止。

【指标解读】

1）铁路沿线安全环境整治机制

《关于建立高速铁路沿线环境综合整治长效机制的意见》（建督〔2017〕236号）要求建立健全高速铁路沿线环境整治长效管控机制：

（1）强化铁路沿线环境整治统筹协调机制。高速铁路沿线省、市、县与铁路有关部门、单位要将高速铁路沿线环境综合整治列入重要议事日程，制定相关规划或实施方案，统筹部署重点工作；建立高速铁路沿线环境综合整治和安全环境管控协调机制，及时协调解决有关重大问题和路地职责衔接问题；建立各类交汇工程建设管理协商机制，及时解决工程建设与运营中的具体问题；建立健全日常管理的信息互通、资源共享、协调联动的工作机制，形成工作合力；建立工作检查与考核机制，定期对高速铁路沿线安全环境情况开展检查，并纳入政府环境建设综合评价考核体系。

（2）建立"双段长"工作责任制。高速铁路沿线市、县和铁路有关单位要建立"双段长"责任制，沿高速铁路线路（城区内每 1 km、城区外每 5 km）设铁路运营单位和地方街道（乡镇）相关负责人各 1 名作为段长，公布"双段长"人员名单，明确"双段长"巡查、会商、处置及上报信息等工作职责，建立人员随工作岗位动态调整制度；建立"双段长"教育管理制度，督促、指导"双段长"认真履行职责，并定期对"双段长"工作情况进行检查和考核。"双段长"要认真履行职责，定期巡查负责线路，建立巡查记录和问题台账，及时安排处置问题，对超出职权范围的事项及时报上级地方政府和铁路有关单位处理。

2）铁路沿线外部环境问题整治

《关于建立高速铁路沿线环境综合整治长效机制的意见》（建督〔2017〕236号）要求强化高速铁路沿线安全管控：

（1）认真落实《铁路安全管理条例》（国务院令第 639 号），依法设立高速铁路线路安全保护区、地下水禁采区、河道禁采区。对在保护区内烧荒、放养牲畜、排污、倾倒垃圾和危害铁路安全物质，在高速铁路两侧 200 m 范围内及地下水禁采区内抽取地下水，在河道禁采区域内采砂、淘金等禁止性行为，采取有效管控措施。

（2）加强沿线新建项目和原有建筑、生产生活设施改造的规划管理和安全管控，确保铁路两侧无违反法律法规及国家或行业标准、影响铁路运输安全的危险物品生产、加工、储存或销售场所，采矿采石和爆破作业，以及排放粉尘烟尘及腐蚀性气体的生产活动。对可能被大风刮起危及铁路运输安全的轻型材料建（构）筑物、农用薄膜、塑料大棚及影响行车瞭望或倒伏后影响铁路运输安全的塔杆、广告牌、烟囱等高大设施和高大树木，采取有效的管控措施。

（3）规范设置高速铁路沿线的安全防护设施、警示标志、界碑标桩等，明确管理维护责任并确保落实到位。

（4）加强各类城镇工程管线、综合管廊、城市道路和高速铁路交汇工程建设的规划、建设和管理，确保路地两方工程协调有序，保障高速铁路安全。

《关于建立高速铁路沿线环境综合整治长效机制的意见》（建督〔2017〕236号）要求加强高速铁路沿线环境整治管理：

（1）落实铁路两侧 100 m 控制区范围内秩序管控措施。依法拆除违法搭建的建（构）筑物，拆除或整茸影响观瞻的临时建（构）筑物、残缺建筑、破旧建筑、残墙断壁等；依法取缔违规加工作坊和占道经营，取缔或规范废品收购站等。

（2）加强铁路两侧500 m可视区范围内环境卫生整治。有效管控卫生环境，对露天堆放的生活垃圾、建筑垃圾、废品废料、河塘漂浮物、露天粪坑、污水坑及"白色污染"等轻飘物品及时清理到位。规范管理建设工地，确保工地围挡设施、道路、料场等整洁美观，扬尘整治措施落实到位，防尘、防护网（布）设置规范并采取加固措施。合理布局绿化美化设施，铁路用地红线内统一种植护坡草坪、修建隔离护栏和绿篱，对铁路用地红线外的农田林网、荒山荒坡、道路网、裸露地、闲置地及拆除违法建设后的地段实施绿化美化。

【创建要点】

高速铁路沿线创建城市要充分认识高速铁路沿线环境综合整治工作的重要性，建立本地区高速铁路沿线环境综合整治长效机制，以务实的态度、担当的精神，定期组织开展铁路外部环境问题整治专项行动，建立铁路外部环境安全管控通报问题台账，并说明整改完成情况，持续做好高速铁路沿线环境整治工作。

【创建实例】

实例1

西安市人民政府办公厅关于印发《西安市铁路沿线安全环境整治"双段长"制实施方案》的通知（发布时间：2022 – 04 – 13）

实例2

湘潭市启动铁路沿线安全整治专项治理（发布时间：2022 – 05 – 27）

为树立"人民至上、生命至上、安全第一"理念，共同营造铁路沿线安全稳定的环境，近日，湘潭市交通运输局启动铁路沿线安全整治专项治理行动，明确了4类整治对象和行为。

近年来，轻硬质漂浮物危及铁路行车安全事件常有发生，因此轻硬质漂浮物整治成为此次专项治理的重点。据此，交通运输部门将对铁路两侧500 m范围内防尘网、塑料薄膜、彩钢瓦、简易房等轻硬质建（构）筑物进行全面排查，建立问题清单，坚持应拆尽拆，实施闭环销号管理。加快实现线路封闭管理。各级各部门将配合铁路部门做好防护栅栏封闭推进计划，统筹考虑与声屏障建设相结合，加快时速120 km以上线路全封闭工作，全面封堵防护栅栏缺口。实施铁路道口"平改立"改造工作。属地政府对辖区内时速120 km以上的线路道口、人员车辆通行繁忙道口，以及通行旅客列车、客运班车和公交车辆道口进行摸排，并与铁路部门共同拟定"平改立"改造方案，争取平交道口的安全隐患得以根治。加强跨航道铁路桥梁防护。推进铁路跨航道桥梁设置防撞设施、加装主动预警装置、加固改造工作，完善各类标志标识，积极推动建立"12395"涉航铁路桥梁联防联控机制。

3. 桥梁隧道、老旧房屋建筑安全风险

【评价内容1】

定期开展桥梁、隧道技术状况检测评估，桥梁、隧道安全设施隐患按计划完成整改。

【评分标准】

未定期开展桥梁、隧道技术状况检测评估工作的，每发现一处扣0.1分，0.5分扣完为止。桥梁、隧道安全设施隐患未按计划和整改方案完成整改的，每发现一处扣0.1分，0.5分扣完为止。

【指标解读】

1）桥梁技术状况检测评估

（1）城市桥梁。

《城市桥梁养护技术标准》（CJJ 99—2017）要求，城市桥梁必须按规定进行检测评估，及时掌握桥梁的基本状况，并采取相应的养护措施。城市桥梁的检测评估工作应包括下列内容：①了解桥梁初始状态，记录桥梁当前状况；②了解车辆和交通量的改变给设施运行带来的影响；③跟踪结构和材料的使用性能变化；④为桥梁状况评估提供相关信息，对桥梁当前及未来的交通量、荷载等级、承载能力及耐久性进行评估；⑤给养护、管理、设计与建设等部门反馈信息，提供养护维修建议。

《城市桥梁养护技术标准》（CJJ 99—2017）规定，检测评估应根据其内容、周期、评估要求分为经常性检查、定期检测、特殊检测：

①经常性检查应对结构变异、桥梁及桥梁安全保护区域施工作业情况和桥面系、限载标志、限高标志、交通标志及其他附属设施等状况进行日常巡检。

②定期检测应分为常规定期检测和结构定期检测。常规定期检测应每年1次，可根据城市桥梁实际运行状况和结构类型、周边环境等适当增加检测次数。结构定期检测应按规定的时间间隔进行，Ⅰ类养护的城市桥梁宜为3～5年，关键部位可设仪器监控测试；Ⅱ～Ⅴ类养护的城市桥梁宜为6～10年。

③特殊检测应由专业人员采用专门技术手段，并辅以现场和试验室测试等特殊手段进行详细检测和综合分析，检测结果应提交书面报告。

（2）公路桥梁。

《公路安全保护条例》（国务院令第593号）规定，公路管理机构、公路经营企业应当定期对公路、公路桥梁、公路隧道进行检测和评定，保证其技术状态符合有关技术标准；对经检测发现不符合车辆通行安全要求的，应当进行维修，及时向社会公告，并通知公安机关交通管理部门。

《公路桥梁技术状况评定标准》（JTG/T H21—2011）规定，公路桥梁技术状况评定包括桥梁构件、部件、桥面系、上部结构、下部结构和全桥评定。公路桥梁技术状况评定应采用分层综合评定与5类桥梁单项控制指标相结合的方法，先对桥梁各构件进行评定，然后对桥梁各部件进行评定，再对桥面系、上部结构和下部结构分别进行评定，最后进行桥梁总体技术状况的评定。

《公路桥涵养护规范》（JTG 5120—2021）规定桥梁检查分为初始检查、日常巡查、经常检查、定期检查和特殊检查。桥梁评定应包括技术状况评定和适应性评定：

① 桥梁技术状况评定依据桥梁初始检查、定期检查资料，通过对桥梁各部件技术状况的综合评定，确定桥梁的技术状况等级，提出养护措施。评定应按现行《公路桥梁技术状况评定标准》（JTG/T H21）执行。桥梁技术状况评定等级分为1类、2类、3类、4类、5类。

② 适应性评定工作的基础和依据是定期检查、特殊检查，是否需要做适应性评定，根据检查结果和桥梁实际养护需求决定。

2）隧道技术状况检测评估

《公路隧道养护技术规范》（JTG H12—2015）规定，应对公路隧道进行定期检查，根据检查结果对隧道技术状况进行评定，并根据隧道交通运营状况、结构和设施技术状况以及病害程度、围岩地质条件等，制定相应的养护计划和方案。

公路隧道技术状况评定应包括隧道土建结构、机电设施、其他工程设施技术状况评定和总体技术状况评定。公路隧道技术状况评定应采取分层综合评定与隧道单项控制指标相结合的方法，先对隧道各检测项目进行评定，然后对隧道土建结构、机电设施和其他工程设施分别进行评定，最后进行隧道总体技术状况评定。

公路隧道总体技术状况评定应分为1类、2类、3类、4类和5类，隧道总体技术状况评定等级应采用土建结构和机电设施两者中较差的技术状况类别作为总体技术状况的类别。

3）桥梁、隧道安全设施

桥梁、隧道安全设施包括交通标志、交通标线（含突起路标）、护栏和栏杆、视线诱导设施、隔离栅、防落网、防眩设施、避险车道和其他交通安全设施（含防风栅、防雪栅、积雪标杆、限高架、减速丘和凸面镜）等，其设计应满足《公路交通安全设施设计规范》（JTG D81—2017）及《城市道路交通设施设计规范（2019年版）》（GB 50688—2011）等的规定。

4）隐患整改

《交通运输部安委会关于开展安全生产风险防控和隐患排查治理百日行动的

通知》(交安委〔2019〕8号)要求,加强在役桥隧风险防控和隐患排查治理。重点排查治理在役桥梁垮塌、在役隧道透水、坍塌及有害气体浓度超标、照明通风和标志不全等安全风险隐患,国省干道和县乡道穿越城镇成为交通要道的桥隧风险隐患排查率达到100%,存在重大风险的应立即落实有效管控措施,存在重大隐患的应及时采取处置措施,短时不能消除的,应配合公安部门强制实施交通管制措施。

深入分析桥梁、隧道安全设施存在的风险隐患,建立重大风险清单、重大隐患台账,制定有效防范和治理措施,并同步建立风险研判机制、决策风险评估机制、风险防控协同机制、风险防控责任机制,实现重大风险可控、重大隐患清零。

《国务院安全生产委员会关于加强公交车行驶安全和桥梁防护工作的意见》(安委〔2018〕6号)要求开展桥梁防撞护栏排查治理。按照全面覆盖、突出重点的原则,全面排查在用城市、公路桥梁防撞护栏设置情况,摸清底数和安全管理现状。对城市桥梁要重点排查防撞护栏、防撞垫、限界结构防撞设施、分隔设施等安全设施,对不符合标准要求的安全隐患,进行彻底整改。对公路桥梁要开展护栏升级改造支撑技术研究,编制护栏升级改造技术方案和技术指南,综合考虑公路桥梁结构安全、运行状况、防撞标准、改造条件等进行评估,根据评估结果,科学合理制定防护设施设置方案,结合干线公路改造、公路安全生命防护工程、危桥改造工程、公路改扩建工程等逐步完善,提高桥梁安全防护能力。

【创建要点】

创建城市应建立桥梁、隧道台账,加强城市桥梁、隧道安全检测和加固改造,限期整改安全隐患。加快推进城市桥梁、隧道信息系统建设,严格落实桥梁、隧道安全管理制度,保障城市桥梁、隧道的运行安全。

县级以上城市人民政府市政工程设施行政主管部门应当建立、健全城市桥梁、隧道检测评估制度,组织实施对城市桥梁的检测评估,建立城市桥梁信息管理系统和技术档案。

城市桥梁、隧道养护维修单位应当按照国家有关规定建立健全城市桥梁、隧道检测评估制度,对城市桥梁、隧道进行安全检测评估。城市桥梁、隧道的安全检测评估应当委托具有相应资质的机构承担。

经检测评估为城市桥梁承载能力下降但尚未构成危桥的、城市隧道存在安全隐患但尚未影响通行的,其养护维修单位应当及时变更承载能力等指引标志,设置警示标志,进行加固等处理。

经检测评估为危险桥梁、隧道的,其养护维修单位应当采取紧急措施,并向桥梁、隧道主管部门和公安交通管理部门报告。桥梁、隧道主管部门收到报告后，应当提出处理意见，并限期排除危险，公安交通管理部门应当予以配合。

【创建实例】

密云区公路桥梁、隧道安全检测正在有序推进（发布时间：2021-07-08）

自 5 月 15 日起，密云公路分局有序开启一年一度的公路桥梁、隧道定期检查和桥梁特殊检测工作。根据 2021 年的工作计划，密云公路分局将对密云区域内 123 座县级以上普通公路桥梁和 17 座隧道完成定期检测，对 2 座桥梁完成特殊检测，主要包括外观及内部进行缺陷检查和无损检测，进而确定桥隧的整体技术状况。通过细致全面的检测，进一步准确掌握桥梁隧道的技术状况，全面排查桥梁病害和安全隐患，确保桥隧运营安全。全部检测工程计划于 2021 年 7 月底前完成。

下一步，密云公路分局将按照桥梁隧道检测报告，及时组织专业队伍，采取措施对桥隧病害进行养护和维修，确保密云区普通公路桥梁、隧道安全度汛，切实保障群众的出行安全。

【评价内容 2】

开展城市老旧房屋安全隐患排查，按计划完成隐患整改。

【评分标准】

未开展城市老旧房屋隐患排查的，扣 1 分；未按整改方案和计划完成隐患整改的，每发现一处扣 0.2 分。1 分扣完为止。

【指标解读】

1）城市老旧房屋

建成于 2000 年以前、建设标准低、失修失养严重的房屋。列入老旧小区改造、棚户区改造的也属于老旧房屋的范畴。

2）安全隐患排查

《住房城乡建设部关于加强既有房屋使用安全管理工作的通知》（建质〔2015〕127 号）要求，建立房屋安全日常检查维护制度，房屋产权人和其委托的管理服务单位要定期对房屋安全进行检查，发现问题立即维修，对疑似存在安全隐患的应委托有资质的房屋安全鉴定机构进行鉴定，并告知当地住房城乡建设（房地产）主管部门。各级住房城乡建设（房地产）主管部门要督促房屋产权人和其委托的管理服务单位切实履行安全检查义务，对其报告的安全隐患鉴定结果及时进行确认，逐步建立本地区房屋安全管理档案，加强动态监管，有条件的地区可试行对超过设计使用年限的房屋实施强制定期检查制度。

3）按计划完成隐患整改

《住房城乡建设部关于加强既有房屋使用安全管理工作的通知》（建质〔2015〕127 号）要求，切实做好危险房屋整治工作，对经鉴定为危险房屋的，各地住房城乡建设（房地产）主管部门应按照有关规定，督促房屋产权人及时进行解危。各地要不断创新危房鉴定、解危的方式方法，加大资金投入，多方筹措，提高房屋维修资金的使用效率，保证危险房屋整治工作的顺利开展。对一些确实难以由产权人独自进行解危的，应集合政府、社会、产权人等各方力量，共同参与危险房屋改造工作。要结合本地区棚户区改造工作，将符合条件的城市危房纳入改造范围，优先安排改造。要加快研究探索房屋工程质量保险制度，通过市场化手段保障房屋使用安全。

【创建要点】

创建城市应制定城市老旧房屋隐患排查治理方案，建立城市老旧房屋隐患排查治理台账。

房屋使用安全涉及公共安全，房屋产权人作为房屋的所有权人，承担房屋使用安全主体责任，应当正确使用房屋和维护房屋安全。各地要强化宣传引导，提高产权人和使用人的主体责任意识和公共安全意识，减少影响和破坏房屋使用安全的行为，严禁擅自变动房屋主体和承重结构、改变阳台用途等装修行为，有效履行房屋维修保养义务。要督促房屋产权人和其委托的管理服务单位加强房屋使用安全管理，加强日常巡视和监督，及时劝阻不当使用行为，对拒不整改或已造成房屋损坏的，要立即报告当地住房城乡建设（房地产）主管部门依法处理。

【创建实例】

实例1

福安市城市管理局开展房屋结构安全隐患排查"回头看"工作（发布时间：2022 – 05 – 26）

连日来，福安市城市管理局组织人员督查指导上白石镇、范坑乡房屋结构安全隐患排查"回头看"工作。据了解，至5月底前重点排查以下房屋：一是2022年前已排查的经营性自建房，特别是位于学校、工业区周边、城乡接合部、城中村以及用于培训机构的经营性自建房。二是2022年以来新投用的经营性自建房。根据摸排登记造册的信息，工作人员每到一处，特别是对已建50年的老房屋及经营性自建房，提出技术指导意见，要求该封房的，第一时间清人、停用、封房；该加固的，及时加固；该拆除的，坚决拆除。安全第一，预防为主。

实例2

在册危房应治尽治　增进百姓民生福祉（发布时间：2021 – 12 – 23）

为实现"在册危房，应治尽治"的目标，2019年出台的《南京市城市危险房屋消险治理专项工作方案》明确，用3年时间完成全市在册危房治理任务。特别是2020年，全市齐心协力、攻坚克难，完成了406幢在册危房治理任务，向市民交出了一份满意的答卷。

2021 年，我市治理新增在册危房 85 幢。截至目前，今年 85 幢危房治理目标任务已全部完成，总建筑面积 6.24×10^4 m^2，惠及 1500 余户群众。

【评价内容 3】

开展户外广告牌、灯箱隐患排查，按计划完成隐患整改。

【评分标准】

未开展户外广告牌、灯箱隐患排查的，扣 1 分；未按整改方案和计划完成隐患整改的，每发现一处扣 0.2 分。1 分扣完为止。

【指标解读】

1）户外广告

户外广告设施包括在城市建（构）筑物、交通工具等载体的外部空间，城市道路及各类公共场地，以及城市之间的交通干道边设置（安装、悬挂、张贴、绘制、放送、投映等）的各种形式的商业广告、公益广告设施。

2）隐患排查

《城市户外广告和招牌设施技术标准》（CJJ/T 149—2021）要求，应加强户外广告和招牌设施的投放、保养、维修、安全检查、更换、拆除、信息管理等日常管理工作，并应制定灾害性天气应急预案。在气候环境突变时，必须加强对户外广告和招牌设施的检查，并采取安全防护措施。

户外广告设施在设置期内，应每年进行安全检测。户外招牌设施在设置期内，宜每年进行安全检测。当发现户外广告和招牌设施有可能存在重大安全隐患时应进行安全检测。安全检测结果不符合规定的，应立即拆除或整改，整改后应重新进行安全检测。达到设计工作年限的，应予以拆除。

【创建要点】

创建城市应全面摸清城市户外广告设施的设置情况，分类逐一建立台账。依据广告设置规划和详细规划制定城市户外广告设施整治提升方案，建立健全城市户外广告设施长效管控机制，落实日常监管责任，加强监督检查。

户外广告设施的设置者是设施的安全责任人。设置者必须加强对户外广告设施的日常管理和维护保养工作。在气候环境突变时应加强检查并采取安全防护措施。

《城市市容市貌干净整洁有序安全标准（试行）》（建督〔2020〕104 号）规定，户外广告设施和招牌设置牢固可靠，有抗风压、防坠落、防雷击措施，不得直接安装在易燃物体上。及时拆除过期和废弃户外广告设施和招牌。

【创建实例】

排查户外广告牌 1.6 万余个，保障市民"头顶上的安全"（发布时间：2022 - 05 - 11）

2022年5月11日，为避免广告牌掉落造成安全隐患，全市（广州市）共出动人员约1.4万人次，排查户外广告招牌设施1.6万余个，发现并整治安全隐患500余项；此外，市城管部门还组织对水浸点、低洼地设置的涉电户外广告和招牌进行拉网式排查，发现存在涉电风险隐患的，果断采取断电措施。

3.2.4　自然灾害

1. 气象、洪涝灾害

【评价内容1】

水文监测预警系统正常运行。

【评分标准】

水文站的水文监测预警系统未正常运行的，每发现一处扣0.2分，0.4分扣完为止。

【指标解读】

《中华人民共和国水文条例》（国务院令第496号）要求加强水文系统监测预报：

（1）从事水文监测活动应当遵守国家水文技术标准、规范和规程，保证监测质量。未经批准，不得中止水文监测。国家水文技术标准、规范和规程，由国务院水行政主管部门会同国务院标准化行政主管部门制定。

（2）水文监测所使用的专用技术装备应当符合国务院水行政主管部门规定的技术要求。水文监测所使用的计量器具应当依法经检定合格。水文监测所使用的计量器具的检定规程，由国务院水行政主管部门制定，报国务院计量行政主管部门备案。

（3）水文机构应当加强水资源的动态监测工作，发现被监测水体的水量、水质等情况发生变化可能危及用水安全的，应当加强跟踪监测和调查，及时将监测、调查情况和处理建议报所在地人民政府及其水行政主管部门；发现水质变化，可能发生突发性水体污染事件的，应当及时将监测、调查情况报所在地人民政府水行政主管部门和环境保护行政主管部门。有关单位和个人对水资源动态监测工作应当予以配合。

（4）承担水文情报预报任务的水文测站，应当及时、准确地向县级以上人民政府防汛抗旱指挥机构和水行政主管部门报告有关水文情报预报。

《水文自动测报系统技术规范》（SL 61—2015）提出：

（1）水文自动测报系统由遥测站、中心站、中继站或集合转发站组成。获取降水量、蒸发量、水位（含地下水位、潮位）、流量、土壤墒情、风向、风速、气压、水质等水文要素，以及闸门开度、工程监视图像等信息。

（2）组建水文自动测报系统需使用的设备包括：传感器、固态存储器、通信设备、遥测终端机、中继机、集合转发终端、通信控制机、计算机及其外设和电源等主要设备，以及避雷装置、人工置数装置等。

系统运行管理应符合下列要求：

（1）日常维护。应保持机房和环境的整洁；定期或及时清理淤积在雨量器承雨器中的杂物以及水位测井进水口的水草、淤沙；清洁太阳能电池板；维护系统的工作环境；定期校核水位、雨量等数据准确度。

（2）定期检查。通常应在汛前、汛后对系统进行两次全面的检查维护。在系统投入运行后的前2~3年要适当增加定期检查次数。定期应对遥测站、中继站设备的运行状态进行全面检查和测试，发现和排除故障，更换存在问题的零部件。

（3）不定期检查。应根据具体情况而定，包括专项检查和检修，或全面检查。

（4）维护。野外站一旦出现故障，应由中心站或维护分中心派人排除。中心站或维护分中心应储备必要的备件和配备专用车船，尽快更换部件、排除故障。完成维护任务后应把故障部件、性质、排除故障时间等记入维护档案。

《城市水文监测与分析评价技术导则》（SL/Z 572—2014）规定，城市水文站网宜由降水量站、蒸发站、水位站、流量站、地下水站、水质站、水生态站、水文实验站等组成。城市河流洪水预报应执行《水文情报预报规范》（GB/T 22482—2008）的有关规定，内涝预报内容包括积水位置、积水深度、积水时间及积水范围等。

【创建要点】

创建城市应建立水文自动测报系统站点台账，包含水系、河名、站名、站别、断面地点、监测项目等信息。说明水文监测系统建设运行情况。

水文监测系统建设应以先进测报技术和网络技术为支撑，通过系统建设达到提高水文测报自动化水平，改善测验人员的工作条件，减轻劳动强度的目的。确保设施设备先进可靠，测验精度满足规范要求，水雨情信息采集及时准确。

雨量站仪器设备配置应按自动采集、长期自记、自动传输的标准进行建设。雨量站建设一般可采用杆式雨量装置，有条件的测站按降水量观测规范的要求建设雨量观测场地。

水位站应按"无人值守、有人看护、巡测管理"模式进行建设，新建和改建的水位站应实现水位数据自动采集、长期自记、自动传输。

水位观测设施应包括固定水尺和水位观测平台。水位观测平台应根据测站的河床地形条件、水位变幅、河道冲淤变化、水位传感器原理等情况，建设水位测井、水位计支架（水位计塔）或水位计管道等设施。

【创建实例】

临沧市积极做好水文和气象监测预报预警工作（发布时间：2021 - 08 - 02）

进入汛期，市水文水资源局也进入了 24 h 值班值守状态，通过实时雨水情接收系统，收集全市 32 个水文（水位）站、207 个雨量站实时监控及采集的数据并进入在线整编系统进行分析整编。同时，该局根据在线整编系统，自主研发了在线整编遥测数据接受处理系统、在线整编成果实时应用系统两个系统，根据实时雨水情情况及降水数值预报，利用中国洪水预报系统，及时开展洪水预警预报工作。

【评价内容2】

气象灾害预警信息公众覆盖率＞90% 。

【评分标准】

气象灾害预警信息公众覆盖率低于90% 的，扣0.6 分。

【指标解读】

1）气象灾害预警信息（气象灾害预警信号）

《气象灾害预警信号发布与传播办法》（中国气象局令第 16 号）规定，气象灾害预警信号，是指各级气象主管机构所属的气象台站向社会公众发布的预警信息。气象灾害预警信号由名称、图标、标准和防御指南组成，分为台风、暴雨、暴雪、寒潮、大风、沙尘暴、高温、干旱、雷电、冰雹、霜冻、大雾、霾、道路结冰等。

气象灾害预警信号的级别依据气象灾害可能造成的危害程度、紧急程度和发展态势一般划分为四级：Ⅳ级（一般）、Ⅲ级（较重）、Ⅱ级（严重）、Ⅰ级（特别严重），依次用蓝色、黄色、橙色和红色表示，同时以中英文标识。根据不同种类气象灾害的特征、预警能力等，确定不同种类气象灾害的预警信号级别。

《气象灾害防御条例》（2010 年 1 月 20 日国务院令第 570 号发布，根据 2017 年 10 月 7 日国务院令第 687 号修正）要求，各级气象主管机构所属的气象台站应当按照职责向社会统一发布灾害性天气警报和气象灾害预警信号，并及时向有关灾害防御、救助部门通报；其他组织和个人不得向社会发布灾害性天气警报和气象灾害预警信号。

广播、电视、报纸、电信等媒体应当及时向社会播发或者刊登当地气象主管机构所属的气象台站提供的适时灾害性天气警报、气象灾害预警信号，并根据当地气象台站的要求及时增播、插播或者刊登。

2）公众覆盖率

气象灾害预警信息公众覆盖率的计算方法，可参照《一种预警信息发布综合人口覆盖率计算方法》（申请公布号：CN111611527A），通过当地电视发布预警信息覆盖率、广播发布预警信息覆盖率、互联网发布预警信息覆盖率、全网短信发布预警信息覆盖率、公众终端发布预警信息覆盖率的状态定量客观地计算预警信息发布覆盖率。

【创建要点】

《气象灾害防御条例》（2010年1月20日国务院令第570号发布，根据2017年10月7日国务院令第687号修正）要求，县级以上地方人民政府应当建立和完善气象灾害预警信息发布系统，并根据气象灾害防御的需要，在交通枢纽、公共活动场所等人口密集区域和气象灾害易发区域建立灾害性天气警报、气象灾害预警信号接收和播发设施，并保证设施的正常运转。

乡（镇）人民政府、街道办事处应当确定人员，协助气象主管机构、民政部门开展气象灾害防御知识宣传、应急联络、信息传递、灾害报告和灾情调查等工作。

各级气象主管机构应当做好太阳风暴、地球空间暴等空间天气灾害的监测、预报和预警工作。

【创建实例】

从单一的天气预报到全面覆盖，深圳气象向精细化、智能化和现代化迈进（发布时间：2020 - 08 - 31）

气象灾害预警信息时效是气象领域重点攻关的一个难题，为了提高时效，近年来，深圳气象不断提升信息传输速率和覆盖面，以"互联网＋"和大数据理念重构预警短信发布系统，实现一个半小时内即可覆盖包括漫游用户在内的2200万用户，预警信息公众覆盖率也从2012年的80%，提升到如今的100%。

【评价内容3】

开展城市洪水、内涝风险和隐患排查。

【评分标准】

未编制洪水风险图的，扣0.5分。

未开展城市洪水、内涝风险隐患排查的，扣0.5分；未按整改方案和计划完成隐患整改的，每发现一处扣0.1分。0.5分扣完为止。

【指标解读】

1）洪水风险图

洪水风险图是直观反映洪水可能淹没区域、洪水风险要素空间分布特征或洪水风险管理信息的地图。

《洪水风险图编制导则》（SL 483—2017）规定，基本洪水风险图应包含基础地理信息、水利工程信息、洪水风险要素及其他相关信息。其中基础地理信息包括行政区界、居民地、主要河流、湖泊、主要交通道路、桥梁、医院、学校以及供水、供气、输变电等基础设施等。水利工程信息包括水文测站、水库、堤防、跨河工程、水闸、泵站等工程信息。洪水风险要素包括淹没范围、淹没水深、洪水流速、到达时间、淹没历时、洪水损失等。

2）城市洪水风险和隐患排查

《中华人民共和国防汛条例》（国务院令第86号）要求，各级防汛指挥部应当在汛前对各类防洪设施组织检查，发现影响防洪安全的问题，责成责任单位在规定的期限内处理，不得贻误防汛抗洪工作。

各有关部门和单位按照防汛指挥部的统一部署，对所管辖的防洪工程设施进行汛前检查后，必须将影响防洪安全的问题和处理措施报有管辖权的防汛指挥部和上级主管部门，并按照该防汛指挥部的要求予以处理。

各级地方人民政府必须对所管辖的蓄滞洪区的通信、预报警报、避洪、撤退道路等安全设施，以及紧急撤离和救生的准备工作进行汛前检查，发现影响安全的问题，及时处理。

山洪、泥石流易发地区，当地有关部门应当指定预防监测员及时监测。雨季到来之前，当地人民政府防汛指挥部应当组织有关单位进行安全检查，对险情征兆明显的地区，应当及时把群众撤离。

风暴潮易发地区，当地有关部门应当加强对水库、海堤、闸坝、高压电线等设施和房屋的安全检查，发现影响安全的问题，及时处理。

在汛期，河道、水库、水电站、闸坝等水工程管理单位必须按照规定对水工程进行巡查，发现险情，必须立即采取抢护措施，并及时向防汛指挥部和上级主管部门报告。其他任何单位和个人发现水工程设施出现险情，应当立即向防汛指挥部和水工程管理单位报告。

3）城市内涝风险和隐患排查

城市内涝是指由于强降水或连续性降水超过城市排水能力致使城市内产生积水灾害的现象。

《城镇排水与污水处理条例》（国务院令第641号）规定，城镇排水主管部门应当按照国家有关规定建立城镇排涝风险评估制度和灾害后评估制度，在汛前对城镇排水设施进行全面检查，对发现的问题，责成有关单位限期处理，并加强城镇广场、立交桥下、地下构筑物、棚户区等易涝点的治理，强化排涝措施，增加必要的强制排水设施和装备。

城镇排水设施维护运营单位应当按照防汛要求，对城镇排水设施进行全面检查、维护、清疏，确保设施安全运行。

在汛期，有管辖权的人民政府防汛指挥机构应当加强对易涝点的巡查，发现险情，立即采取措施。有关单位和个人在汛期应当服从有管辖权的人民政府防汛指挥机构的统一调度指挥或者监督。

《城镇内涝防治技术规范》（GB 51222—2017）规定，城镇内涝防治系统应包括源头减排、排水管渠和排涝除险等工程性设施，以及应急管理等非工程性措施，并与防洪设施相衔接。

【创建要点】

创建城市应建立河道堤防险工险段情况、防洪排涝工程病险情况统计台账，编制年度排水防涝和水务工程汛前检查情况报告。

《中华人民共和国防汛条例》（国务院令第 86 号）规定，在紧急防汛期，地方人民政府防汛指挥部必须由人民政府负责人主持工作，组织动员本地区各有关单位和个人投入抗洪抢险。所有单位和个人必须听从指挥，承担人民政府防汛指挥部分配的抗洪抢险任务。

《城镇排水与污水处理条例》（国务院令第 641 号）要求，县级以上地方人民政府应当根据当地降雨规律和暴雨内涝风险情况，结合气象、水文资料，建立排水设施地理信息系统，加强雨水排放管理，提高城镇内涝防治水平。

县级以上地方人民政府应当组织有关部门、单位采取相应的预防治理措施，建立城镇内涝防治预警、会商、联动机制，发挥河道行洪能力和水库、洼淀、湖泊调蓄洪水的功能，加强对城镇排水设施的管理和河道防护、整治，因地制宜地采取定期清淤疏浚等措施，确保雨水排放畅通，共同做好城镇内涝防治工作。

《城镇内涝防治技术规范》（GB 51222—2017）规定，暴雨前、暴雨期间和暴雨后，应及时清理和疏通被堵塞的城镇道路雨水口、排水管道和排放口。当遭遇内涝灾害后，应按照原标准或规划的新标准对毁坏的内涝防治设施进行修复或重建。

【创建实例】

实例 1

中卫沙坡头：联合水务部门开展洪涝风险隐患排查（发布时间：2021 - 06 - 08）

2021 年 6 月 2—7 日，宁夏回族自治区中卫市沙坡头区气象局联合区水务局开展为期一周的洪涝风险隐患排查工作，逐乡、逐村、逐景区、逐企业、逐路段核定危险区和隐患点，并确定避险人员名单和责任人，确保做到责任清、对象明。

实例 2

金华市洪水风险图市级汇总平台上线试运行（发布时间：2020 - 05 - 09）

据水文气象预测，今年汛期金华市气象形势复杂，气候状态总体偏差，水旱灾害防御形势严峻。金华市全力备战，积极推动洪水风险图市级汇总平台上线试运行。

一是未雨绸缪，全力备战。为更好地应对洪涝台灾害，进一步提高防汛指挥决策水平，不断完善和加强防汛应急体系，提速搭建全市洪水风险管理平台，抢在汛期前上线试运行。平台以汛情监测数据为核心依托，融合水利行业内外数据，通过大数据计算对当前防汛信息关联、抽取、分析从而达到对汛期进行分析、预测预警和态势感知。

二是新"防御网"全面铺开。针对不同防汛场景，搭建防汛大屏、流域一张图大屏、水雨情大屏、实时监测大屏，洪水风险分析大屏等模块，既满足防汛指挥调度的参谋需求，又满足工作人员日常办公和汛期值班等工作需求。尤其是在汛期，平台综合全市降水、河道水库站、堤防等信息，通过警铃提示超警戒情况，让防汛人员对汛情有数，防汛有据。

三是智慧防控，全程服务。洪水风险图市级汇总平台各模块以图表为组件，通过地图与图表结合，将数据由单一的数字转化为动态可视化图标，在将实时数据动态展示给防汛人员，便于查询各时段各区域、流域的水雨情等信息；此外，平台还可根据水位发展情况，自动分析计算风险态势，评估风险等级，以"测、防、报"为主线，为水旱灾情防御提供全程技术支撑。

【评价内容4】

易燃易爆场所安装雷电防护装置并定期检测。

【评分标准】

易燃易爆场所未按照《建筑物防雷设计规范》（GB 50057—2010）、《石油化工装置防雷设计规范》（GB 50650—2011）等要求安装雷电防护装置的，或未定期检测的，每发现一处扣0.2分，1分扣完为止。

【指标解读】

1）易燃易爆场所

生产、储存、经营易燃易爆危险品的厂房和装置、库房、储罐（区）、商店、专用车站和码头，可燃气体储存（储配）站、充装站、调压站、供应站、加油加气站等。

2）雷电防护装置

用于减少闪击击于建（构）筑物上或建（构）筑物附近造成的物质性损害和人身伤亡，由外部防雷装置和内部防雷装置组成。

外部防雷装置由接闪器、引下线和接地装置组成，内部防雷装置由防雷等电位连接和与外部防雷装置的间隔距离组成。

雷电防护装置应符合《建筑物防雷设计规范》（GB 50057—2010）、《石油化工装置防雷设计规范》（GB 50650—2011）等的要求。

3）定期检测

《建筑物防雷装置检测技术规范》（GB/T 21431—2015）规定，建筑物防雷装置检测分为首次检测和定期检测。首次检测分为新建、改建、扩建建筑物防雷装置施工过程中的检测和投入使用后建筑物防雷装置的第一次检测。定期检测是按规定周期进行的检测。

新建、改建、扩建建筑物防雷装置施工过程中的检测，应对其结构、布置、形状、材料规格、尺寸，连接方法和电气性能进行分阶段检测。投入使用后建筑物防雷装置的第一次检测应按设计文件要求进行检测。

具有爆炸和火灾危险环境的防雷建筑物检测间隔时间为 6 个月，其他防雷建筑物检测间隔时间为 12 个月。

检测报告按《建筑物防雷装置检测技术规范》（GB/T 21431—2015）中 8.1 和 8.2 的规定填写，检测员和校核员签字后，经技术负责人签发，应加盖检测单位检测专用章。检测报告不少于两份，一份送受检单位，一份由检测单位存档。存档应有纸质和计算机存档两种形式。

【创建要点】

创建城市应建立易燃易爆场所防雷检测统计台账，包含单位名称、单位地址、最新检测报告结论、检测机构等信息。

《气象灾害防御条例》（2010 年 1 月 20 日国务院令第 570 号发布，根据 2017 年 10 月 7 日国务院令第 687 号修正）要求，各类建（构）筑物、场所和设施安装雷电防护装置应当符合国家有关防雷标准的规定。新建、改建、扩建建（构）筑物、场所和设施的雷电防护装置应当与主体工程同时设计、同时施工、同时投入使用。

投入使用后的防雷装置实行定期检测制度。防雷装置应当每年检测一次，对爆炸和火灾危险环境场所的防雷装置应当每半年检测一次。

防雷装置检测机构对防雷装置检测后，应当出具检测报告。不合格的，提出整改意见。被检测单位拒不整改或者整改不合格的，防雷装置检测机构应当报告当地气象主管机构，由当地气象主管机构依法作出处理。

防雷装置所有人或受托人应当指定专人负责，做好防雷装置的日常维护工作。发现防雷装置存在隐患时，应当及时采取措施进行处理。

【创建实例】

绍兴市越城区区气象局三举措把好易燃易爆场所防雷安全关（发布时间：2021－07－12）

一是"地毯式"排查。已完成全区 10 余家城镇燃气企业、60 余家加油加气站全覆盖防雷安全大检查，排查防雷安全设施及应急预案到位情况，共发现问题企业4家，并已提出整改意见。二是"数字化"赋能。建立易燃易爆企业"一企一码"档案库，完善易燃易爆企业基本情况和安全管理情况，形成规范统一、完整齐备的电子信息档案，提升防雷监管数字化，目前完成40余家相关企业档案入库。三是"靶向式"预警。完成城镇燃气、加油加气站等易燃易爆场所企业联络员名单梳理，纳入雷电预警信号直通式发布名单库，确保高影响性天气"靶向式"精准预警。

2. 地震、地质灾害

【评价内容1】

开展城市活动断层探测。

【评分标准】

未开展城市活动断层探测的，扣0.2分。

【指标解读】

活动断层探测

《活动断层探测》（GB/T 36072—2018）规定，活动断层探测是利用地质与地球物理方法综合确定活动断层位置和产状，获取晚第四纪活动性质、幅度、时代、滑动速率及大地震复发间隔等参数的技术过程。活动断层探测包括活动断层探查、鉴定、定位、地震危险性评价和数据库建设等内容。主要成果包括成果图件、技术报告和数据库。

【创建要点】

创建城市应提供城市活动断层探测工作开展的方案、过程性和成果性说明材料。

《城市活动断层探测管理办法（试行）》（中震防发〔2013〕23号）规定，承担城市活动断层探测任务的单位应当依法取得甲级或乙级地震安全性评价资质证书。其中，城区人口100万以上或投资800万以上的必须由甲级地震安全性评价资质单位承担。

城市活动断层探测工作应当严格执行《活动断层探测》（GB/T 36072—2018）等有关技术标准和规范，并根据投资额和地质构造背景，择优选取探测手段，合理设计技术方案。

承担城市活动断层探测的单位在工作结束后，应当编制城市活动断层探测报告，并将报告报送有关地震工作主管部门或者机构进行技术审查。

地震安全性评审组织应当按照活动断层探测与地震危险性评价相关技术规范和标准，对城市活动断层探测报告的基础资料、技术途径和评价结果等进行审查，形成评审意见。

城市地震工作主管部门应及时将报告成果报送当地人民政府，会同有关部门促进成果使用。

【创建实例】

济南市加快推进城市活动断层探测工作（发布时间：2020 – 10 – 15）

国内外大量地震灾害实例表明，活动断裂不仅是产生地震的根源，也是加重地震灾害的元凶。市委、市政府在推进城市安全发展的实施意见中明确提出，开展地震风险普查及防控，强化城市活动断层探测，科学避让活动断层和采空区。市地震监测中心在已完成主城区 350 km² 活动断层探测基础上，本着先急后缓原则，陆续启动辖区内地震危险性较高、可能影响城市规划的断裂进行活动性探测和危险性分析。

尤其是济莱区划调整后，济南市市域面积已达 10244 km²，城镇开发边界范围已达 2000 km²。根据既有资料判断，莱芜区、钢城区及其附近发育有纵横交错多条断裂，其中存在多条晚更新世活动断裂，并且沿着某些晚更新世活动断裂存在地基不均匀性沉降和地裂缝问题，将对城市规划和建设产生严重影响。

鉴于此，市地震监测中心于 2020 年先期开展了"济南市莱芜区、钢城区断裂探测与活动性评价"工作，对严重影响城市规划、建设的泰山山前断裂、铜冶店—孙祖断裂北段、莲花山断裂等断裂进行探查，查明这些断裂的准确走向，评价其活动性、危险性、危害性和工程影响，并根据断裂的发育情况和活动特征，有针对性地提出建议措施，为城市规划、重大建设工程"避让"活动断裂等防震减灾工作、城市安全发展提供科学依据。

目前，"济南市莱芜区、钢城区断裂探测与活动性评价"工作已完成了项目招标，地形地貌调查、标准孔勘探、地震地质调查等现场工作正在有序开展中。下一步，我们将继续推进"城市活动断层探测"工作，对辖区内地震风险较高的长清断裂、泰山西麓断裂、樱桃园断裂等进行详细探查。

【评价内容2】

开展老旧房屋抗震风险排查、鉴定和加固。

【评分标准】

未开展老旧房屋抗震风险排查、鉴定和加固工作的，扣0.3分。

【指标解读】

1）抗震风险排查

主要是对老旧房屋的抗震设防等级是否符合标准、是否存在装修改造破坏房屋抗震性能（抗震构件）的情况、是否进行抗震鉴定、不符合标准的是否采取有效抗震加固措施、其他可能引发抗震风险事故的情况进行的隐患排查工作。

2）抗震鉴定

抗震鉴定是通过检查现有建筑的设计、施工质量和现状，按规定的抗震设防要求，对其在地震作用下的安全性进行评估，为抗震加固或采取其他抗震减灾对策提供依据。

《建筑抗震鉴定标准》（GB 50023—2009）规定，抗震鉴定应包括下列内容及要求：

（1）搜集建筑的勘察报告、施工和竣工验收的相关原始资料；当资料不全时，应根据鉴定的需要进行补充实测。

（2）调查建筑现状与原始资料相符合的程度、施工质量和维护状况，发现相关的非抗震缺陷。

（3）根据各类建筑结构的特点、结构布置、构造和抗震承载力等因素，采用相应的逐级鉴定方法，进行综合抗震能力分析。

（4）对现有建筑整体抗震性能作出评价，建筑结构抗震鉴定的结果分为五个等级：合格、维修、加固、改变用途和更新。对符合抗震鉴定要求的建筑应说明其后续使用年限，对不符合抗震鉴定要求的建筑提出相应的抗震减灾对策和处理意见。

《建筑抗震加固建设标准》（建标 158—2011）要求，抗震鉴定报告应严格依据国家强制性标准的规定，对建筑后续使用年限内的下列问题作出明确的结论：

（1）建筑的结构体系，是否具备该地区抗震设防烈度和该建筑设防类别所要求的综合抗震能力。

（2）建筑安全的承载，即在正常使用荷载作用下，其结构的承载能力是否满足安全使用的要求。

（3）建筑应进行加固的范围和内容。

《中华人民共和国防震减灾法》要求，已经建成的下列建设工程，未采取抗震设防措施或者抗震设防措施未达到抗震设防要求的，应当按照国家有关规定进行抗震性能鉴定，并采取必要的抗震加固措施：

（1）重大建设工程。

（2）可能发生严重次生灾害的建设工程。

（3）具有重大历史、科学、艺术价值或者重要纪念意义的建设工程。

（4）学校、医院等人员密集场所的建设工程。

（5）地震重点监视防御区内的建设工程。

《建筑抗震加固建设标准》（建标 158—2011）要求，对下列建筑应优先安排抗震性能鉴定，并对不符合要求的建筑进行抗震加固：

（1）属于特殊设防类和重点设防类的建筑。

（2）地震重点监视防御区标准设防类的建筑。

（3）具有重大历史、科学、艺术价值或重要纪念意义的建筑。

3）抗震加固

抗震加固是使现有建筑达到抗震鉴定的要求所进行的设计及施工。

《建筑抗震加固建设标准》（建标 158—2011）规定建筑的抗震加固设计，应符合下列要求：

（1）结构的综合抗震能力，应能满足现行国家标准《建筑抗震鉴定标准》（GB 50023—2009）的要求，并满足正常荷载下安全使用的要求。

（2）结构的整体性，应通过系统地采取拉结、锚固、增设支撑和抗震墙等措施，而得到应有的加强。

（3）具有安全可靠的逃生、疏散通道。

建筑的抗震加固施工，应符合下列要求：

（1）应按照加固设计方案，制定完善的施工方案。

（2）施工中应采取避免或减少损伤原结构的措施。

（3）施工中若发现原结构或相关工程的隐蔽部位有严重缺陷或损伤时，应立即停止施工，在会同加固设计单位采取有效措施处理后，方可继续施工。

（4）结构已经存在的损伤部位，特别是遭受地震灾害的受损部位，应先进行修补或采取增强措施。

（5）结构加固施工应有可靠的安全措施。

抗震加固及施工，应符合《建筑抗震加固技术规程》（JGJ 116—2009）等国家现行有关标准、规范的规定。

【创建要点】

创建城市应制定老旧房屋抗震风险排查、鉴定和加固方案，建立老旧房屋抗震风险排查、鉴定和加固项目台账，明确鉴定结论、处置措施及进度。

创建城市应开展老旧房屋抗震风险排查、鉴定和加固工作，开展城市房屋建筑抗震能力普查工作，摸清地震灾害易发区未抗震设防及抗震设防能力不足的城镇住宅底数，建立城镇住宅抗震管理信息系统。

通过棚户区改造、抗震加固等，加快对抗震能力严重不足住房的拆除和改造。加快实施地震易发区房屋设施和老旧房屋加固工程，有计划分步骤对危房进行人员紧急搬迁或采取抗震加固措施，逐步解决部分老旧房屋抗震隐患，提升城市房屋抗震防灾水平。

【创建实例】

成都市住房和城乡建设局关于组织开展城镇既有房屋安全隐患及抗震风险排查和鉴定加固工作的通知（成住建发〔2020〕210号）（发布时间：2020－06－16）

【评价内容3】

按抗震设防要求设计和施工学校、医院等建设工程。

【评分标准】

新建、改建学校、医院等人员密集场所的建设工程，未按照《建筑工程抗震设防分类标准》（GB 50223—2008）规定进行抗震设防设计和施工的，每发现一处扣0.1分，0.3分扣完为止；其他新建、改建、扩建工程未达到抗震设防要求的，每发现一处扣0.1分，0.2分扣完为止。

【指标解读】

抗震设防要求

抗震设防分类是根据建筑遭遇地震破坏后，可能造成人员伤亡、直接和间接经济损失、社会影响的程度及其在抗震救灾中的作用等因素，对各类建筑所做的设防类别划分。

《建筑工程抗震设防分类标准》（GB 50223—2008）规定，建筑工程应分为特殊设防类（甲类）、重点设防类（乙类）、标准设防（丙类）、适度设防类（丁类）四个抗震设防类别。

人员密集场所的抗震设防类别，应符合下列规定：

（1）医疗建筑的抗震设防类别，应符合下列规定：①三级医院中承担特别重要医疗任务的门诊、医技、住院用房，抗震设防类别应划为特殊设防类；②二、三级医院的门诊、医技、住院用房，具有外科手术室或急诊科的乡镇卫生院的医疗用房，县级及以上急救中心的指挥、通信、运输系统的重要建筑，县级及以上的独立采供血机构的建筑，抗震设防类别应划为重点设防类；③工矿企业的医疗建筑，可比照城市的医疗建筑示例确定其抗震设防类别。

（2）体育建筑中，规模分级为特大型的体育场，大型、观众席容量很多的中型体育场和体育馆（含游泳馆），抗震设防类别应划为重点设防类。

（3）文化娱乐建筑中，大型的电影院、剧场、礼堂、图书馆的视听室和报告厅、文化馆的观演厅和展览厅、娱乐中心建筑，抗震设防类别应划为重点设防类。

（4）商业建筑中，人流密集的大型的多层商场抗震设防类别应划为重点设防类。当商业建筑与其他建筑合建时应分别判断，并按区段确定其抗震设防类别。

（5）博物馆和档案馆中，大型博物馆，存放国家一级文物的博物馆，特级、甲级档案馆，抗震设防类别应划为重点设防类。

（6）会展建筑中，大型展览馆、会展中心，抗震设防类别应划为重点设防类。

（7）教育建筑中，幼儿园、小学、中学的教学用房以及学生宿舍和食堂，抗震设防类别应不低于重点设防类。

（8）高层建筑中，当结构单元内经常使用人数超过 8000 人时，抗震设防类别宜划为重点设防类。

各抗震设防类别建筑的抗震设防标准，应符合下列要求：

（1）标准设防类，应按本地区抗震设防烈度确定其抗震措施和地震作用，达到在遭遇高于当地抗震设防烈度的预估罕遇地震影响时不致倒塌或发生危及生命安全的严重破坏的抗震设防目标。

（2）重点设防类，应按高于本地区抗震设防烈度一度的要求加强其抗震措施；但抗震设防烈度为 9 度时应按比 9 度更高的要求采取抗震措施；地基基础的抗震措施，应符合有关规定。同时，应按本地区抗震设防烈度确定其地震作用。

（3）特殊设防类，应按高于本地区抗震设防烈度提高一度的要求加强其抗震措施；但抗震设防烈度为 9 度时应按比 9 度更高的要求采取抗震措施。同时，应按批准的地震安全性评价的结果且高于本地区抗震设防烈度的要求确定其地震作用。

（4）适度设防类，允许比本地区抗震设防烈度的要求适当降低其抗震措施，但抗震设防烈度为 6 度时不应降低。一般情况下，仍应按本地区抗震设防烈度确定其地震作用。

《中国地震局关于学校、医院等人员密集场所建设工程抗震设防要求确定原则的通知》（中震防发〔2009〕49 号）规定，学校、医院等人员密集场所建设工程抗震设防要求的确定原则如下：

（1）为了保证学校、医院等人员密集场所建设工程具备足够的抗御地震灾害的能力，按照《中华人民共和国防震减灾法》防御和减轻地震灾害，保护人民生命和财产安全，促进经济社会可持续发展的总体要求，综合考虑我国地震灾害背景、国家经济承受能力和要达到的安全目标等因素，参照国内外相关标准，以国家标准《中国地震动参数区划图》（GB 18306—2015）为基础，适当提高地震动峰值加速度取值，特征周期分区值不作调整，作为此类建设工程的抗震设防要求。

（2）学校、医院等人员密集场所建设工程的主要建筑应按上述原则提高地震动峰值加速度取值。其中，学校主要建筑包括幼儿园、小学、中学的教学用房以及学生宿舍和食堂，医院主要建筑包括门诊、医技、住院等用房。

提高地震动峰值加速度取值应按照以下要求：①位于地震动峰值加速度小于 $0.05g$ 分区的，地震动峰值加速度提高至 $0.05g$；②位于地震动峰值加速度 $0.05g$ 分区的，地震动峰值加速度提高至 $0.10g$；③位于地震动峰值加速度

0.10g 分区的，地震动峰值加速度提高至 0.15g；④位于地震动峰值加速度 0.15g 分区的，地震动峰值加速度提高至 0.20g；⑤位于地震动峰值加速度 0.20g 分区的，地震动峰值加速度提高至 0.30g；⑥位于地震动峰值加速度 0.30g 分区的，地震动峰值加速度提高至 0.40g；⑦位于地震动峰值加速度大于等于 0.40g 分区的，地震动峰值加速度不作调整。

【创建要点】

创建城市应编制建设工程执行抗震设防设计和施工的说明，建立新建、改建学校、医院等人员密集场所的建设工程台账，包含项目名称、建筑面积、地址、设防等级、审查合格时间、审图机构、形象进度等信息。

依据《中国地震动参数区划图》（GB 18306—2015）和《建筑抗震设计规范（2016 年版）》（GB 50011—2010）中附录 A，我国各县级及县级以上城镇地区建筑工程抗震设计时所采用的抗震设防烈度、设计基本地震加速度和设计地震分组，抗震设防烈度为 6 度以上地区的建筑，必须进行抗震设计。

建设单位对建设工程的抗震设计、施工的全过程负责。

设计单位应当按照抗震设防要求和工程建设强制性标准进行抗震设计，并对抗震设计的质量以及出具的施工图设计文件的准确性负责。

施工单位应当按照施工图设计文件和工程建设强制性标准进行施工，并对施工质量负责。

建设单位、施工单位应当选用符合施工图设计文件和国家有关标准规定的材料、构配件和设备。

工程监理单位应当按照施工图设计文件和工程建设强制性标准实施监理，并对施工质量承担监理责任。

【创建实例】

关于将学校、幼儿园、医院、养老院等建筑工程抗震设防（不含超限）专项审查并入施工图设计文件审查的通知（发布时间：2019 – 09 – 02）

我市（潍坊市）所有新建、改建或者扩建学校、幼儿园、医院、养老院等建设工程，其抗震设防均应满足现行国家规范标准要求，并按照《山东省建设工程抗震设防条例》的要求，在国家地震动参数区划图、地震小区划图、地震安全性评价结果的基础上提高一档确定。

【评价内容 4】

编制年度地质灾害防治方案，并按照计划实施。

【评分标准】

未编制上一年度地质灾害防治方案的，扣 1 分；未按照防治方案对地质灾害隐患点进行搬迁重建、工程治理的，每发现一处扣 0.2 分。1 分扣完为止。

【指标解读】

年度地质灾害防治方案

地质灾害是包括自然因素或者人为活动引发的危害人民生命和财产安全的山体崩塌、滑坡、泥石流、地面塌陷、地裂缝、地面沉降等与地质作用有关的灾害。

《地质灾害防治条例》（国务院令第394号）要求，县级以上地方人民政府国土资源主管部门会同同级建设、水利、交通等部门依据地质灾害防治规划，拟订年度地质灾害防治方案，报本级人民政府批准后公布。

年度地质灾害防治方案包括下列内容：

（1）主要灾害点的分布。

（2）地质灾害的威胁对象、范围。

（3）重点防范期。

（4）地质灾害防治措施。

（5）地质灾害的监测、预防责任人。

县级以上人民政府应当组织有关部门及时采取工程治理或者搬迁避让措施，保证地质灾害危险区内居民的生命和财产安全。

【创建要点】

创建城市应编制年度地质灾害防治方案和工作总结，建立年度地质灾害治理项目台账，包含项目名称、地址、治理措施、完成情况等信息。

《国务院关于加强地质灾害防治工作的决定》要求，地方各级人民政府要把地质灾害防治与扶贫开发、生态移民、新农村建设、小城镇建设、土地整治等有机结合起来，统筹安排资金，有计划、有步骤地加快地质灾害危险区内群众搬迁避让，优先搬迁危害程度高、治理难度大的地质灾害隐患点周边群众。要加强对搬迁安置点的选址评估，确保新址不受地质灾害威胁，并为搬迁群众提供长远生产、生活条件。

对一时难以实施搬迁避让的地质灾害隐患点，各地区要加快开展工程治理，充分发挥专家和专业队伍作用，科学设计，精心施工，保证工程质量，提高资金使用效率。各级国土资源、发展改革、财政等相关部门，要加强对工程治理项目的支持和指导监督。

【创建实例】

亳州市自然资源和规划局关于印发亳州市2022年度地质灾害防治方案的通知（发布时间：2022－05－25）

【评价内容5】

在地质灾害隐患点设置警示标志和采取自动监测技术。

【评分标准】

地质灾害隐患点未设置地质灾害警示标志，或未向受威胁的群众发放地质灾害防灾工作明白卡、地质灾害防灾避险明白卡和地质灾害危险点防御预案表的，每发现一处扣0.2分，0.6分扣完为止。

未对全市受威胁人数超过100人的地质灾害隐患点采取自动监测技术的，每发现一处扣0.2分，0.4分扣完为止。

矿产资源型城市未完成塌（沉）陷区治理的，扣0.5分。

【指标解读】

1）地质灾害隐患点

潜在的地质灾害点。通常指通过地面地质、地形和影响因素调查，初步推测可能会发生地质灾害的地点或区段。

隐患点的确定：由专业队伍对滑坡、崩塌、泥石流、地面塌陷、地裂缝等主要类型的地质灾害点进行调查的基础上确定；对群众通过各种方式报灾的点，由技术人员或专家组调查核实后确定；由日常巡查和其他工作中发现的有潜在变形迹象且对人员和财产构成威胁的地质灾害体，并经专业人员核实后确定。

隐患区的确定：居民点房前屋后高陡边坡的坡肩及坡脚地带；居民点邻近自然坡度大于25°的斜坡及坡脚地带；居民点上游汇水面积较大的沟谷及沟口地带；有居民点的江、河、海侵蚀岸坡的坡肩地段；其他受地质灾害潜在威胁的地带。

2）设置警示标志

《地质灾害防治条例》（国务院令第394号）要求，对出现地质灾害前兆、可能造成人员伤亡或者重大财产损失的区域和地段，县级人民政府应当及时划定为地质灾害危险区，予以公告，并在地质灾害危险区的边界设置明显警示标志。

《国务院关于加强地质灾害防治工作的决定》要求，遇台风、强降雨等恶劣天气及地震灾害发生时，要组织力量严密监测隐患发展变化；紧急情况下，当地人民政府、基层群测群防组织要迅速启动防灾避险方案，及时有序组织群众安全转移，并在原址设立警示标志，避免人员进入造成伤亡。

3）地质灾害防灾工作明白卡

地质灾害防灾工作明白卡是崩塌、滑坡、泥石流等地质灾害防灾工作明白卡的简称，是当地政府向地质灾害隐患点防治责任单位或责任人发放的落实防灾措施的卡片。

地质灾害防灾工作明白卡主要由三个方面的内容组成：一是地质灾害隐患点的基本情况，包括隐患点的位置、灾害的类型和规模、威胁对象和范围、引发地质灾害的主要因素等。二是监测预报的方法，包括监测的责任人、监测主要方法和手段、临灾预报判别的迹象等。三是应急避险组织，包括预定的撤离线路、安置地点、预警信号及信号的发布人、抢险单位和负责人、治安保卫单位和负责人、医疗救护单位和负责人等内容。

地质灾害防灾工作明白卡发放对象为地质灾害防治责任单位、相关责任单位和隐患点监测人员。

地质灾害防灾工作明白卡也是防灾责任书。防治责任单位或责任人要了解责任范围内基本情况、监测预报的方法和预警信号、应急避险组织方式，一旦发现地质灾害前兆，及时报告，及时预警，及时组织群众避险转移。

4）地质灾害防灾避险明白卡

地质灾害避险明白卡是崩塌滑坡泥石流等地质灾害避险明白卡的简称，是当地政府为提高广大群众防灾自救能力、有序开展避险转移，向地质灾害隐患上居民发放的记载有具体防灾措施的卡片。

地质灾害避险明白卡主要内容有：发生地质灾害灾险情时预警信号的形式（广播、敲锣、口哨、警报器）、预警信息由谁发布，每家每户在听到预警信号后安全的避险转移路线，转移后的临时安置地点等，还有与之相关的各户家庭信息、可能发生的地质灾害类型（崩塌、滑坡、泥石流）、本地质灾害隐患的监测人、责任人、联系方式等信息。

地质灾害避险明白卡须由受地质灾害威胁的住户签收，并张贴在醒目位置。

地质灾害避险明白卡是针对受地质灾害威胁的住户编制的专项应急避险预案。一旦发现地质灾害前兆，群众有及时报告的义务；出现灾险情或发布预警信号时，住户要按照卡片上标明的避险措施，迅速开展避险自救。

5）地质灾害危险点防御预案表

地质灾害危险点防御预案表应当载明地质灾害名称、位置、灾害类型、灾害规模及主要特征、影响因素、危害程度、灾害预报、防灾措施、主要单位、主要责任人等内容。

6）自动监测技术

对全市受威胁人数超过100人的地质灾害隐患点采取自动监测技术，实现"人防＋技防"监测模式，提升科学防灾水平。

《国务院关于加强地质灾害防治工作的决定》要求，加强监测预报预警：

（1）完善监测预报网络。各地区要加快构建国土、气象、水利等部门联合的监测预警信息共享平台，建立预报会商和预警联动机制。对城镇、乡村、学校、医院及其他企事业单位等人口密集区上游易发生滑坡、山洪、泥石流的高山峡谷地带，要加密部署气象、水文、地质灾害等专业监测设备，加强监测预报，确保及时发现险情、及时发出预警。

（2）加强预警信息发布手段建设。进一步完善国家突发公共事件预警信息发布系统，建立国家应急广播体系，充分利用广播、电视、互联网、手机短信、电话、宣传车和电子显示屏等各种媒体和手段，及时发布地质灾害预警信息。重点加强农村山区等偏远地区紧急预警信息发布手段建设，并因地制宜地利用有线广播、高音喇叭、鸣锣吹哨、逐户通知等方式，将灾害预警信息及时传递给受威胁群众。

（3）提高群测群防水平。地质灾害易发区的县、乡两级人民政府要加强群测群防的组织领导，健全以村干部和骨干群众为主体的群测群防队伍。引导、鼓励基层社区、村组成立地质灾害联防联控互助组织。对群测群防员给予适当经费补贴，并配备简便实用的监测预警设备。组织相关部门和专业技术人员加强对群测群防员等的防灾知识技能培训，不断增强其识灾报灾、监测预警和临灾避险应急能力。

7）矿产资源型城市

以本地区矿产、森林等自然资源开采、加工为主导产业的城市，包括地级市、地区等地级行政区和县级市、县等县级行政区。

8）塌（沉）陷区治理

对矿区开采造成地质塌陷区，要及时进行回填，同时划定塌陷区范围，禁止在塌陷区进行各种永久性建设。

《国家发展改革委关于印发〈采煤沉陷区综合治理专项管理办法（试行）〉的通知》（发改振兴规〔2016〕2739号）要求，拟申报中央预算内投资支持的采煤沉陷区，由所在地方人民政府编制采煤沉陷区综合治理实施方案。实施方案应明确采煤沉陷区具体地域范围、基本情况和实施综合治理的总体思路、目标任务、重点项目、保障措施，经所在省（区、市）发展改革委初审后报国家发展改革委，国家发展改革委委托工程咨询机构对实施方案进行评估，将评估认为符合条件的重点采煤沉陷区纳入中央预算内投资支持范围。有关地方根据评估意见修改完善实施方案，作为综合治理工程实施的指导和依据。

重点采煤沉陷区所在地方政府依据实施方案编制滚动投资计划和分年度项目计划，组织项目单位填报国家重大建设项目储备库，并就当年拟申报中央预算内投资支持的项目提交简要材料，说明项目实施主体、建设规模和内容、建设周期、总投资及资金来源和建设条件落实等情况，经所在省（区、市）发展改革委审核后报国家发展改革委。

【创建要点】

创建城市应说明在地质灾害隐患点设置警示标志和采取自动监测技术的具体情况，建立地质灾害隐患点台账，包含名称、类型、险情等级、地质环境背景条件及灾害特征、责任单位等信息。

县级以上人民政府国土资源主管部门应当会同建设、水利、交通等部门加强对地质灾害险情的动态监测。

由县级人民政府国土资源部门会同乡镇人民政府组织编制地质灾害防灾工作明白卡、地质灾害防灾避险明白卡。地质灾害防灾工作明白卡由乡镇人民政府发放防灾责任人,地质灾害防灾避险明白卡由隐患点所在村负责具体发放,并向所有持卡人说明其内容及使用方法,并对持卡人进行登记造册,建立两卡档案。

任何单位和个人不得侵占、损毁、损坏地质灾害监测设施。

【创建实例】

实例1

介休市92处地质灾害隐患点设立永久性警示标志牌(发布时间:2018-08-15)

介休市国土局对辖区内地质灾害隐患点警示标识进行统一规范设置,在全市92处地质灾害隐患点设立规格为120 cm×40 cm的永久性警示标志牌。

经过反复排查确认,我市地质灾害隐患点主要分布于境内西南、中部、东南,呈东北向西南展布,涉及张兰镇、连福镇、洪山镇、龙凤镇、绵山镇、义棠镇等6个乡镇55个行政村,地质灾害隐患点92处,其中,地面塌陷41处、不稳定斜坡30处、崩塌10处、滑坡6处、泥石流5处。此次安装永久性警示标志牌总投入4万元,采用不锈钢材质,设立地点确定为乡村居民区域、公路沿线、矿山开采区、各类学校周边、旅游景区等地质灾害危险区外围醒目位置。

实例2

福建省国土厅规范设立地质灾害警示标志(发布时间:2016-08-16)

日前,省国土资源厅下发通知《福建省国土资源厅关于进一步规范设立地质灾害警示标志的通知》(闽国土资综〔2016〕297号),对地质灾害警示标志的设立时间、设立人、设立的位置、标志内容、牌面尺寸以及标志撤销时间等作了具体规定,进一步规范全省地质灾害警示标志的设立。

实例3

入户发放地质灾害明白卡防灾避险早知道(发布时间:2022-04-21)

为了提高群众的防灾减灾意识,4月15日,靖远路社区开展地质灾害防治工作,组织工作人员入户发放地质灾害防灾避险明白卡。地质灾害防灾避险明白卡就是要明白地质灾害的类型、规模、地质灾害与住户的位置关系,以及住户在遇到地质灾害紧急情况时,撤离的路线、安置和救护的单位以及联系电话等。

实例4

万源市人民政府办公室关于印发《万源市2018年地质灾害防御预案》的通知(发布时间:2018-04-20)

实例 5

阿克苏建成 20 个地质灾害隐患自动化监测点（发布时间：2022 – 05 – 21）

建成 20 个地质灾害隐患自动化监测预警点是阿克苏地区 2022 年度提升地质灾害监测预警科技能力的重要内容，是关系到人民群众生命财产安全的重要民生工作，该项目由地区自然资源局牵头实施，新疆华光地质勘察有限公司具体实施。经过实地察看，102 台普适型地质灾害自动监测预警仪器目前完成安装进度达 100%，标志着阿克苏地区"建成 20 个地质灾害隐患自动化监测点"建设工作任务基本完成，6 月初可全面进入设备运行调试阶段。

此项工作较去年相比，大幅提高了监测仪器测量阈值精度，同时全面提升软件及操作系统，提升后能够更加准确地监测地质灾害风险变化，有效提高地质灾害风险预警能力。

实例 6

安徽省淮北市采煤沉陷区综合治理助推"矿山城市"向"公园城市"转变（发布时间：2020 – 09 – 30）

淮北市是一座典型的煤炭资源型城市，2009 年被列为第二批资源枯竭城市，2017 年被纳入国家首批采煤沉陷区综合治理工程试点。党的十八大以来，淮北市深入实践"绿水青山就是金山银山"理念，立足"中国碳谷·绿金淮北"发展定位，以采煤沉陷区综合治理为突破口，探索形成"深改湖，浅造田，不深不浅种藕莲""稳建厂，沉修路，半稳半沉栽上树"的治理模式，成功将昔日煤灰蔽日的"矿山城市"打造成山水在城中、城在山水中的"公园城市"，获评中华环境优秀奖、全国文明城市和国家森林城市，走出了一条可持续发展的转型之路。

3.3 城市安全监督管理

3.3.1 城市安全责任体系

1. 城市各级党委和政府的城市安全领导责任

【评价内容】

及时研究部署城市安全工作，将城市安全重大工作、重大问题提请党委常委会研究；领导班子分工体现安全生产"一岗双责"。

【评分标准】

市级党委和政府未及时研究部署城市安全工作的；市级政府未将城市安全重大工作、重大问题提请党委常委会研究的；市级党委未定期研究城市安全重大问题的；领导班子分工未体现安全生产"一岗双责"的；发现存在上述任何一处情况，扣 2 分。

【指标解读】

1）及时研究部署城市安全工作

《中共中央　国务院关于推进安全生产领域改革发展的意见》要求，地方各级党委要认真贯彻执行党的安全生产方针，在统揽本地区经济社会发展全局中同步推进安全生产工作，定期研究决定安全生产重大问题。

2）城市安全重大工作、重大问题提请党委常委会研究

《关于推进城市安全发展的意见》要求，全面落实城市各级党委和政府对本地区安全生产工作的领导责任、党政主要负责人第一责任人的责任，及时研究推进城市安全发展重点工作。

《地方党政领导干部安全生产责任制规定》要求，地方各级党委主要负责人要把安全生产纳入党委议事日程和向全会报告工作的内容，及时组织研究解决安全生产重大问题；县级以上地方各级政府主要负责人要把安全生产纳入政府重点工作和政府工作报告的重要内容，组织制定安全生产规划并纳入国民经济和社会发展规划，及时组织研究解决安全生产突出问题。

3）安全生产"一岗双责"

《地方党政领导干部安全生产责任制规定》要求，实行地方党政领导干部安全生产责任制，应当坚持党政同责、一岗双责、齐抓共管、失职追责，坚持管行业必须管安全、管业务必须管安全、管生产经营必须管安全。

地方各级党委和政府主要负责人是本地区安全生产第一责任人，班子其他成员对分管范围内的安全生产工作负领导责任。

地方各级党委主要负责人要把安全生产纳入党委常委会及其成员职责清单，督促落实安全生产"一岗双责"制度。

地方各级党委和政府领导班子及其成员在年度考核中，应当按照"一岗双责"要求，将履行安全生产工作责任情况列入述职内容。

【创建要点】

创建城市应收集整理市级政府研究部署城市安全工作的有关记录文件；市级政府提请党委常委会研究的城市安全重大工作、重大问题记录文件；市级党委定期研究决定城市安全重大问题的记录文件；体现安全生产"一岗双责"的领导班子分工文件。

各地要建立国家安全发展示范城市创建工作的组织领导机制，推动相关部门各司其职，强化人力、物力、财力等各项保障措施，协调解决创建工作中的重大问题。市级政府及时召开政府常务会议或专题会议，研究部署城市安全工作，将城市安全的重大工作、重大问题提请党委常委会研究。市级党委每年定期组织研究城市安全重大问题。

【创建实例】

实例1

咸宁：市委市政府专题研究部署安全生产工作（发布时间：2022 – 04 – 14）

近期，咸宁市召开市委常委会、市政府常务会，传达学习3月31日全国、全省、全市安全生产电视电话会议精神，重点学习了习近平总书记重要指示精神和李克强总理批示要求，听取全市安全生产工作情况汇报，专题研究部署贯彻落实具体措施，进一步树牢安全发展理念，压实安全生产责任链条。

实例2

市委常委会专题研究部署全市安全隐患大排查大整治工作（发布时间：2019 – 03 – 25）

2019年3月24日，省委常委、（无锡）市委书记李小敏主持召开第106次市委常委会，传达学习习近平总书记、李克强总理对响水"3·21"爆炸事故的重要指示批示精神，以及省委常委会、省政府常务会议精神，听取全市安全生产情况汇报，研究部署开展全市安全隐患大排查大整治工作。

实例3

福安市人民政府关于调整市政府班子成员安全生产"一岗双责"责任分工的通知（安政文〔2021〕283号）（发布时间：2021 – 11 – 17）

2. 各级各部门城市安全监管责任

【评价内容】

按照"三个必须"和"谁主管谁负责"原则，明确各有关部门安全生产职责并落实到部门工作职责规定中；各功能区明确负责安全生产监督管理的机构。

【评分标准】

市级政府未按照"三个必须"和"谁主管谁负责"原则，明确各行业领域主管部门安全监管职责分工的；相关部门的"三定"规定中，未明确安全生产职责的；各功能区未明确负责安全生产监督管理机构的；发现存在上述任何一处情况，扣2分。

【指标解读】

1）按照"三个必须"和"谁主管谁负责"原则，明确各有关部门安全生产职责并落实到部门工作职责规定中

《中共中央　国务院关于推进安全生产领域改革发展的意见》要求明确部门监管责任。按照"管行业必须管安全、管业务必须管安全、管生产经营必须管安全"和"谁主管谁负责"的原则，理清安全生产综合监管与行业监管的关系，明确各有关部门安全生产和职业健康工作职责，并落实到部门工作职责规定中。

安全生产监督管理部门（现为应急管理部门）负责安全生产法规标准和政策规划制定修订、执法监督、事故调查处理、应急救援管理、统计分析、宣传教育培训等综合性工作，承担职责范围内行业领域安全生产和职业健康监管执法职责。负有安全生产监督管理职责的有关部门依法依规履行相关行业领域安全生产和职业健康监管职责，强化监管执法，严厉查处违法违规行为。其他行业领域主管部门负有安全生产管理责任，要将安全生产工作作为行业领域管理的重要内容，从行业规划、产业政策、法规标准、行政许可等方面加强行业安全生产工作，指导督促企事业单位加强安全管理。党委和政府其他有关部门要在职责范围内为安全生产工作提供支持保障，共同推进安全发展。

2）"三定"规定

在安委会成员单位"三定"规定中应明确安全生产职责。

"三定"规定是政府所属各部门的主要职责、内设机构和人员编制等所作规定的简称。"三定"规定主要包括6部分内容：

（1）职责调整，即明确部门取消、划出移交、划入和增加以及加强的职责。

（2）主要职责，即规定部门的主要职能和相应承担的责任。

（3）内设机构，即确定部门内设机构的设置和具体职责。

（4）人员编制，即核定部门的机关行政编制数、部门和内设机构的领导职数。

（5）其他事项，即明确与有关部门的职责分工、部门派出机构和直属事业单位的机构编制事宜等。

（6）附则，即明确"三定"规定是由谁解释和调整的事宜。

3）功能区

《中共中央 国务院关于推进安全生产领域改革发展的意见》要求，完善各类开发区、工业园区、港区、风景区等功能区安全生产监管体制，明确负责安全生产监督管理的机构。

（1）开发区。

《中华人民共和国安全生产法》要求，开发区应当明确负责安全生产监督管理的有关工作机构及其职责，加强安全生产监管力量建设，按照职责对本行政区域或者管理区域内生产经营单位安全生产状况进行监督检查，协助人民政府有关部门或者按照授权依法履行安全生产监督管理职责。

《国务院办公厅关于完善国家级经济技术开发区考核制度促进创新驱动发展的指导意见》（国办发〔2016〕14号）要求，通过考核设置安全生产机构等方面情况，促进国家级经开区优化机构设置，创新社会治理机制。

（2）工业园区。

《化工园区安全风险排查治理导则（试行）》要求，负责化工园区管理的当地人民政府应明确承担园区安全生产和应急管理职责的机构。

（3）港区。

《中华人民共和国港口法》要求港口行政管理部门应当依法对港口安全生产情况实施监督检查。港口经营人必须依照《中华人民共和国安全生产法》等有关法律、法规和国务院交通主管部门有关港口安全作业规则的规定，加强安全生产管理，建立健全安全生产责任制等规章制度，完善安全生产条件，采取保障安全生产的有效措施，确保安全生产。

（4）风景区。

《风景名胜区管理条例》（国务院令第 474 号）规定，风景名胜区所在地县级以上地方人民政府设置的风景名胜区管理机构，负责风景名胜区的保护、利用和统一管理工作。风景名胜区管理机构应当建立健全安全保障制度，加强安全管理，保障游览安全，并督促风景名胜区内的经营单位接受有关部门依据法律、法规进行的监督检查。

根据《旅游区（点）质量等级的划分与评定》（GB/T 17775—2003），按照《服务质量与环境质量评分细则》的要求，景区应设有安全保护机构，并有健全的安全保护制度。

【创建要点】

创建城市应按照"管行业必须管安全、管业务必须管安全、管生产经营必须管安全"和"谁主管谁负责"原则，厘清安全生产综合监管与行业监管的关系，制修订安委会各成员单位安全生产工作职责（任务）分工相关文件，并在安委会成员单位"三定"规定中明确其安全生产职责。

明确市级以上开发区、工业园区、国家 4A 级以上旅游景区、港区等各功能区负责安全生产监督管理的机构。

《中共中央　国务院关于推进安全生产领域改革发展的意见》要求创建城市应完善监督管理体制。加强各级安全生产委员会组织领导，充分发挥其统筹协调作用，切实解决突出矛盾和问题。各级安全生产监督管理部门承担本级安全生产委员会日常工作，负责指导协调、监督检查、巡查考核本级政府有关部门和下级政府安全生产工作，履行综合监管职责。负有安全生产监督管理职责的部门，依照有关法律法规和部门职责，健全安全生产监管体制，严格落实监管职责。相关部门按照各自职责建立完善安全生产工作机制，形成齐抓共管格局。

【创建实例】

实例 1

临沂市党委政府及其部门安全生产职责规定（发布时间：2020 –

05 – 20）

实例 2

南京下关滨江商务区管委会机构设置（发布时间：2020 – 12 – 31）

3.3.2 城市安全风险评估与管控

1. 城市安全风险辨识评估

【评价内容 1】

开展城市安全风险辨识与评估工作。

【评分标准】

未开展城市安全风险辨识与评估工作，或安全风险辨识与评估工作缺少城市工业企业、城市公共设施、人员密集区域、自然灾害风险等内容的，扣 1 分。

【指标解读】

城市安全风险辨识与评估

《关于推进城市安全发展的意见》要求强化安全风险管控，对城市安全风险进行全面辨识评估。

《国务院安委会办公室关于印发标本兼治遏制重特大事故工作指南的通知》（安委办〔2016〕3 号）要求健全安全风险评估分级和事故隐患排查分级标准体系。根据存在的主要风险隐患可能导致的后果并结合本地区、本行业领域实际，研究制定区域性、行业性安全风险和事故隐患辨识、评估、分级标准，为开展安全风险分级管控和事故隐患排查治理提供依据。

《国务院安委会办公室关于实施遏制重特大事故工作指南构建双重预防机制的意见》（安委办〔2016〕11 号）要求，结合企业风险辨识和评估结果以及隐患排查治理情况，组织对企业安全生产状况进行整体评估，确定企业整体安全风险等级，并根据企业安全风险变化情况及时调整。各地区要组织对公共区域内的安全风险进行全面辨识和评估，根据风险分布情况和可能造成的危害程度，确定区域安全风险等级。

评估前期应该根据评估对象、要求及特定的时间空间特点确定评估范围，一般情况下评估范围应涵盖城市工业企业、城市人员密集场所、城市公共基础设备设施和自然灾害等城市风险。

【创建要点】

创建城市应建立城市安全风险辨识与评估工作制度，明确评估程序、评估内容、风险评估分级标准、评估范围、责任分工、评估成果交付及应用等工作要求。

【创建实例】

哈尔滨市召开城市安全风险评估评审会（发布时间：2018－01－11）

2018 年 1 月 10 日，哈尔滨市召开城市安全风险评估评审会，会议报告了城市风险评估工作情况，由中国安科院及省内 7 名专家组成的专家团参与了评审工作，提出评审意见。

2017 年 2 月开始，哈尔滨市投入资金 295 万元，计划用时 1 年，由中国安科院项目组，对哈尔滨市安全进行全面评估。通过对城市安全进行一次"全面体检"，找出可能引发重特大事故的风险点，制定有针对性的措施，实现对城市风险的准确把握、精准管控、源头治理和动态管理，建立城市安全常态化、目标化机制，有效遏制重特大事故发生。哈尔滨市是全国首个全面开展评估工作的城市，具有较高的先进性、创新性和实用性。2017 年 12 月，中国安科院向哈尔滨市安委办提交了评估报告初稿。目前已完成了报告初审、修改、完善工作。

工作开展以来，中国安科院项目组，以可能导致事故灾难的城市固有风险为重点，通过广泛深入部门访谈、区县调研，收集了大量数据资料。通过对数据资料分析，找出了不同地区和不同行业（领域）风险特性、突出问题和薄弱环节，对城市安全水平现状有了定性和定量的了解。通过采用定量风险评估、事故后果评估、重点单位辨识等评估方法，量化各类风险源风险水平，绘制了城市安全风险源分布图。通过利用风险的可叠加性，对城市各区块及整体的风险进行量化评估，形成城市安全风险评估报告，提出安全生产整体形势、监管体制机制、各类风险源等方面存在的问题，并就存在的问题，提出安全生产体制机制建设、产业优化布局、行业风险降低等方面的建议措施，为城市安全发展、和谐发展提供强有力的技术支撑。在工作中，中国安科院项目组辨识出各类风险源 15646 处，研究制定了 40 个行业风险分级标准，这些标准，绝大部分在国内是首次制定，具备较高的科研和推广价值。同时，开发了城市安全风险地图网络管理平台，使地区和行业风险状况一目了然。

【评价内容 2】

编制城市风险评估报告并及时更新。

【评分标准】

未编制城市安全风险评估报告并及时更新的，扣 0.5 分。

【指标解读】

1）城市风险评估报告

风险评估报告应包括但不限于下列内容：

（1）概述（包括目的意义、评估范围、评估原则、评估依据、评估流程等）。

（2）城市总体情况介绍（包括基本情况、发展规划、生产安全事故情况及区域、行业风险概况等）。

（3）风险评估单元划分及典型事故场景辨识。

（4）分单元对各点位风险源进行分析评估分级。

（5）对类别风险源进行叠加分析，明确城市整体风险等级、区域风险分布和行业风险构成。

（6）综述城市安全生产面临的整体性问题、突出问题。

（7）从城市安全运行的体制机制建设和风险应对与处置方面提出管控措施与建议。

（8）附件。

2）及时更新

继承、运用已开展的城市各类风险评估和隐患排查结果，对新增或存在的空白和模糊区域（领域）进行补充调研和评估，实现风险动态管理和持续更新。

【创建要点】

创建城市应编制城市风险评估报告并及时更新，风险评估报告应全面、概括地反映风险评估过程的全部工作。

【创建实例】

福州城市安全生产风险评估工作完成　进入成果转化阶段（发布时间：2018 - 07 - 20）

2018 年 7 月 20 日，福州市城市安全生产风险评估项目成果报告会举行，中国安科院将《福州市城市安全生产风险评估报告》交给福州市安监局，标志着福州城市安全生产风险评估工作圆满完成，并进入城市安全风险评估成果的转化阶段。

【评价内容 3】

建立城市安全风险管理信息平台并绘制四色等级安全风险分布图。

【评分标准】

未建立城市安全风险管理信息平台并绘制四色等级安全风险分布图的，扣 0.5 分。

【指标解读】

建立城市安全风险管理信息平台并绘制四色等级安全风险分布图

《国务院安委会办公室关于实施遏制重特大事故工作指南构建双重预防机制的意见》（安委办〔2016〕11 号）要求，科学评定安全风险等级，有效管控区域安全风险。

企业要对辨识出的安全风险进行分类梳理，参照《企业职工伤亡事故分类》（GB 6441—1986），综合考虑起因物、引起事故的诱导性原因、致害物、伤害方式等，确定安全风险类别。对不同类别的安全风险，采用相应的风险评估方法确定安全风险等级。安全风险评估过程要突出遏制重特大事故，高度关注暴露人群，聚焦重大危险源、劳动密集型场所、高危作业工序和受影响的人群规模。安全风险等级从高到低划分为重大风险、较大风险、一般风险和低风险，分别用红、橙、黄、蓝四种颜色标示。其中，重大安全风险应填写清单、汇总造册，按照职责范围报告属地负有安全生产监督管理职责的部门。要依据安全风险类别和等级建立企业安全风险数据库，绘制企业"红橙黄蓝"四色安全风险空间分布图。

各地区要组织对公共区域内的安全风险进行全面辨识和评估，根据风险分布情况和可能造成的危害程度，确定区域安全风险等级，并结合企业报告的重大安全风险情况，汇总建立区域安全风险数据库，绘制区域"红橙黄蓝"四色安全风险空间分布图。对不同等级的安全风险，要采取有针对性的管控措施，实行差异化管理；对高风险等级区域，要实施重点监控，加强监督检查。要加强城市运行安全风险辨识、评估和预警，建立完善覆盖城市运行各环节的城市安全风险分级管控体系。要加强应急能力建设，健全完善应急响应体制机制，优化应急资源配备，完善应急预案，提高城市运行应急保障水平。

【创建要点】

创建城市相关部门应在城市安全风险辨识评估的基础上，建立城市安全风险管理信息平台，直观展示城市各类风险四色分布规律，呈现动态安全风险信息，风险清单应涵盖危险要素、风险等级、管控措施、责任单位等基本信息，按照风险数量、等级和危险因素等维度进行统计分析。充分体现风险源的种类、数量，以及风险分布的重点行业、重点区域、重点场所和部位等情况。以四色图为基础，实施分级分类安全监管，并在安全投入上向高风险地区适当倾斜。

【创建实例】

南京市：强化统筹　加快推进城市安全数字治理（发布时间：2022 - 03 - 14）

南京市应急管理局以国家城市安全风险综合监测预警平台建设试点为契机，加快信息化应用、智能化改造、数字化转型，推进城市安全运行"一网统管、智能化联动处置"，以数字化赋能城市安全发展。

充分利用，厘清数据"脉络"。充分利用各领域各行业已建成的和规划建设的监测预警系统及监控资源，加强与各部门协调联系，梳理全市与城市安全有关联的信息系统，摸清南京市规划资源、气象、水务等12个部门系统现状和数据情况，形成"城市安全风险综合监测预警平台建设"对接清单。

明确重点，加快数据归集。围绕城市生命线、公共安全、生产安全、自然灾害等 4 个方面，突出燃气、供排水、桥梁、综合管廊、消防、人员密集场所、建筑施工等重点领域，依托城市运行"一网统管"和城市数字化治理模式，加快数据整合共享。截至目前，已实现南京供水管网、电梯应急处置、管线地理空间等 18 个信息系统的对接，汇聚承灾体、管线、桥梁、自然灾害等数据近 2160 万条。

发挥优势，探索耦合预警。充分发挥南京科研院所、机构在建模、预警等方面的专业优势，以及南京市网格化机制优势，建设以风险耦合模型为基础的城市安全重点领域的智能化应用场景。目前，已联合 10 余个单位，深入研究桥梁、燃气、地下管线、内涝等多场景应用，分专题开发跨部门城市灾害风险耦合预警模型，加速推进城市安全数字化治理水平。

【评价内容 4】

对城市功能区进行安全风险评估。

【评分标准】

城市功能区未开展安全风险评估的，每发现一个扣 0.5 分，1 分扣完为止。

【指标解读】

城市功能区安全风险评估

对市级及以上开发区、工业园区，国家 4A 级以上旅游景区和港区等功能区进行安全风险评估。

《国务院办公厅关于促进开发区改革和创新发展的若干意见》要求，加强开发区各相关规划的衔接，严格落实安全生产所需的防护距离，促进产业发展与人居环境相和谐。

《化工园区安全风险排查治理导则（试行）》要求，化工园区选址应把安全放在首位，进行选址安全评估，化工园区与城市建成区、人口密集区、重要设施等防护目标之间保持足够的安全防护距离，留有适当的缓冲带，将化工园区安全与周边公共安全的相互影响降至风险可以接受的程度；化工园区安全生产管理机构应至少每五年开展一次化工园区整体性安全风险评估，评估安全风险，提出消除、降低、管控安全风险的对策措施。

《中华人民共和国旅游法》要求，景区有必要的安全设施及制度，经过安全风险评估，满足安全条件。

《港口危险货物集中区域安全风险评估指南》（交办水〔2017〕85 号）要求，已建储罐区、堆场、仓库及码头等港口危险货物集中区域应开展安全风险评估工作。集中区域内在建（包括新建、改建、扩建）危险货物建设项目应纳入区域定量风险评估中一并考虑。

《港口危险货物安全管理规定》（2017 年 9 月 4 日交通运输部令第 27 号公布，

根据 2019 年 11 月 28 日交通运输部令第 34 号修正）要求，危险货物港口建设项目的建设单位，应当在可行性研究阶段按照国家有关规定委托有资质的安全评价机构对该建设项目进行安全评价，并编制安全预评价报告。危险货物港口建设项目的安全设施应当与主体工程同时建成，并由建设单位组织验收。验收前建设单位应当按照国家有关规定委托有资质的安全评价机构对建设项目及其安全设施进行安全验收评价，并编制安全验收评价报告。危险货物港口经营人应当在取得经营资质后，按照国家有关规定委托有资质的安全评价机构，对本单位的安全生产条件每 3 年进行一次安全评价，提出安全评价报告。

【创建要点】

创建城市应建立城市功能区台账，包含名称、地址、类型等信息，说明评估开展情况，收集功能区风险评估报告；建立城市功能区安全风险评估工作制度，明确责任分工、方法步骤、工作要求等工作内容。

创建城市应开展城市功能区风险评估工作，进一步摸清城市功能区风险特征产生的条件、风险等级、所在的具体位置以及主管监管责任单位。

【创建实例】

三亚市旅游和文化广电体育局关于开展旅游安全风险评估工作的通知（发布时间：2021 – 05 – 29）

2. 城市安全风险管控

【评价内容1】

建立重大风险联防联控机制。

【评分标准】

未建立重大风险联防联控机制，扣 0.5 分。

【指标解读】

重大风险联防联控机制

《中共中央　国务院关于推进安全生产领域改革发展的意见》要求，位置相邻、行业相近、业态相似的地区和行业要建立完善重大安全风险联防联控机制。构建国家、省、市、县四级重大危险源信息管理体系，对重点行业、重点区域、重点企业实行风险预警控制，有效防范重特大生产安全事故。

《关于推进城市安全发展的意见》要求，明确风险管控的责任部门和单位，完善重大安全风险联防联控机制。

【创建要点】

创建城市应建立横向联动、纵向衔接的重大风险联防联控机制，有效应对城市重大风险。位置相邻、行业相近、业态相似的地区和行业要建立完善跨行业、跨部门、跨地区的重大安全风险联防联控机制；通过建立联席会议制度、制定应急联动预案、建立区域通信联络和应急响应机制、定期开展安全互查和跨区域应急调度、联合应急处置演练等方式，推动实现地区、行业间的资源共享。

【创建实例】

哈尔滨市城市安全风险评估项目评审会召开（发布时间：2018 – 01 – 15）

哈尔滨市城市安全生产风险评估工作历时近 1 年时间，中国安科院采用走访、函件调研的方式，对该市的 40 个职能部门、18 个区县进行了逐级深入调研，收集相关材料13000 余份，对城市工业风险单元、城市人员密集场所单元、城市公共设施单元 3 个风险评价单元，40 个行业领域，46 类 15000 余处（类）风险源进行了风险分析，制定了风险分级标准，实现了风险源的整体安全风险分级，搭建了哈尔滨城市安全生产风险地图平台。

【评价内容 2】

明确风险清单对应的风险管控责任部门。

【评分标准】

未明确风险清单对应的风险管控责任部门的，扣0.5 分。

【指标解读】

1）**风险清单**

《中共中央　国务院关于推进安全生产领域改革发展的意见》要求，定期排查区域内安全风险点、危险源，落实管控措施，构建系统性、现代化的城市安全保障体系，推进安全发展示范城市建设。

《国务院安委会办公室关于实施遏制重特大事故工作指南构建双重预防机制的意见》（安委办〔2016〕11 号）要求，重大安全风险应填写清单、汇总造册，按照职责范围报告属地负有安全生产监督管理职责的部门。

2）**明确风险管控责任部门**

《国务院安委会办公室关于印发标本兼治遏制重特大事故工作指南的通知》（安委办〔2016〕3 号）要求建立实行安全风险分级管控机制。按照"分区域、分级别、网格化"原则，实施安全风险差异化动态管理，明确落实每一处重大安全风险和重大危险源的安全管理与监管责任，强化风险管控技术、制度、管理措施，把可能导致的后果限制在可防、可控范围之内。落实企业安全风险分级管控岗位责任，建立企业安全风险公告、岗位安全风险确认和安全操作"明白卡"制度。

《国务院安委会办公室关于实施遏制重特大事故工作指南构建双重预防机制的意见》（安委办〔2016〕11 号）要求，对企业报告的重大安全风险和重大危险源、重大事故隐患，要通过实行"网格化"管理明确属地基层政府及有关主管部门、安全监管部门（现为应急管理部门）的监管责任，加强督促指导和综合协调，支持、推动企业加快实施管控整治措施，对安全风险管控不到位和隐患排查治理不到位的，要严格依法查处。

【创建要点】

创建城市应编制城市风险清单，明确风险清单对应的风险管控责任部门和管控措施。

《国务院安委会办公室关于实施遏制重特大事故工作指南构建双重预防机制的意见》（安委办〔2016〕11号）要求，推行企业安全风险分级分类监管，按照分级属地管理原则，针对不同风险等级的企业，确定不同的执法检查频次、重点内容等，实行差异化、精准化动态监管。对不同等级的安全风险，要采取有针对性的管控措施，实行差异化管理；对高风险等级区域，要实施重点监控，加强监督检查。要加强城市运行安全风险辨识、评估和预警，建立完善覆盖城市运行各环节的城市安全风险分级管控体系。

【创建实例】

福州市创新开展四色评估 全面实施风险分级分类管控（发布时间：2021 – 12 – 22）

福州市着力构筑安全风险分级管控和隐患排查治理双重防线，逐步推进"红橙黄蓝"安全风险分级分类管控和隐患排查治理，不断夯实城市安全基础。

一是开展城市安全风险评估。在全市42个行业领域统一建立安全风险分级指标体系，全方位辨识福州市各行业领域生产安全事故风险。从"点"（风险源）、"线"（行业）、"面"（县区）三个层面，对福州的42类8854个风险源进行整体固有风险评估与分级，逐一确定城市各风险单元所涉及的行业领域、地域的固有风险等级，建立了由点到面的行业、地域"红橙黄蓝"风险分布图。

二是试点六大工业领域建立风险分类分级数据库。开发福州市安全风险数据库平台和企业端线上风险数据采集系统，采取线上线下培训、企业注册填报风险数据、风险分级计算定级、现场数据复核等方式，先行对福州市冶金、有色、机械、纺织、轻工、建材等六大工业领域企业风险单元开展风险分级评估，绘制企业风险空间四色分布图，建立行业企业风险分级管控"一企一档"，目前已完成5091家。根据各行业安全风险分类分级结果，结合企业风险管控及落实主体责任的情况，制定《福州市安全风险分级分类管控方案》，根据不同风险等级，针对性采取关闭取缔、停产整顿、信用奖惩、隐患整改等管控措施。

下一步，在工业六大领域风险分级管控的基础上，我市将继续推进全市非煤矿山、危险化学品、烟花爆竹、交通运输、建筑施工、民用爆炸物品、渔业生产等高危行业领域企业"红橙黄蓝"风险分级分类管控和隐患排查治理体系建设，着力构筑安全风险分级管控和隐患排查治理双重防线。

【评价内容3】

企业安全生产标准化达标。

【评分标准】

90%≤企业安全生产标准化达标率＜100%的，扣0.2分；80%≤企业安全生产标准化达标率＜90%的，扣0.4分；70%≤企业安全生产标准化达标率＜80%的，扣0.6分；企业安全生产标准化达标率＜70%的，扣1分。

注：计算安全生产标准化达标率的企业为建成区内的危险化学品生产、仓储经营、装卸、储存企业，煤矿、非煤矿山、交通运输、建筑施工企业，规模以上冶金、有色、建材、机械、轻工、纺织、烟草等企业。

【指标解读】

1）企业安全生产标准化

企业安全生产标准化是指企业通过落实安全生产主体责任，全员全过程参与，建立并保持安全生产管理体系，全面管控生产经营活动各环节的安全生产与职业卫生工作，实现安全健康管理系统化、岗位操作行为规范化、设备设施本质安全化、作业环境器具定置化，并持续改进。

《中华人民共和国安全生产法》要求，生产经营单位必须遵守本法和其他有关安全生产的法律、法规，加强安全生产管理，建立健全全员安全生产责任制和安全生产规章制度，加大对安全生产资金、物资、技术、人员的投入保障力度，改善安全生产条件，加强安全生产标准化、信息化建设，构建安全风险分级管控和隐患排查治理双重预防机制，健全风险防范化解机制，提高安全生产水平，确保安全生产。

2）标准化达标

（1）全国化工（含石油化工）、医药、危险化学品、烟花爆竹、石油开采、冶金、有色、建材、机械、轻工、纺织、烟草、商贸等行业企业。

全国化工（含石油化工）、医药、危险化学品、烟花爆竹、石油开采、冶金、有色、建材、机械、轻工、纺织、烟草、商贸等行业企业安全生产标准化建设定级根据《企业安全生产标准化建设定级办法》（应急〔2021〕83号）的要求开展，企业标准化等级由高到低分为一级、二级、三级。

企业标准化定级标准由应急管理部按照行业分别制定。应急管理部未制定行业标准化定级标准的，省级应急管理部门可以自行制定，也可以参照《企业安全生产标准化基本规范》（GB/T 33000—2016）配套的定级标准，在本行政区域内开展二级、三级企业建设工作。

应急管理部为一级企业以及海洋石油全部等级企业的定级部门。省级和设区的市级应急管理部门分别为本行政区域内二级、三级企业的定级部门。

（2）煤矿。

根据《煤矿安全生产标准化管理体系考核定级办法（试行）》（煤安监行管〔2020〕16号），煤矿安全生产标准化管理体系等级分为一级、二级、三级，煤矿安全生产标准化管理体系等级实行分级考核定级。申报一级的煤矿由省级煤矿安全生产标准化工作主管部门组织初审，国家矿山安全监察局组织考核定级。申报二级、三级的煤矿的初审和考核定级部门由省级煤矿安全生产标准化工作主管部门确定。

（3）交通运输企业。

交通运输企业安全生产标准化建设评价及其监督管理工作应按照《交通运输企业安全生产标准化建设评价管理办法》（交安监发〔2016〕133号）的要求开展，交通运输企业安全生产标准化建设等级分为一级、二级、三级，其中一级为最高等级，三级为最低等级。水路危险货物运输、水路旅客运输、港口危险货物营运、城市轨道交通运输、高速公路、隧道和桥梁运营企业安全生产标准化建设等级不设三级，二级为最低等级。评价机构负责交通运输企业安全生产标准化建设评价活动的组织实施和评价等级证明的颁发。

（4）建筑施工企业。

建筑施工企业安全生产标准化考评工作应按照《建筑施工安全生产标准化考评暂行办法》（建质〔2014〕111号）的要求开展，对建筑施工企业颁发安全生产许可证的住房城乡建设主管部门或其委托的建筑施工安全监督机构负责建筑施工企业的安全生产标准化考评工作，评定结果为"优良""合格"及"不合格"。

【创建要点】

创建城市应建立企业安全生产标准化名录，包含企业名称、类型、地址、标准化级别等信息，计算企业安全生产标准化达标率。

各部门应大力推进企业安全生产标准化建设，实现安全管理、操作行为、设备设施和作业环境的标准化。

非煤矿山、危险化学品、化工、医药、烟花爆竹、冶金、有色、建材、机械、轻工、纺织、烟草、商贸企业的各级应急管理部门要指导监督企业将着力点放在建立企业安全生产管理体系，运用安全生产标准化规范企业安全管理和提高安全管理能力上，注重实效，严防走过场、走形式。

对取得安全生产标准化管理体系等级的煤矿应加强动态监管。各级煤矿安全生产标准化工作主管部门应结合属地监管原则，每年按照检查计划按一定比例对达标煤矿对照《煤矿安全生产标准化管理体系基本要求及评分方法（试行）》进行抽查。

交通运输管理部门应将企业安全生产标准化建设工作情况纳入日常监督管理，通过政府购买服务委托第三方专业化服务机构，对下级管理部门及辖区企业推进企业安全生产标准化建设工作情况进行抽查，抽查情况应向行业通报。

住房城乡建设主管部门应当将建筑施工企业安全生产标准化考评情况记入安全生产信用档案。建筑施工企业安全生产标准化考评结果作为政府相关部门进行绩效考核、信用评级、诚信评价、评先推优、投融资风险评估、保险费率浮动等重要参考依据。

企业应通过安全生产标准化建设，建立以安全生产标准化为基础的企业安全生产管理体系，保持有效运行，及时发现和解决安全生产问题，持续改进，不断提高安全生产水平。

【创建实例】

杭州市应急管理局关于进一步加强企业安全生产标准化建设定级管理的通知（发布时间：2022 - 06 - 13）

3.3.3 城市安全监管执法

1. 城市安全监管执法规范化、标准化、信息化

【评价内容1】

负有安全监管职责的部门按规定配备安全监管人员和装备。

【评分标准】

负有安全监管职责部门（住房城乡建设、交通运输、应急、市场监管）的安全监管人员未按"三定"规定配备的，每发现一处扣0.2分，0.6分扣完为止；装备配备未达标的，每发现一处扣0.2分，0.4分扣完为止。

【指标解读】

1）负有安全监管职责的部门

应急管理部门和对有关行业、领域的安全生产工作实施监督管理的部门，统称负有安全生产监督管理职责的部门。

2）按规定配备安全监管人员和装备

《中共中央 国务院关于推进安全生产领域改革发展的意见》要求健全监管执法保障体系。制定安全生产监管监察能力建设规划，明确监管执法装备及现场执法和应急救援用车配备标准，加强监管执法技术支撑体系建设，保障监管执法需要。建立完善负有安全生产监督管理职责的部门监管执法经费保障机制，将监管执法经费纳入同级财政全额保障范围。加强监管执法制度化、标准化、信息化建设，确保规范高效监管执法。建立安全生产监管执法人员依法履行法定职责制度，激励保证监管执法人员忠于职守、履职尽责。严格监管执法人员资格管理，制定安全生产监管执法人员录用标准，提高专业监管执法人员比例。建立健全安全生产监管执法人员凡进必考、入职培训、持证上岗和定期轮训制度。统一安全生产执法标志标识和制式服装。

（1）住房城乡建设。

《房屋建筑和市政基础设施工程施工安全监督规定》（建质〔2014〕153号）要求，施工安全监督机构应具有符合要求的施工安全监督人员，人员数量满足监督工作需要且专业结构合理，其中监督人员应当占监督机构总人数的75%以上；具有固定的工作场所，配备满足监督工作需要的仪器、设备、工具及安全防护用品。

（2）交通运输。

《交通运输部办公厅关于加强公路水运工程质量安全监督管理工作的指导意见》（交办安监〔2017〕162号）要求，地方各级质量监督机构从事监督管理工作的专业技术人员数量应不少于本单位职工总数的70%，且专业结构配置合理，满足监督管理工作专业需要；保障特种专业技术用车和质量监督执法用车，配备手持执法仪、笔录室等执法装备和设施。

《关于加强道路运输管理队伍建设的指导意见》（交运发〔2011〕468号）要求，合理确定机构设置标准，实行编制的动态管理，控制人员总量。新录用人员原则应当为大学专科及以上学历，道路运输相关专业比例应当达到70%以上。加强信息化建设和队伍装备建设，按照规定统一执法形象，提高道路运输管理现代化水平。

（3）应急。

省、市、县、乡四级安全监管部门（现为应急管理部门）和省级煤矿安监局（现为国家矿山安全监察局省级局）及其驻地监察分局安全监管监察执法装备配备应按照《国家安全监管总局关于印发安全监管监察执法装备配备标准（2018年版）的通知》（原安监总规划〔2017〕132号）的要求执行。

（4）市场监管。

《中华人民共和国特种设备安全法》要求，负责特种设备安全监督管理的部门的安全监察人员应当熟悉相关法律、法规，具有相应的专业知识和工作经验，取得特种设备安全行政执法证件。

2021年5月18日，市场监管总局办公厅印发《关于市场监管基层执法装备配备的指导意见》，为强化市场监管执法保障，加强基层基础建设，提升全国市场监管系统执法能力和水平，制定该意见。意见所列装备，分为交通装备、通讯指挥装备、取证装备、快检装备、防护装备和其他装备。

【创建要点】

创建城市的住房城乡建设、交通运输、应急、市场监管部门应明确安全监管人员和装备配备标准，建立安全监管人员和装备台账，包含所属部门，部门人数，安全监管人员数量，安全监管人员持证比例，工作内容，装备种类、名称、数量、所属部门等信息。

《国务院办公厅关于加强安全生产监管执法的通知》要求市、县级人民政府要健全安全生产监管执法机构，落实监管责任。地方各级人民政府要结合实际，强化安全生产基层执法力量，专业监管人员配比不低于在职人员的75%。各市、县级人民政府要通过探索实行派驻执法、跨区域执法、委托执法和政府购买服务等方式，加强和规范乡镇（街道）及各类经济开发区安全生产监管执法工作。

地方各级人民政府要将安全生产监管执法机构作为政府行政执法机构，健全安全生产监管执法经费保障机制，将安全生产监管执法经费纳入同级财政保障范围，深入开展安全生产监管执法机构规范化、标准化建设，改善调查取证等执法装备，保障基层执法和应急救援用车，满足工作需要。

加强安全生产监管执法人员法律法规和执法程序培训，对新录用的安全生产监管执法人员坚持凡进必考必训，对在岗人员原则上每3年轮训一次，所有人员都要经执法资格培训考试合格后方可执证上岗。

【创建实例】

实例1

（苏州市）关于明确建筑施工安全管理人员配备标准的通知（发布时间：2022 - 03 - 03）

安全监督机构人员参考标准：

（1）建筑工程、装饰装修工程按照监管面积每 60×10^4 m^2 至少1人。

（2）道路、桥梁、线路管道等市政工程按照工程合同价每20亿元至少1人。

（3）轨道交通工程按照监督里程每8 km至少1人。

实例2

江苏省交通运输综合行政执法装备配备标准（苏交执法〔2021〕15号）（发布时间：2021 - 04 - 08）

【评价内容2】

执法信息化率＞90%。

【评分标准】

各类功能区和负有安全监管职责部门（住房城乡建设、交通运输、应急、市场监管）的执法信息化率小于90%的，每发现一个扣0.2分，1分扣完为止。

【指标解读】

执法信息化率

执法信息化率指使用信息化执法装备（移动执法快检设备、移动执法终端、执法记录仪）执法的次数占总执法次数的比例。

《国务院办公厅关于全面推行行政执法公示制度执法全过程记录制度重大执法决定法制审核制度的指导意见》要求，行政执法机关要加强执法信息管理，及时准确公示执法信息，实现行政执法全程留痕，法制审核流程规范有序。规范音像记录，各级行政执法机关要根据行政执法行为的不同类别、阶段、环节，采用相应音像记录形式，充分发挥音像记录直观有力的证据作用、规范执法的监督作用、依法履职的保障作用。

（1）住房城乡建设。

《房屋建筑和市政基础设施工程施工安全监督规定》（建质〔2014〕153 号）要求，施工安全监督机构应有健全的施工安全监督工作制度，具备与监督工作相适应的信息化管理条件。

（2）交通运输。

《交通运输部办公厅关于加强公路水运工程质量安全监督管理工作的指导意见》（交办安监〔2017〕162 号）要求加强监督管理信息化建设。地方各级交通运输主管部门推行"互联网＋监管"，建立质量安全监督管理信息系统，提高质量安全监督管理信息化水平。推进工程项目"智慧工地"建设，推动工程项目应用建筑信息模型（BIM）技术。积极推广工程监测、安全预警、机械设备监测、隐蔽工程数据采集、远程视频监控等信息化设施设备在施工管理中的应用。

《交通运输行政执法程序规定》（2019 年 4 月 12 日交通运输部令第 9 号公布，根据 2021 年 6 月 23 日交通运输部令第 6 号修正）要求，交通运输行政执法部门应当全面推行行政执法公示制度、执法全过程记录制度、重大执法决定法制审核制度，加强执法信息化建设，推进执法信息共享，提高执法效率和规范化水平。

（3）应急。

《国务院办公厅关于加强安全生产监管执法的通知》要求加快监管执法信息化建设。整合建立安全生产综合信息平台，统筹推进安全生产监管执法信息化工作，实现与事故隐患排查治理、重大危险源监控、安全诚信、安全生产标准化、安全教育培训、安全专业人才、行政许可、监测检验、应急救援、事故责任追究等信息共建共享，消除信息孤岛。要大力提升安全生产"大数据"利用能力，加强安全生产周期性、关联性等特征分析，做到检索查询即时便捷、归纳分析系统科学，实现来源可查、去向可追、责任可究、规律可循。

（4）市场监管。

《特种设备安全监督检查办法》（国家市场监督管理总局令第 57 号公布）要

求，特种设备安全监督管理检查人员应当在检查及整改结束后，将检查信息录入特种设备动态监管信息化系统。

【创建要点】

创建城市应建立住房城乡建设、交通运输、应急、市场监管各级行政执法机关年度行政执法信息汇总台账，说明采取的信息化手段，计算信息化执法率。

《国务院办公厅关于全面推行行政执法公示制度执法全过程记录制度重大执法决定法制审核制度的指导意见》要求加强信息化平台建设。依托大数据、云计算等信息技术手段，大力推进行政执法综合管理监督信息系统建设，充分利用已有信息系统和数据资源，逐步构建操作信息化、文书数据化、过程痕迹化、责任明晰化、监督严密化、分析可量化的行政执法信息化体系，做到执法信息网上录入、执法程序网上流转、执法活动网上监督、执法决定实时推送、执法信息统一公示、执法信息网上查询，实现对行政执法活动的即时性、过程性、系统性管理。认真落实国务院关于加快全国一体化在线政务服务平台建设的决策部署，推动政务服务"一网通办"，依托电子政务外网开展网上行政服务工作，全面推行网上受理、网上审批、网上办公，让数据多跑路、群众少跑腿。

【创建实例】

潮州市安全生产执法信息化系统使用率达 100%（发布时间：2020 – 04 – 23）

近段时间，市应急管理局持续加大安全生产执法信息化系统使用推进力度，针对个别县区使用执法信息化系统工作推进缓慢的问题，"精准把脉"找症结，"靶向治疗"开良方，采取有效措施，疏通工作堵点，对执法信息化系统推广使用工作注入加速度，目前全市安全生产执法信息化系统使用率达 100%。

【评价内容3】

执法检查处罚率＞5%。

【评分标准】

相关部门（住房城乡建设、交通运输、应急、市场监管）上年度执法检查记录中，行政处罚次数占开展监督检查总次数比例不足 5% 的，扣 1 分。

【指标解读】

1）执法检查处罚率

执法检查处罚率是指上年度执法检查记录中，行政处罚数量占开展监督检查总次数比例。

2）行政处罚

《中华人民共和国行政处罚法》规定的行政处罚种类有：①警告；②罚款；③没收违法所得、没收非法财物；④责令停产停业；⑤暂扣或者吊销许可证、暂扣或者吊销执照；⑥行政拘留；⑦法律、行政法规规定的其他行政处罚。

住房城乡建设、交通运输、应急和市场监管部门关于行政处罚的部门规章主要有：

（1）《住房城乡建设部关于印发〈住房城乡建设质量安全事故和其他重大突发事件督办处理办法〉的通知》（建法〔2015〕37号）。

（2）《住房和城乡建设部关于印发〈规范住房和城乡建设部工程建设行政处罚裁量权实施办法〉和〈住房和城乡建设部工程建设行政处罚裁量基准〉的通知》（建法规〔2019〕7号）。

（3）《交通运输行政执法程序规定》（2019年4月12日交通运输部令第9号公布，根据2021年6月23日交通运输部令第6号修正）。

（4）《中华人民共和国内河海事行政处罚规定》（2015年5月29日交通运输部令第9号公布，根据2017年5月23日交通运输部令第20号第一次修正，根据2019年4月12日交通运输部令第11号第二次修正，根据2021年8月11日交通运输部令第20号第三次修正，根据2022年9月26日交通运输部令第28号第四次修正）。

（5）《违反〈铁路安全管理条例〉行政处罚实施办法》（2013年12月24日交通运输部令第22号公布，根据2021年11月19日交通运输部令第33号修正）。

（6）《关于规范交通运输行政处罚自由裁量权的若干意见》（交政法发〔2010〕251号）。

（7）《安全生产违法行为行政处罚办法》（2007年11月30日原国家安监总局令第15号公布，根据2015年4月2日原国家安监总局令第77号修正）。

（8）《安全生产行政处罚自由裁量适用规则（试行）》（原国家安监总局令第31号）。

（9）《市场监督管理行政处罚程序规定》（2018年12月21日国家市场监督管理总局令第2号公布，根据2021年7月2日国家市场监督管理总局令第42号修正）。

（10）《关于规范市场监督管理行政处罚裁量权的指导意见》（国市监法规〔2022〕2号）。

3）监督检查

《中华人民共和国安全生产法》规定，应急管理部门和其他负有安全生产监督管理职责的部门依法开展安全生产行政执法工作，对生产经营单位执行有关安全生产的法律、法规和国家标准或者行业标准的情况进行监督检查，行使以下职权：

（1）进入生产经营单位进行检查，调阅有关资料，向有关单位和人员了解情况。

（2）对检查中发现的安全生产违法行为，当场予以纠正或者要求限期改正；对依法应当给予行政处罚的行为，依照本法和其他有关法律、行政法规的规定作出行政处罚决定。

（3）对检查中发现的事故隐患，应当责令立即排除；重大事故隐患排除前或者排除过程中无法保证安全的，应当责令从危险区域内撤出作业人员，责令暂时停产停业或者停止使用相关设施、设备；重大事故隐患排除后，经审查同意，方可恢复生产经营和使用。

（4）对有根据认为不符合保障安全生产的国家标准或者行业标准的设施、设备、器材以及违法生产、储存、使用、经营、运输的危险物品予以查封或者扣押，对违法生产、储存、使用、经营危险物品的作业场所予以查封，并依法作出处理决定。

【创建要点】

创建城市应建立住房城乡建设、交通运输、应急、市场监管各级行政执法机关年度行政执法信息汇总台账，注明作出行政处罚决定的项目，说明行政处罚的种类，计算执法检查处罚率。

《中华人民共和国安全生产法》规定，行政处罚由应急管理部门和其他负有安全生产监督管理职责的部门按照职责分工决定。予以关闭的行政处罚由负有安全生产监督管理职责的部门报请县级以上人民政府按照国务院规定的权限决定；给予拘留的行政处罚由公安机关依照治安管理处罚的规定决定。

【创建实例】

舟山市安全生产委员会办公室关于 2021 年全市重点行业领域安全生产执法情况的通报（发布时间：2022 − 01 − 25）

检查处罚率相对较高的是应急管理部门烟花爆竹、危化品、工矿商贸领域处罚率为 44.91%，住建部门房屋建筑、市政基础设施施工领域处罚率为 41.47%；相对较低的是综合行政执法部门城镇燃气领域处罚率为 5.64%，消防救援机构消防领域处罚率为 6.46%。

2. 城市安全公众参与机制

【评价内容 1】

建立城市安全问题公众参与、快速应答、处置、奖励机制。

【评分标准】

未利用互联网、手机 App、微信公众号等建立城市重点安全问题公众参与、快速应答、处置、奖励机制的，扣 0.3 分。

【指标解读】

城市安全问题公众参与、快速应答、处置、奖励机制

《安全生产领域举报奖励办法》（原安监总财〔2018〕19 号）要求，负有安全监管职责的部门应当建立健全重大事故隐患和安全生产违法行为举报的受理、核查、处理、协调、督办、移送、答复、统计和报告等制度，并向社会公开通信地址、邮政编码、电子邮箱、传真电话和奖金领取办法。

《住房城乡建设领域违法违规行为举报管理办法》（建稽〔2014〕166 号）要求，各级住房城乡建设主管部门及法律法规授权的管理机构（包括地方人民政府按照职责分工独立设置的城乡规划、房地产市场、建筑市场、城市建设、园林绿化等主管部门和住房公积金、风景名胜区等法律法规授权的管理机构）应当设立并向社会公布违法违规行为举报信箱、网站、电话、传真等，明确专门机构负责举报受理工作。

《道路运输服务质量投诉管理规定》（1999 年 10 月 11 日原交通部令第 535 号公布，根据 2016 年 9 月 2 日交通运输部令第 70 号修正）要求，县级以上运政机构应当向社会公布投诉地址及投诉电话，及时受理本辖区的服务质量投诉案件。

《特种设备安全监察条例》（2003 年 3 月 11 日国务院令第 373 号公布，根据 2009 年 1 月 24 日国务院令第 549 号修正）要求，特种设备安全监督管理部门应当建立特种设备安全监察举报制度，公布举报电话、信箱或者电子邮件地址，受理对特种设备生产、使用和检验检测违法行为的举报，并及时予以处理。

【创建要点】

创建城市应利用互联网、手机 App、微信公众号等建立城市安全生产、自然灾害等重点安全问题公众参与、快速应答、处置、奖励机制，说明实施情况。

【创建实例】

成都市安全隐患举报奖励办法（发布时间：2022 - 02 - 09）

【评价内容 2】

设置城市安全举报平台。

【评分标准】

未设置城市安全举报平台的，扣 0.3 分。

【指标解读】

举报平台包括市长热线（"12345"）、安全生产举报投诉特服电话（"12350"）、市场监管执法热线（"12315"）和交通运输服务监督电话（"12328"）。

1）安全生产举报投诉特服电话（"12350"）

（1）特服电话接收的举报投诉范围。受理生产安全事故、重大安全隐患、非法违法生产建设经营等方面的举报投诉。

（2）"12350"投诉电话实行属地受理。在省级应急管理部门设立"12350"举报投诉电话受理机构，负责受理本省（区、市）内的举报投诉、举报投诉电话"12350"规划和使用管理的指导协调工作，以及举报信息分类统计等工作。市（地）级以下应急管理部门设立受理机构事宜，由省级应急管理部门根据本地区实际情况确定。

2）市场监管执法热线（"12315"）

《市场监管总局关于整合建设"12315"行政执法体系更好服务市场监管执法的意见》（国市监网监〔2019〕46号）规定：

（1）统一热线号码，实现一号对外。

整合原工商、质检、食品药品、物价、知识产权等投诉举报热线电话，即将"12315""12365""12331""12358""12330"等统一整合为"12315"热线，以"12315"一个号码对外提供市场监管投诉举报服务。

（2）统一运行平台，完善功能模块。

逐步整合原工商、质检、食品药品、物价、知识产权等部门对外设置的互联网、微信、手机App等网络诉求接收渠道，通过总局统一建设运营管理的全国"12315"平台，实现全渠道、全业务、全系统诉求集中汇集，统一渠道对外，统一平台运行，方便群众提交投诉举报等诉求。

（3）统一分析研判，数据安全共享。

全国"12315"平台按照"统分结合、兼容并包、安全可靠"原则进行标准化建设，确保总局、省局、市局、县局、基层所五级体系互联互通、数据管理安全可靠。

3）交通运输服务监督电话（"12328"）

"12328"电话系统是指依托信息化技术和科技手段，构建形成的以"12328"电话为主体，以相关网站、微信、短信等为补充的交通运输服务监督系统。"12328"电话系统作为交通运输行业统一的社会公益性服务监督系统，主要服务内容为受理和办理交通运输行业的投诉举报、信息咨询和意见建议，不包含经营性业务。

"12328"电话系统服务领域先期覆盖公路、水路、道路运输（含城市客运）、海上搜救、海事、救助打捞等业务领域，条件成熟后逐步实现与铁路、民航、邮政等业务领域的自动转接和协同处理；服务范围覆盖全国31个省（自治区、直辖市）、新疆生产建设兵团所有地市级以上城市（含地市级）；服务对象包括社会公众、企事业团体、交通运输从业者和各级交通运输主管部门及其内设机构、直属单位和派出机构。

【创建要点】

创建城市及其相关部门应制定安全问题公众参与、快速应答、处置、奖励的相关制度文件，确保城市安全举报平台及城市安全举报热线运行良好。

【创建实例】

杭州市城市治理有奖举报平台刚刚上线！参与举报，最高奖励5万元（发布时间：2021-04-28）

2021年4月28日，杭州市政府召开新闻发布会，对外发布了杭州市城市治理有奖举报平台，邀请广大市民积极参与城市治理工作。进行有效举报的市民，将获得5元至5万元的现金奖励。

市民可以通过以下三种方式参与：

（1）打开"浙里办""支付宝""微信"小程序搜索"杭州市城市治理有奖举报"参与举报。

（2）利用嵌入在全市市区机关事业单位的微信公众号的"有奖举报"专区参与举报。

（3）拨打"96310"城市治理有奖举报热线参与举报。

【评价内容3】

城市安全问题举报投诉办结率100%。

【评分标准】

城市安全问题举报投诉未办结的，每发现一处扣0.1分，0.4分扣完为止。

【指标解读】

举报投诉办结

《安全生产领域举报奖励办法》（原安监总财〔2018〕19号）要求，受理举报的负有安全监管职责的部门应当及时核查处理举报事项，自受理之日起60日内办结；情况复杂的，经上一级负有安全监管职责的部门批准，可以适当延长核查处理时间，但延长期限不得超过30日，并告知举报人延期理由。受核查手段限制，无法查清的，应及时报告有关地方政府，由其牵头组织核查。

【创建要点】

创建城市应建立城市安全问题举报投诉办理情况台账，应确保涉及安全生产领域各类信访事项能够及时有效办理，常态保持安全生产类信访举报事项及时妥善处理，坚决杜绝因信访事件处理不当造成不良社会影响或引发群体性事件。

【创建实例】

德阳市应急局："接诉即办"精准对接群众"忧、急、盼、愁"（发布时间：2020-10-20）

2020年德阳市共受理安全生产领域举报投诉18项，已按照规定程序妥善办结18项，办结率为100%。

3. 典型事故教训吸取

【评价内容1】

针对典型事故暴露的问题，按照有关要求开展隐患排查活动。

【评分标准】

未按照近三年国务院安委会或安委会办公室通报（通知）要求，或国务院相关部门部署，开展相关隐患排查活动的，每发现一处扣0.2分，1分扣完为止。

【指标解读】

按照有关要求开展隐患排查活动

要做到"一厂出事故、万厂受教育，一地有隐患、全国受警示"。各地区和各行业领域要深刻吸取安全事故带来的教训，强化安全责任，改进安全监管，落实防范措施。

各地区、各部门、各单位要针对典型事故暴露的问题，按照国务院安委会或安委会办公室通报（通知）要求，或国务院相关部门部署，全面深入排查治理各类事故隐患。

加大事故警示教育的力度，督促辖区内有关企业认真吸取同类企业的事故教训，举一反三，查找漏洞，采取弥补措施，避免同类事故再次发生。对企业负责人、安全管理人员和生产操作人员开展事故警示教育，真正做到把别人的事故当成自己的事故来对待，把过去的事故当成今天的事故来对待。

国务院安委会或安委会办公室通报（通知）要求或国务院相关部门部署举例如下：

（1）2019年江苏响水天嘉宜化工有限公司"3·21"爆炸事故发生后，国务院安全生产委员会要求全面开展危险化学品安全隐患集中排查整治，对本地区危化品安全状况进行专题研判，组织对所有涉及硝化反应工艺装置和生产、储存硝化物的企业进行全面排查摸底，立即开展安全专项治理，对所有化工园区进行风险评估，及时消除重大隐患。

（2）2019年接连发生上海市长宁区"5·16"厂房坍塌事故和广西壮族自治区百色市"5·20"酒吧屋顶坍塌事故，住房和城乡建设部组织开展住房和城乡建设领域安全生产隐患大排查，排查重点是：①未办理施工许可等手续的新建、改建、扩建工程，涉及改动承重柱、梁、墙的装饰装修工程；②私搭乱建的建筑与设施，未经竣工验收即投入使用的工程；③施工现场的建筑起重机械、高支模、深基坑等危险性较大的分部分项工程；④城镇燃气、供水、排水与污水处理、供热、桥梁等市政公用设施运行以及城镇危旧房屋使用等领域的安全生产隐患。

（3）2020 年 6 月 13 日，浙江温岭发生一起槽罐车爆炸事故，6 月 14 日，为深刻吸取事故教训，举一反三，交通运输部印发《交通运输部安委会关于切实做好危化品运输等重点领域安全生产工作　坚决遏制重特大安全生产事故的紧急通知》（交安委明电〔2020〕20 号），部署加强行业安全生产工作。一是深刻警醒，充分认识当前交通运输安全生产形势的严峻性和做好安全生产工作的紧迫性。二是迅速行动，全力做好危化品运输安全管理。三是举一反三，全面加强行业其他重点领域重大安全风险防范。四是压实责任，切实抓实抓细安全生产专项整治三年行动。五是超前布防，切实抓好防汛防台和常态化疫情防控安全生产工作。

（4）2018 年市场监管总局办公厅发布《市场监管总局办公厅关于进一步加强危险化学品相关特种设备隐患排查治理工作的通知》（市监特设函〔2018〕1629 号），要求各级市场监管部门加强危险化学品相关特种设备监督检查，按照《市场监管总局办公厅关于深化提升危险化学品相关特种设备隐患排查治理工作的通知》（市监特〔2018〕24 号）的要求，采取有效措施督促相关企业落实隐患治理。

【创建要点】

创建城市应梳理国务院安委会或安委会办公室通报（通知）要求，或国务院相关部门部署，制定隐患排查方案，开展相关隐患排查活动。

《中华人民共和国安全生产法》要求，生产经营单位应当建立安全风险分级管控制度，按照安全风险分级采取相应的管控措施。生产经营单位应当建立健全并落实生产安全事故隐患排查治理制度，采取技术、管理措施，及时发现并消除事故隐患。事故隐患排查治理情况应当如实记录，并通过职工大会或者职工代表大会、信息公示栏等方式向从业人员通报。其中，重大事故隐患排查治理情况应当及时向负有安全生产监督管理职责的部门和职工大会或者职工代表大会报告。县级以上地方各级人民政府负有安全生产监督管理职责的部门应当将重大事故隐患纳入相关信息系统，建立健全重大事故隐患治理督办制度，督促生产经营单位消除重大事故隐患。

【创建实例】

遂宁市安居区应急管理局　聚焦典型安全事故开展安全隐患排查（发布时间：2022 - 02 - 16）

一是为深刻吸取重庆"1·7"燃爆事故教训，根据省、市、区安排部署，印发《遂宁市安居区燃气领域今冬明春、岁末年初、"两节"安全生产综合检查工作方案》，由住建部门牵头对全区城镇燃气进行排查整治，已排查 4817 户，发现隐患问题 1903 个，已完成整治 864 个。二是因甘孜丹巴"1·12"透水事故，省、市、区水利部门就我区 3 座水电站的安全隐患进行了全面排查，共发现问题 11 个，已立行立改问题 6 个，对不能及时整改的 5 个问题已建立工作台账，逐一落实责任人和整改措施，确保所有问题清零。三是全面开展一氧化碳安全隐患排查工作。积极安排干部职工开展居民安全用炭宣传，采取发放宣传资料的方式对居民安全用炭进行宣传，扎实做好全区一氧化碳中毒预防工作，严防一氧化碳中毒事件的发生。

【评价内容 2】

较大以上事故调查报告向社会公开，落实整改防范措施。

【评分标准】

（1）未公开近三年生产安全事故调查报告的，每发现一起扣 0.2 分，1 分扣完为止。

（2）未落实近三年生产安全事故调查报告整改防范措施的，每发现一起扣 0.2 分，1 分扣完为止。

【指标解读】

1）较大以上事故

《生产安全事故报告和调查处理条例》（国务院令第 493 号）规定，根据生产安全事故造成的人员伤亡或者直接经济损失，生产安全事故一般分为以下等级：

（1）特别重大生产安全事故，是指造成 30 人以上死亡，或者 100 人以上重伤（包括急性工业中毒，下同），或者 1 亿元以上直接经济损失的事故。

（2）重大生产安全事故，是指造成 10 人以上 30 人以下死亡，或者 50 人以上 100 人以下重伤，或者 5000 万元以上 1 亿元以下直接经济损失的事故。

（3）较大生产安全事故，是指造成 3 人以上 10 人以下死亡，或者 10 人以上 50 人以下重伤，或者 1000 万元以上 5000 万元以下直接经济损失的事故。

（4）一般生产安全事故，是指造成 3 人以下死亡，或者 10 人以下重伤，或者 1000 万元以下直接经济损失的事故。

国务院安全生产监督管理部门可以会同国务院有关部门，制定事故等级划分的补充性规定。

所称的"以上"包括本数，"以下"不包括本数。

2）调查报告

《生产安全事故报告和调查处理条例》（国务院令第 493 号）规定，事故调查报告应当包括下列内容：①事故发生单位概况；②事故发生经过和事故救援情况；③事故造成的人员伤亡和直接经济损失；④事故发生的原因和事故性质；⑤事故责任的认定以及对事故责任者的处理建议；⑥事故防范和整改措施。

事故调查报告应当附具有关证据材料。事故调查组成员应当在事故调查报告上签名。

3）向社会公开

《生产安全事故报告和调查处理条例》（国务院令第 493 号）要求，事故处理的情况由负责事故调查的人民政府或者其授权的有关部门、机构向社会公布，依法应当保密的除外。

《中共中央　国务院关于推进安全生产领域改革发展的意见》要求，建立事故调查分析技术支撑体系，所有事故调查报告要设立技术和管理问题专篇，详细分析原因并全文发布，做好解读，回应公众关切。

《国务院安委会办公室关于加强生产安全事故信息公开工作的意见》（安委办〔2012〕27 号）要求，各地区、各有关部门要依据《中华人民共和国安全生产法》《生产安全事故报告和调查处理条例》（国务院令第 493 号）等法律法规的规定，除依法应当保密的内容外，积极主动向社会公开生产安全事故调查处理信息，通报事故原因，公布事故调查报告和责任追究处理结果。

一是事故调查组成立后，事故调查组组长单位应当主动公布事故调查组成员名单。二是事故调查组或事故调查组组长单位要根据调查进展，及时向社会通报事故情况。三是事故调查报告经有关人民政府或部门批复后，事故调查组组长单位应当在规定时限内向社会公布事故调查报告。对依法应当保密但可以作区分处理的事故调查报告，要向社会公布经区分处理后的非涉密内容。四是有关部门要及时公布生产安全事故责任追究和整改措施的落实情况。五是要加强安全生产舆情引导和对生产安全事故信息公开后社会反响的预判工作，做好应对预案，并密切跟踪公开后的舆情，及时发布正面信息，正确引导舆论。

挂牌督办的生产安全事故结案后，各地区、各有关部门应当及时在政府网站专栏中向社会公开事故调查报告和责任追究落实情况。

4）落实整改防范措施

《中共中央　国务院关于推进安全生产领域改革发展的意见》要求，对事故调查发现有漏洞、缺陷的有关法律法规和标准制度，及时启动制定修订工作。建立事故暴露问题整改督办制度，事故结案后一年内，负责事故调查的地方政府和国务院有关部门要组织开展评估，及时向社会公开，对履职不力、整改措施不落实的，依法依规严肃追究有关单位和人员责任。

《生产安全事故报告和调查处理条例》（国务院令第 493 号）要求，事故发生单位应当认真吸取事故教训，落实防范和整改措施，防止事故再次发生。防范和整改措施的落实情况应当接受工会和职工的监督。

应急管理部门和负有安全生产监督管理职责的有关部门应当对事故发生单位

落实防范和整改措施的情况进行监督检查。

【创建要点】

创建城市应建立近三年较大以上事故台账，包含事故发生时间、发生单位、事故等级、调查报告名称、公开方式、整改防范措施落实评估结果等信息，并将事故调查报告及整改防范措施落实评估报告归档。

《国务院安委会办公室关于加强生产安全事故信息公开工作的意见》（安委办〔2012〕27号）要求，各地区、各有关部门要高度重视生产安全事故信息公开工作，充分发挥政府网站信息发布主平台和报刊、广播、电视等主流媒体的作用，坚持并不断完善安全生产新闻发布制度和重特大事故快速报道机制，正确处理安全生产信息公开与保守国家秘密的关系，重视舆情预判和引导，不断推进安全生产信息公开工作。

【创建实例】

雷州市生产安全事故调查报告信息（发布时间：实时更新）

3.4　城市安全保障能力

3.4.1　城市安全科技创新应用

1. 安全科技成果、技术和产品的推广使用

【评价内容1】

在城市安全相关领域推进科技创新。

【评分标准】

城市安全相关领域未获得省部级科技创新成果奖励的，扣1分；仅获得1项省级部级科技创新成果奖励的，扣0.5分；获得2项省部级科技创新成果奖励的，不扣分。

【指标解读】

1）城市安全相关领域推进科技创新

《关于推进城市安全发展的意见》要求强化安全科技创新和应用。加大城市安全运行设施资金投入，积极推广先进生产工艺和安全技术，提高安全自动监测和防控能力。加强城市安全监管信息化建设，建立完善安全生产监管与市场监管、应急保障、环境保护、治安防控、消防安全、道路交通、信用管理等部门公共数据资源开放共享机制，加快实现城市安全管理的系统化、智能化。深入推进城市生命线工程建设，积极研发和推广应用先进的风险防控、灾害防治、预测预警、监测监控、个体防护、应急处置、工程抗震等安全技术和产品。建立城市安全智库、知识库、案例库，健全辅助决策机制。升级城市放射性废物库安全保卫设施。

2） 省部级科技创新成果奖励

省部级奖励是指中华人民共和国各省、自治区、直辖市党委或人民政府直接授予的奖励，教育部、文化部、公安部、国家国防科技工业局等国家部委和中国人民解放军直接授予的奖励。

此外，经中华人民共和国科学技术部批准，由社会力量设立，面向全国评选的经常性科学技术奖在统计时常被归入省部级奖励范畴。

城市安全相关领域省部级科技创新成果奖励包括但不限于省级科学技术奖、中国职业安全健康协会科学技术奖、中国安全生产协会安全科技进步奖、交通运输重大科技创新成果库、华夏建设科学技术奖、中国地震局防震减灾科技成果奖、安全生产重特大事故防治关键技术科技项目等。

【创建要点】

创建城市应建立城市安全相关领域获得省部级科技成果奖励台账，包含获奖名称、获奖年份、获奖项目名称、获奖项目承担单位等基本信息。

【创建实例】

实例 1

（江苏）省政府关于 2021 年度江苏省科学技术奖励的决定（时间：2022 – 03 – 01）

实例 2

2021 年度中国职业安全健康协会科学技术奖拟授奖成果提名公告（发布时间：2022 – 04 – 12）

【评价内容 2】

推广一批具有基础性、紧迫性的先进安全技术和产品。

【评分标准】

未在矿山、尾矿库、交通运输、危险化学品、建筑施工、重大基础设施、城市公共安全、气象、水利、地震、地质、消防等行业领域推广应用具有基础性、紧迫性的先进安全技术和产品的，扣 1 分。

【指标解读】

1） 推广先进安全技术和产品

《中华人民共和国安全生产法》规定，国家鼓励和支持安全生产科学技术研究和安全生产先进技术的推广应用，提高安全生产水平。

《工业和信息化部　应急管理部　财政部　科技部关于加快安全产业发展的指导意见》（工信部联安〔2018〕111 号）要求加快先进安全产品研发和产业化：

（1）风险监测预警产品。安全生产领域，重点发展交通运输、矿山开采、工程施工、危险品生产储存、重大基础设施等方面的监测预警产品和故障诊断系统。城市安全领域，重点发展高危场所、高层建筑、超大综合体、城市管网、地下空间、人员密集场所等方面的监测预警产品。

（2）安全防护防控产品。安全生产领域，重点发展用于高危作业场所的工业机器人（换人）、人机隔离智能化控制系统（减人）、尘毒危害自动处理与自动隔抑爆等安全防护装置或部件、交通运输领域的主被动安全产品和安全防护设施等。城市安全领域，重点发展智能化巡检、集成式建筑施工平台、智能安防系统等安全防控产品。综合安全防护领域，重点发展电气安全产品、高效环保的阻燃防爆材料及各类防护产品等。

（3）应急处置救援产品。应急处置方面，重点发展应急指挥、通信、供电和逃生避险等产品，以及危险品泄漏等应急处置装备。应急救援方面，重点发展各类搜救、破拆、消防等智能化救援装备。

2）矿山、尾矿库、危险化学品等行业领域

《淘汰落后与推广先进安全技术装备目录管理办法》（原安监总厅科技〔2015〕43号）规定，先进安全技术装备是指机械化、自动化、信息化程度高，安全性能好，实用管用的技术和装备。为进一步加快安全生产先进技术装备的推广应用与落后技术装备的淘汰退出，提升防范遏制生产安全事故的保障支撑能力，原国家安监总局、科技部、工业和信息化部组织编制了《推广先进与淘汰落后安全技术装备目录（第二批）》。

《国家安全监管总局关于推动安全生产科技创新的若干意见》（原安监总科技〔2016〕100号）要求大力推广防治事故灾害先进技术装备。以"超前预测、主动预警、综合防治"事故灾害为重点，加大防范和遏制重特大事故先进技术装备推广。煤矿领域重点推广地面瓦斯抽采、新型瓦斯传感器、煤与瓦斯突出灾害监测预警、突水水源快速判别与治理、深部开采冲击地压综合防治技术等。金属非金属矿山领域重点推广高陡边坡安全监测技术、撬毛台车、膏体及高浓度尾矿充填技术与装备等。危险化学品领域重点推广危险化学品运输车辆泄漏快速封堵技术、危险化学品便携式多组分气体检测关键技术等。职业病危害领域重点推广高危粉尘和高毒危害综合防治技术等。

3）交通运输领域

《交通运输部关于科技创新促进交通运输安全发展的实施意见》（交科技发〔2014〕126号）要求，加快科研成果推广应用。总结梳理先进、适用交通运输安全科技成果，促进国家相关科技成果在交通运输行业的转化应用，编制交通运输安全科技成果推广目录，发布技术汇编，促进科技成果公开共享。

4）建筑施工领域

《国务院办公厅关于促进建筑业持续健康发展的意见》要求加强技术研发应用。加快先进建造设备、智能设备的研发、制造和推广应用，提升各类施工机具的性能和效率，提高机械化施工程度。限制和淘汰落后、危险工艺工法，保障生产施工安全。积极支持建筑业科研工作，大幅提高技术创新对产业发展的贡献率。加快推进建筑信息模型（BIM）技术在规划、勘察、设计、施工和运营维护全过程的集成应用，实现工程建设项目全生命周期数据共享和信息化管理，为项目方案优化和科学决策提供依据，促进建筑业提质增效。

《住房城乡建设部关于做好〈建筑业 10 项新技术（2017 版）〉推广应用的通知》（建质函〔2017〕268 号）要求做好大型复杂结构施工安全性监测技术、隧道安全监测技术、抗震、加固与监测技术等的推广应用工作，全面提升建筑业技术水平。

《住房城乡建设部办公厅关于印发贯彻落实城市安全发展意见实施方案的通知》（建办质〔2018〕58 号）要求强化安全科技创新和应用。加强城市安全监管信息化建设，建立完善部门之间公共数据资源开放共享机制。加强建筑市场监管信息化建设，推动实现安全生产监管与市场监管、信用管理数据信息互联、资源共享。推动装配式建筑、绿色建筑、建筑节能、建筑信息模型（BIM）技术、大数据在建设工程中的应用，推动新型智慧城市建设。

5）城市公共安全领域

《科技部关于印发〈"十三五"公共安全科技创新专项规划〉的通知》（国科发社〔2017〕102 号）要求加快成果转化应用与示范推广，政府引导与市场机制相结合，科技创新与大众创业相结合，使科技成果惠及广大民众。加强公共安全产业园区建设，通过技术、人才、资金等创新要素向园区集聚，提高园区自主创新和成果转化效率，使其成为公共安全领域高新产业发展的高地。建立市场主导的公共安全技术转化体系，完善公共安全科技成果转化激励制度，健全公共安全科技成果评估机制。推进公共安全各类技术研发成果进基层、惠民生。

6）气象领域

《中国气象局关于加强气象防灾减灾救灾工作的意见》（气发〔2017〕89 号）要求推进大数据、云计算、地理信息等新技术新方法运用。完善协同创新和科技成果转化机制，推动科研成果的集成转化、示范和推广应用。建设新时代气象防灾减灾救灾体系，发挥监测预报先导、预警发布枢纽、风险管理支撑、应急救援保障、统筹管理职能、国际减灾示范等六大作用。

7）水利领域

《水利部办公厅关于印发水利科技推广工作三年行动计划（2020—2022 年）的通知》要求加快推进水利科技推广工作，切实发挥先进适用技术对保障水安全的重要支撑作用。在技术需求迫切、水利特色明显的典型流域或区域，依托水利行业现有平台和资源、高等院校、科研机构和地方政府，开展先进适用技术集成应用和示范展示，建成一批试点示范基地，形成可复制、可推广的技术模式。

8）地震领域

《国家地震科技创新工程》要求加强"韧性城乡"建设，推广隔震、减震等工程韧性技术应用，并在学校、医院等重点和特殊设防类建筑广泛采用；建设地震预警和地震韧性监测网络，建立基于城镇多种社会监控信息源的灾情快速获取系统，建设生命线工程地震紧急处置示范系统；建设地震应急救援辅助决策系统，完善防灾减灾设施和应急保障对策体系；建设地震工程综合试验场。

【创建要点】

创建城市要提供在交通运输、尾矿库、危险化学品、工程施工、重大基础设施、城市公共安全、气象、水利、地震、地质、消防等行业领域推广部分先进安全技术和产品或者建立城市安全领域省部级科技创新成果应用示范工程的情况说明，并提供相关技术产品资料说明。

安全生产科学技术研究和安全生产先进技术的推广应用是一项基础性、长远性工作，仅靠市场机制难以解决问题，政府、相关部门应给予多种形式的鼓励和支持。如：宣传舆论上的鼓励和支持；政策上的鼓励和支持，包括财政、税收、金融以及人事政策的鼓励和支持；直接给予物质扶持、奖励等。

【创建实例】

黔东南州大力推广应用现代安全技术促进企业本质安全（发布时间：2021 - 10 - 20）

黔东南州应急局督促高危企业建设在线监测预警系统，提升高危行业本质安全水平。截至9月底，全州金属非金属地下矿山安全避险"六大系统"应建设矿山41座，已建设应用矿山25座，建设应用率61%；全州危险化学品重大危险源企业共2家，其中三级重大危险源1家（中石化凯里油库）、四级重大危险源1家（施秉县成功磷化有限公司），中石化凯里油库投入22万元资金建设危险化学品重大危险源监测预警系统，施秉县成功磷化有限公司投入15万元完成前期工作，并签订了危险化学品重大危险源监测预警系统建设合同。

2. 淘汰落后生产工艺、技术和装备

【评价内容】

企业淘汰落后生产工艺、技术和装备。

【评分标准】

企业存在使用淘汰落后生产工艺和技术参考目录中的工艺、技术和装备的，每发现一处扣0.5分，2分扣完为止。

【指标解读】

淘汰落后生产工艺技术和装备

淘汰落后生产工艺、技术和装备参考目录包括但不限于《产业结构调整指导目录（2019年本）》（国家发展和改革委员会令第29号）、《淘汰落后安全技术装备目录（2015年第一批）》（原安监总科技〔2015〕75号）、《淘汰落后安全技术工艺、设备目录》（原安监总科技〔2016〕137号）、《推广先进与淘汰落后安全技术装备目录（第二批）》（原安监总局 科技部 工信部2017年公告第19号）、《金属非金属矿山禁止使用的设备及工艺目录（第一批）》（原安监总管〔2013〕145号）、《金属非金属矿山禁止使用的设备及工艺目录（第二批）》（原安监总管〔2015〕13号）、《淘汰落后危险化学品安全生产工艺技术设备目录（第一批）》（应急厅〔2020〕38号）、《公路水运工程淘汰危及生产安全施工工艺、设备和材料目录》（2020年第89号）。

【创建要点】

创建城市应建立淘汰落后生产工艺和技术企业台账，包括企业名称、淘汰项目主要设备或生产线规格型号及数量、产能规模等基本信息。

地方各级政府相关部门按照国务院产业结构调整指导目录等产业政策要求，加强组织协调，指导和督促有关企业抓紧实施退出低端低效产能项目，确保在规定时限内完成相关生产线（设备）的拆除，对实施完成的项目按照相关规范要求及时组织验收。

相关企业要依法依规持续淘汰落后产能，在规定时限内完成去产能目标任务，推动企业不断转型升级，从源头上提升企业发展质量，夯实安全生产基础。

【创建实例】

槐荫区工信局推进工业领域落后生产工艺装备淘汰工作（发布时间：2020 - 06 - 11）

为做好槐荫区工业领域落后生产工艺装备淘汰工作，2020年6月9日，槐荫区工信局联合辖区内相关部门到有淘汰落后生产工艺装备的济南二机床集团有限公司和山东国茂集团有限公司两家企业进行现场对接工作。

对照《产业结构调整指导目录（2019年本）》对淘汰落后生产工艺装备进行现场逐一核实，按照市有关文件精神对确认的淘汰类生产工艺装备进行拆除和更换，同时要求企业做好拆除和更换工作中的安全保障工作。

槐荫区工信局将进一步做好后续跟进工作，做好落后生产工艺装备淘汰拆除企业的服务工作，支持鼓励企业进行升级改造和使用国家鼓励类的生产工艺进行生产，促进企业健康发展。

3.4.2　社会化服务体系

1. 城市安全专业技术服务

【评价内容1】

制定政府购买安全生产服务指导目录。

【评分标准】

未制定政府购买安全生产服务指导目录的，扣0.5分。

【指标解读】

1) 政府购买服务

《政府购买服务管理办法》(财政部令第102号) 规定，政府购买服务是指各级国家机关将属于自身职责范围且适合通过市场化方式提供的服务事项，按照政府采购方式和程序，交由符合条件的服务供应商承担，并根据服务数量和质量等因素向其支付费用的行为。

县级以上地方人民政府财政部门负责本行政区域政府购买服务管理，各级国家机关是政府购买服务的购买主体。

2) 指导目录

《财政部关于做好政府购买服务指导性目录编制管理工作的通知》(财综〔2016〕10号) 要求，各级各部门应当按照需要与可能、尊重地区差异的原则，将应当由政府举办并适合采取市场化方式提供、社会力量能够承担的服务事项纳入指导性目录。纳入部门指导性目录的事项主要包括以下三个方面：

（1）目前财政预算已经安排资金的项目。

（2）法律法规或党中央、国务院明确的公共服务重点支出领域或项目。

（3）随着经济社会发展变化，本地区、本部门急需且同级财政具有相应保障能力的公共公益服务项目。

指导性目录一般分三级。其中，一级目录可分为基本公共服务、社会管理性服务、行业管理与协调服务、技术性服务、政府履职所需辅助性服务以及其他事项等6类。二级目录是在一级目录基础上，结合本部门的行业特点，对有关服务类型的分类和细化。三级目录是在二级目录基础上，结合本部门的具体支出项目特点，对有关具体服务项目的归纳和提炼。

3) 安全生产服务指导目录

《国务院安全生产委员会关于加快推进安全生产社会化服务体系建设的指导意见》(安委〔2016〕11号) 要求完善政府购买服务制度。制定安全监管监察部门购买服务的指导性目录，规范政府购买安全生产服务行为。完善由购买主体、服务对象和第三方专业机构共同参与的综合评价体系，并将评价结果作为选择承接主体的重要依据。保障政府购买服务经费，规范支付管理。

安全生产服务指导目录可参考《国家安全生产监督管理总局政府购买服务

指导性目录》制定。其中，一级目录有基本公共服务、社会管理性服务、行业管理与协调性服务、技术性服务、政府履职所需辅助性服务、其他等6类服务事项；二级目录有文化、公共安全、科技推广、公共公益宣传、行业职业资格和水平测试管理、行业规范等27种适宜由社会力量承担的服务事项；三级目录有安全文化建设服务、公共领域隐患排查治理、安全发展城市建设服务、安全生产与职业健康科技研发与攻关、应急救援科技研发与攻关、安全生产与职业健康宣传教育等52种适宜由社会力量承担的服务事项。

【创建要点】

创建城市应编制《政府购买安全生产服务指导目录》，如未制定专项的购买安全生产服务指导目录，则需提供包含购买安全生产服务项目的《政府购买服务指导目录》。

各级财政部门充分征求应急管理部门等相关部门意见建议，制定本级政府购买安全生产服务指导性目录，确定政府购买安全生产服务的种类、性质和内容，并根据经济社会发展变化、政府职能转变及公众需求等情况及时进行动态调整。

制定政府购买安全生产服务指导目录，规范政府行政行为，发挥市场机制作用，促进当地相关企业发展，更好地满足新形势下安全生产服务多样化、个性化、专业化需求，同时有效发挥财政资金的杠杆作用，吸引更多的社会力量参与城市安全。

【创建实例】

吴忠市应急管理局 吴忠市财政局关于印发政府购买安全生产和灾害防治服务指导性目录的公告（发布时间：2020－07－15）

【评价内容2】

定期对技术服务机构进行专项检查，并对问题进行通报整改。

【评分标准】

未定期对技术服务机构进行专项检查，并对问题进行通报整改的，扣0.5分。

【指标解读】

1）技术服务机构

（1）安全评价检测检验机构。

《安全评价检测检验机构管理办法》（应急管理部令第1号）规定，安全评价检测检验机构是指申请安全评价检测检验机构资质，从事法定的安全评价、检测检验服务的机构。

安全评价检测检验机构应当在开展现场技术服务前七个工作日内，书面告知项目实施地资质认可机关，接受资质认可机关及其下级部门的监督抽查。

资质认可机关应当将其认可的安全评价检测检验机构纳入年度安全生产监督检查计划范围。按照国务院有关"双随机、一公开"的规定实施监督检查，并确保每三年至少覆盖一次。

安全评价检测检验机构从事跨区域技术服务的，项目实施地资质认可机关应当及时核查其资质有效性、认可范围等信息，并对其技术服务实施抽查。

资质认可机关及其下级部门应当对本行政区域内登记注册的安全评价检测检验机构资质条件保持情况、接受行政处罚和投诉举报等情况进行重点监督检查。

（2）职业卫生技术服务机构。

《职业卫生技术服务机构管理办法》（国家卫生健康委员会令第4号）规定，职业卫生技术服务机构是指为用人单位提供职业病危害因素检测、职业病危害现状评价、职业病防护设备设施与防护用品的效果评价等技术服务的机构。

县级以上地方卫生健康主管部门应当按照有关"双随机、一公开"的规定，加强对本行政区域内从业的职业卫生技术服务机构事中事后监管。

县级以上地方卫生健康主管部门对职业卫生技术服务机构的监督检查，主要包括下列内容：

① 是否以书面形式与用人单位明确技术服务内容、范围以及双方的责任。

② 是否按照标准规范要求开展现场调查、职业病危害因素识别、现场采样、现场检测、样品管理、实验室分析、数据处理及应用、危害程度评价、防护措施及其效果评价、技术报告编制等职业卫生技术服务活动。

③ 技术服务内部审核、原始信息记录等是否规范。

④ 职业卫生技术服务档案是否完整。

⑤ 技术服务过程是否存在弄虚作假等违法违规情况。

⑥ 是否按照规定向技术服务所在地卫生健康主管部门报送职业卫生技术服务相关信息。

⑦ 是否按照规定在网上公开职业卫生技术报告相关信息。

⑧ 依法应当监督检查的其他内容。

县级以上地方卫生健康主管部门在对用人单位职业病防治工作进行监督检查过程中，应当加强对有关职业卫生技术服务机构提供的职业卫生技术服务进行延伸检查。

县级以上卫生健康主管部门应当建立职业卫生技术服务机构信息管理系统，建立职业卫生技术服务机构及其从业人员信用档案，记录违法失信行为并依法向社会公开，依据职业卫生技术服务机构信用状况，实行分类监管。

（3）工程质量检测机构。

《建设工程质量检测管理办法》（原建设部令第141号）规定，建设工程质量检测是指工程质量检测机构接受委托，依据国家有关法律、法规和工程建设强制性标准，对涉及结构安全项目的抽样检测和对进入施工现场的建筑材料、构配件的见证取样检测。

县级以上地方人民政府建设主管部门应当加强对检测机构的监督检查，主要检查下列内容：

① 是否符合本办法规定的资质标准。

② 是否超出资质范围从事质量检测活动。

③ 是否有涂改、倒卖、出租、出借或者以其他形式非法转让资质证书的行为。

④ 是否按规定在检测报告上签字盖章，检测报告是否真实。

⑤ 检测机构是否按有关技术标准和规定进行检测。

⑥ 仪器设备及环境条件是否符合计量认证要求。

⑦ 法律、法规规定的其他事项。

县级以上地方人民政府建设主管部门，对监督检查中发现的问题应当按规定权限进行处理，并及时报告资质审批机关。

（4）消防技术服务机构。

《应急管理部关于印发〈消防技术服务机构从业条件〉的通知》（应急〔2019〕88号）要求加强对消防技术服务活动的监督管理。各级消防救援机构应当结合日常消防监督检查工作，对消防技术服务机构的从业条件和服务质量实施监督抽查，在开展火灾事故调查时倒查消防技术服务机构责任，依法惩处不具备从业条件的机构，以及出具虚假或失实文件等违法违规行为，依据相关规定记入信用记录，协同相关部门实施联合惩处。

《社会消防技术服务管理规定》（应急管理部令第7号）规定，消防技术服务机构是指从事消防设施维护保养检测、消防安全评估等消防技术服务活动的企业。县级以上人民政府消防救援机构依照有关法律、法规和本规定，对本行政区域内的社会消防技术服务活动实施监督管理。县级以上人民政府消防救援机构对社会消防技术服务活动开展监督检查的形式有：

① 结合日常消防监督检查工作，对消防技术服务质量实施监督抽查。

② 根据需要实施专项检查。

③ 发生火灾事故后实施倒查。

④ 对举报投诉和交办移送的消防技术服务机构及其从业人员的违法从业行为进行核查。

开展社会消防技术服务活动监督检查可以根据实际需要，通过网上核查、服务单位实地核查、机构办公场所现场检查等方式实施。

（5）公路水运工程试验检测机构。

《公路水运工程试验检测管理办法》（2005 年 10 月 19 日原交通部令第 12 号公布，根据 2016 年 12 月 10 日交通运输部第 80 号第一次修正，根据 2019 年 11 月 28 日交通运输部第 38 号第二次修正）规定，公路水运工程试验检测机构是指承担公路水运工程试验检测业务并对试验检测结果承担责任的机构。

公路水运工程试验检测监督检查，主要包括下列内容：

① 《等级证书》使用的规范性，有无转包、违规分包、超范围承揽业务和涂改、租借《等级证书》的行为。

② 检测机构能力变化与评定的能力等级的符合性。

③ 原始记录、试验检测报告的真实性、规范性和完整性。

④ 采用的技术标准、规范和规程是否合法有效，样品的管理是否符合要求。

⑤ 仪器设备的运行、检定和校准情况。

⑥ 质量保证体系运行的有效性。

⑦ 检测机构和检测人员试验检测活动的规范性、合法性和真实性。

⑧ 依据职责应当监督检查的其他内容。

质监机构应当及时向社会公布监督检查的结果。

省级人民政府交通运输主管部门负责本行政区域内公路水运工程试验检测活动的监督管理。省级交通质量监督机构具体实施本行政区域内公路水运工程试验检测活动的监督管理。

（6）防雷装置检测单位。

《雷电防护装置检测资质管理办法》（2016 年 4 月 7 日中国气象局令第 31 号公布，根据 2020 年 11 月 29 日中国气象局令第 38 号第一次修正，根据 2022 年 8 月 15 日中国气象局令第 41 号第二次修正）规定，雷电防护装置检测是指对接闪器、引下线、接地装置、电涌保护器及其连接导体等构成的，用以防御雷电灾害的设施或者系统进行检测的活动。

雷电防护装置检测单位设立分支机构或者跨省、自治区、直辖市从事雷电防护装置检测活动的，应当及时向开展活动所在地的省、自治区、直辖市气象主管机构报告，并报送检测项目清单，接受监管。

省、自治区、直辖市气象主管机构应当组织或者委托第三方专业技术机构对雷电防护装置检测单位的检测质量进行考核。

（7）特种设备检验检测机构。

《特种设备安全监察条例》（2003 年 3 月 11 日国务院令第 373 号公布，根据 2009 年 1 月 24 日国务院令第 549 号修正）要求，国务院特种设备安全监督管理部门应当组织对特种设备检验检测机构的检验检测结果、鉴定结论进行监督抽查。县以上地方负责特种设备安全监督管理的部门在本行政区域内也可以组织监督抽查，但是要防止重复抽查。监督抽查结果应当向社会公布。

特种设备安全监督管理部门对特种设备检验检测机构实施安全监察，应当对每次安全监察的内容、发现的问题及处理情况，作出记录，并由参加安全监察的特种设备安全监察人员和被检查单位的有关负责人签字后归档。被检查单位的有关负责人拒绝签字的，特种设备安全监察人员应当将情况记录在案。

（8）安全生产标准化工作机构。

《国家安全监管总局关于印发企业安全生产标准化评审工作管理办法（试行）的通知》（原安监总办〔2014〕49号）规定，安全生产标准化工作机构一般应包括评审组织单位和评审单位，由一定数量的评审人员参与日常工作。评审单位是指由安全监管部门（现为应急管理部门）考核确定、具体承担企业安全生产标准化评审工作的第三方机构。

各级安全监管部门（现为应急管理部门）要规范对评审组织单位、评审单位的管理，强化监督检查，督促其做好安全生产标准化评审相关工作；对于在评审工作中弄虚作假、牟取不正当利益等行为的评审单位，一律取消评审单位资格；对于出现违法违规行为的评审单位法人和评审人员，依法依规严肃查处，并追究责任。

（9）交通运输企业安全生产标准化管理维护单位、评价机构和评审员。

《交通运输企业安全生产标准化建设评价管理办法》（交安监发〔2016〕133号）要求，主管机关应加强对管理维护单位、评价机构和评审员的监督管理，建立健全日常监督、投诉举报处理、评价机构和评审员信用评价、违规处理和公示公告等机制，规范交通运输企业安全生产标准化建设评价工作。省级主管机关对日常监督管理工作中发现的一级评价机构存在的违法违规行为应通过管理系统上报。

主管机关应采取"双随机、一公开"的突击检查方式，组织抽查本管辖范围内从事相关业务的评价机构和评审员相关工作。抽查内容应包含：机构备案条件、管理制度、责任体系、评价活动管理、评审员管理、评价案卷、现场评价以及机构能力保持和建设等。

2）专项检查

《国务院关于在市场监管领域全面推行部门联合"双随机、一公开"监管的意见》要求，在市场监管领域全面推行部门联合"双随机、一公开"监管，增强市场主体信用意识和自我约束力，对违法者"利剑高悬"；切实减少对市场主体正常生产经营活动的干预，对守法者"无事不扰"。强化企业主体责任，实现由政府监管向社会共治的转变，以监管方式创新提升事中事后监管效能。

做好个案处理和专项检查工作。在做好"双随机、一公开"监管工作的同时，对通过投诉举报、转办交办、数据监测等发现的违法违规个案线索，要立即实施检查、处置；需要立案查处的，要按照行政处罚程序规定进行调查处理。要坚持问题导向，对通过上述渠道发现的普遍性问题和市场秩序存在的突出风险，要通过双随机抽查等方式，对所涉抽查事项开展有针对性的专项检查，并根据实际情况确定抽查比例（针对涉及安全、质量、公共利益等领域，抽查比例不设上限），确保不发生系统性、区域性风险。要将抽查检查结果归集至国家企业信用信息公示系统和全国信用信息共享平台等，为开展协同监管和联合惩戒创造条件。对无证无照经营，有关部门应当按照《无证无照经营查处办法》等法律法规的规定予以查处。

【创建要点】

创建城市要建立相关部门对技术服务机构进行检查的台账，包括检查时间、被检查机构名称、检查存在问题、问题通报整改情况等基本信息。

政府相关部门应当建立本部门管理范围内技术服务机构监督检查档案，记录监督检查结果、问题整改情况，加强事中事后监管，并向社会公开监督检查情况和处理结果。

技术服务机构应当依照法律、法规、标准和规范，遵循客观公正、诚实守信、公平竞争的原则，遵守执业准则，恪守职业道德，依法独立开展安全生产专业技术服务活动，并对服务结果、结论等承担相应的法律责任，自觉接受政府相关部门的监督、检查和指导。

对标准化评审、园区风险评估、重大危险源评估、风险分级管控体系和隐患排查治理体系建设等领域的专业技术服务机构，有专门的管理办法，并通过失信联合惩戒、"黑名单"管理措施，加强事中事后监管。

【创建实例】

实例 1

晋城城区消防开展消防技术服务机构专项检查（发布时间：2021-07-29）

为进一步规范辖区消防技术服务机构从业活动，营造依法依规执业、优质高效服务的社会消防技术服务市场环境。近日，晋城市城区消防救援大队组织开展了消防技术服务机构专项检查。

检查过程中，大队执法人员严格按照《社会消防技术服务管理规定》，对已进行维保的社会单位进行实地检查，重点对照维保记录和检测报告，现场核查维保单位是否定期派遣专业技术人员对单位建筑消防设施进行维护保养并如实记录，检测单位是否存在未实地检测或出具虚假报告违规行为，社会单位是否对建筑消防设施存在的问题和故障信息及时进行处理，全方位摸清消防技术服务机构的基本情况，并对核查中存在的问题当场给予反馈。通过检查，发现部分消防技术服务机构对社会单位建筑消防设施检测出具的书面结论文件未签名、盖章，检查人员依法进行了处理并要求服务机构要严格落实自查自纠，及时整改存在的问题，要建立健全质量管理机制，加强行业自律，进一步规范执业活动，提升服务水平和执业质量，促进行业健康发展。

通过此次专项检查，有效净化了辖区消防技术服务机构服务环境，切实规范了消防技术服务机构执业行为，大力提升了消防技术服务机构诚信监管水平，为辖区消防安全形势稳定奠定了良好基础。

实例 2

淄博市对职业卫生技术服务机构进行专项检查（发布时间：2020 – 06 – 22）

根据省、市卫生健康综合监督执法工作要求，淄博市卫生计生监督执法局联合区（县）卫生健康监督机构，于 5 月 29 日至 6 月 18 日对全市职业卫生技术服务机构开展了监督检查。

淄博市共有职业卫生技术服务机构 11 家（放射卫生技术服务机构 1 家），其中，甲级资质 1 家，乙级资质 6 家（放射卫生技术服务机构 1 家），丙级资质 4 家。这次检查的主要内容包括：资质条件符合情况，资质管理合规情况，技术服务能力情况，技术服务规范情况。检查采取听取自查情况汇报，现场查看，提问、查阅资料等方式，对从企业抽取的二份定期检测报告核对现场调查、实验室等原始资料和仪器出入库情况，并对报告进行点评。

从企业抽取的定期检测报告主要存在以下问题：①企业基本情况不全；②生产工艺、原辅材料调查不细致；③现场调查相关资料不规范，有的有缺项；④检测范围没有全覆盖，个体采样数、采样时间不符合《工作场所空气中有害物质监测的采样规范》（GBZ 159—2004）的要求；⑤职业病防护设施、个体防护用品调查不具体；⑥建议模板化，未针对存在问题提出切实可行的建议。对存在的问题都下达了卫生监督意见书，责令限期整改。同时要求技术服务机构写出整改报告报市卫生计生监督执法局和所在区县卫生健康监督机构，届时，我局将对整改情况进行验收。

实例 3

盘锦市应急管理局开展安全评价机构专项检查（发布时间：2021 – 12 – 09）

为进一步规范安全评价机构的执业行为，提高安全评价技术服务质量，充分发挥其在安全生产工作中的技术支撑作用，规范安全生产中介机构安全评价行为，营造良好的安全生产领域营商环境，根据《优化营商环境条例》《辽宁省安全评价机构执业行为专项整治实施方案》（辽应急规划〔2021〕4 号）等法规和文件要求，12 月 7 日，市应急管理局对在盘的安全评价机构开展专项检查。

市应急管理局副局长金××一行3人，来到盘锦科力安石油科技有限责任公司，对其在盘锦开展的评价业务进行了抽查，重点对评价过程管控、评价主体责任落实、评价公开服务信息等方面进行检查。

2. 城市安全领域失信惩戒

【评价内容1】

建立安全生产、消防、住建、交通运输、特种设备等领域失信联合惩戒制度。

【评分标准】

未建立安全生产、消防、住房城乡建设、交通运输、特种设备等领域失信联合惩戒制度的，每缺少一个领域扣0.1分，0.5分扣完为止。

【指标解读】

失信联合惩戒制度

《关于建立完善守信联合激励和失信联合惩戒制度加快推进社会诚信建设的指导意见》规定，对重点领域和严重失信行为实施联合惩戒，在有关部门和社会组织依法依规对本领域失信行为作出处理和评价基础上，通过信息共享，推动其他部门和社会组织依法依规对严重失信行为采取联合惩戒措施。

（1）安全生产领域。

《对安全生产领域失信行为开展联合惩戒的实施办法》（原安监总办〔2017〕49号）要求，各级安全监管监察部门要会同有关部门对纳入联合惩戒对象和"黑名单"管理的生产经营单位及其有关人员，按照《关于对安全生产领域失信生产经营单位及其有关人员开展联合惩戒的合作备忘录》（发改财金〔2016〕1001号）和国务院关于社会信用体系建设的有关规定，依法依规严格落实各项惩戒措施。

（2）消防安全领域。

《消防安全领域信用管理暂行办法》（应急消〔2020〕331号）要求，消防救援机构积极与当地发改、市场监管等部门建立信息共享、联合惩戒机制，将消防安全领域失信行为推送至本地信用信息共享平台、企业信用信息公示系统，向社会公示。

消防救援机构应当对存在消防安全严重失信行为的社会单位（场所）和个人实施以下惩戒措施：结合"双随机、一公开"监管，将其列为重点监管对象，增加抽查频次，加大监管力度；失信行为公示期间，产生新的消防安全违法违规行为的，依法依规从严从重处理；将其消防安全领域严重失信行为情况通报相关部门，按照本地有关规定实施联合惩戒。

（3）房地产领域。

《关于对房地产领域相关失信责任主体实施联合惩戒的合作备忘录》（发改财

金〔2017〕1206 号）要求，各部门应密切协作，积极落实本备忘录，制定失信信用信息的使用、撤销、管理的相关实施细则和操作流程，依法依规实施联合惩戒。

（4）住房城乡建设领域。

《住房城乡建设领域信用信息管理暂行办法（网上征求意见稿）》要求，各级住房城乡建设主管部门应结合实际情况编制信用建设实施方案，明确工作机构和工作人员，安排工作经费，并按照各自职责，加强本行政区域内住房城乡建设领域信用信息综合协调和监督管理，做好相关行业信用信息归集、共享、应用及其管理工作。鼓励将信用工作纳入年度目标责任制和年度考核体系。

（5）交通运输相关领域。

《交通运输守信联合激励和失信联合惩戒对象名单管理办法（试行）》（交政研发〔2018〕181 号）要求，交通运输部按照市场监管、社会治理和公共服务职责研究制定交通运输相关领域红黑名单制度，明确红黑名单认定部门（单位）、认定标准、名单有效期等，并监督实施。名单认定原则上实行全国统一标准。

在未出台全国统一标准的交通运输行业领域，省级交通运输主管部门可根据需要制定地方标准，经省级人民政府审定，并报交通运输部备案后实施。

各级交通运输主管部门应按规定落实行业各领域红黑名单制度。

（6）特种设备领域。

《严重违法失信名单管理办法（修订草案征求意见稿）》（市场监管总局 2019年 7 月 10 日）规定，销售、出租、交付、使用国家明令淘汰的或者未取得许可生产，未经检验或者检验不合格的特种设备，造成严重后果，社会影响恶劣，被市场监督管理部门行政处罚的，由负责部门列入严重违法失信名单。

负责部门应当将严重违法失信名单信息嵌入各业务系统，建立健全严重违法失信名单信息的查询反馈机制，推进共享共用。

【创建要点】

创建城市要制定安全生产、消防、住房和城乡建设、交通运输、特种设备等领域制定的失信联合惩戒制度相关文件，健全社会信用体系，加快构建以信用为核心的新型市场监管体制。

地方政府要建立健全失信联合惩戒机制，严格依照法律法规和政策规定，科学界定失信行为，开展失信联合惩戒。对失信生产经营单位及其有关人员实施有效惩戒，督促生产经营单位严格履行安全生产主体责任、依法依规开展生产经营活动。坚持问题导向，着力解决当前危害公共利益和公共安全、人民群众反映强烈、对经济社会发展造成重大负面影响的重点领域失信问题。鼓励支持有关部门创新示范，逐步将守信激励和失信惩戒机制推广到经济社会各领域。

【创建实例】

实例1

市安监局关于印发《南京市安全生产失信行为惩戒管理暂行办法》的通知（发布时间：2018－01－02）

实例2

连云港市海州区试点出台《消防安全领域失信联合惩戒办法（试行）》（发布时间：2021－01－31）

为督促社会单位和个人落实消防安全主体责任，推进消防安全领域信用管理工作，有效提升社会消防安全治理水平，近日，江苏省连云港市海州区出台《海州区消防安全领域失信联合惩戒办法（试行）》（以下简称《办法》）。

据相关部门负责人介绍，《办法》明确和细化了各项消防信用监管措施，归集范畴全面。《办法》明确将7类对象20种情形纳入消防安全信息归集范畴，涵盖了单位及个人消防安全承诺情况、消防行政许可、消防行政处罚、重大火灾隐患等方面，有效拓宽了消防责任追究渠道，惩戒措施立体。

《办法》根据信息性质，区分为一般、较重和严重失信行为信息三个等级，分别设置不同惩戒手段，并向社会公示。一般失信行为信息可作为信用评价、项目核准、用地审批、金融扶持、财政奖补等方面参考依据；严重失信行为，相关部门根据各自社会管理职能，限制或禁止从事特定行为，形成联合惩戒的强大合力。修复机制到位。

【评价内容2】

建立失信联合惩戒对象管理台账。

【评分标准】

未建立失信联合惩戒对象管理台账的，每发现一个领域扣0.1分，0.3分扣完为止；未按规定将相关单位列入联合惩戒的，每发现一个扣0.1分，0.2分扣完为止。

【指标解读】

建立失信联合惩戒对象管理台账

《国家发展改革委 人民银行关于加强和规范守信联合激励和失信联合惩戒对象名单管理工作的指导意见》（发改财金规〔2017〕1798号）要求建立失信联合惩戒对象名单制度，规范名单信息内容。名单信息主要内容包括：①相关主体的基本信息，包括法人和其他组织名称（或自然人姓名）、统一社会信用代码、全球法人机构识别编码（LEI码）（或公民身份号码、港澳台居民的公民社会信用代码、外国籍人身份号码）、法定代表人（或单位负责人）姓名及其身份证件类型和号码等；②列入名单的事由，包括认定诚实守信或违法失信行为的事实、认定部门（单位）、认定依据、认定日期、有效期等；③相关主体受到联合奖惩、信用修复、退出名单的相关情况。

（1）安全生产领域。

《安全生产领域失信惩戒名单管理办法（征求意见稿）》（应急管理部调查统计司2020年9月28日）规定，安全生产领域失信惩戒名单，根据失信行为程度分为重点关注名单和严重失信名单。重点关注名单由县级以上应急管理部门认定，严重失信名单由省级应急管理部门认定。名单信息包括失信单位名称、统一社会信用代码、失信人姓名、纳入日期、纳入事由、依据、审核决定部门。

重点关注名单在省市县三级应急管理部门政府网站向社会公布，并向应急管理部报送。严重失信名单在省级部门政府网站向社会公布，并向有关部门通报。应急管理部将严重失信名单信息汇总后向相关部门通报，同时在部门网站向社会公布。

（2）消防安全领域。

《消防安全领域信用管理暂行办法》（消防救援局2020年10月28日）要求，消防救援机构应当依托消防监督执法系统数据，将消防安全信用信息建档留痕，做到可查可核可追溯。

消防救援机构积极与当地发改、市场监管等部门建立信息共享、联合惩戒机制，将消防安全领域失信行为推送至本地信用信息共享平台、企业信用信息公示系统，向社会公示。

消防安全领域失信行为信息包括单位基本信息（法人和其他组织名称、统一社会信用代码、法定代表人姓名及其身份证件类型和号码）、个人基本信息（姓名、身份证件类型和号码）、列入事由（认定违法失信行为的事实、认定部门、认定依据、认定日期、有效期）、信息来源机构和退出信息等。

（3）房地产领域。

《关于对房地产领域相关失信责任主体实施联合惩戒的合作备忘录》（发改财金〔2017〕1206号）要求，住房城乡建设部将惩戒对象失信信息推送到全国信用信息共享平台，依法在"信用中国"网站或住房城乡建设部网站公布，并及时更新。

有关行政监督管理部门可以通过全国信用信息共享平台、"信用中国"网站、各省级信用信息共享平台或住房城乡建设部网站查询相关主体失信行为信息，并采取必要方式做好失信行为主体信息查询记录和证据留存。社会公众可以通过"信用中国"网站或住房城乡建设部网站查询相关主体失信行为信息。

查询内容包括失信房地产企业的名称、统一社会信用代码（或组织机构代码），失信人员的姓名、性别、身份证号码；失信的具体情形：裁定惩戒对象失信行为的单位和文件，裁定依据、裁定时间以及应当记载和公布的不涉及国家秘密、商业秘密和个人隐私的其他事项。

（4）住房城乡建设领域。

《住房城乡建设领域信用信息管理暂行办法（网上征求意见稿）》（住房城乡建设部办公厅 2018 年 10 月 15 日）要求，住房城乡建设领域公共信用信息目录由住房城乡建设部信用工作机构组织编制并适时调整，经住房城乡建设部社会信用体系建设领导小组批准后实施。

地方住房城乡建设有关信用信息平台（系统）依法依规归集信用服务机构、行业协会、其他企业事业单位和组织等采集的信用信息，并按照信用信息归集规范及时对收到的信用信息进行审核。

（5）交通运输相关领域。

《交通运输守信联合激励和失信联合惩戒对象名单管理办法（试行）》（交政研发〔2018〕181 号）要求，认定部门（单位）应按照相关领域红黑名单制度规定，将认定的红黑名单、重点关注名单等信息报送至交通运输部，纳入全国交通运输信用信息共享平台，建立行业联合奖惩对象名单数据库，实施动态管理。同时，全国交通运输信用信息共享平台及时推送有关信息至全国信用信息共享平台和国家企业信用信息公示系统。交通运输部应通过"信用交通"网站、"信用中国"网站等渠道向社会公众发布红黑名单，可公开发布重点关注名单。

（6）特种设备领域。

《严重违法失信名单管理办法（修订草案征求意见稿）》（市场监管总局 2019年 7 月 10 日）要求，国家市场监督管理总局负责指导、组织全国的严重违法失信名单管理工作。其他负责部门负责本辖区、本领域的严重违法失信名单管理工作。负责部门将主体列入严重违法失信名单的，应当作出列入决定，相关信息记载于主体名下，并通过国家企业信用信息公示系统公示。列入决定应当包括名称/姓名、统一社会信用代码/身份证号码、列入日期、列入事由、权利救济的期限和途径、作出决定机关。

【创建要点】

创建城市要依托现有信用信息平台，建立失信联合惩戒对象管理台账，对严重失信主体，有关部门和机构应以统一社会信用代码为索引，及时公开披露相关信息，便于市场识别失信行为，防范信用风险，同时将其列为重点监管对象，依法依规采取行政性约束和惩戒措施。

地方政府在有关部门和社会组织依法依规对本领域失信行为作出处理和评价基础上，依托现有信用信息系统，强化失信联合惩戒对象名单收集、共享、交换和发布等工作，为跨地区、跨部门联合惩戒提供系统支撑，充分发挥公共信用信息系统的枢纽作用，实现联合惩戒信息的交换共享、定向分发、自动提醒、实时响应、多方应用、直接反馈和动态调整。通过信息共享，推动其他部门和社会组织依法依规对严重失信行为采取联合惩戒措施。

【创建实例】

广州市关于对统计领域严重失信企业及其有关人员开展联合惩戒的合作备忘录（发布时间：2020－01－06）

市统计局通过市公共信用信息管理系统向各相关单位提供我市统计领域失信联合惩戒对象相关信息，在市统计局网站、"信用广州"网站等向社会公布。各相关单位从市公共信用信息管理系统获取对象名单。

3. 城市社区安全网格化

【评价内容1】

社区网格化覆盖率100%。

【评分标准】

社区网格化覆盖率未达到100%的，扣0.5分。

【指标解读】

1）社区网格化

《中共中央关于全面深化改革若干重大问题的决定》提出，要改进社会治理方式，创新社会治理体制，以网格化管理、社会化服务为方向，健全基层综合服务管理平台。社区网格化管理依托统一的城市管理以及数字化的平台，将城市管理辖区按照一定的标准划分成为单元网格。通过加强对单元网格的部件和事件巡查，建立一种监督和处置互相分离的形式。政府能够主动发现，及时处理，加强政府对城市的管理能力和处理速度，将问题解决在居民投诉之前。

《中共中央　国务院关于加强和完善城乡社区治理的意见》指出，进一步加强基层群众性自治组织规范化建设，合理确定其管辖范围和规模。促进基层群众自治与网格化服务管理有效衔接。依托社区综治中心，拓展网格化服务管理。

《城乡社区网格化服务管理规范》（GB/T 34300—2017）规定，根据本地区实际，城乡社区原则上宜按照常住300~500户或1000人左右为单位划分网格；行政村可以将一个村民小组（自然村）划分为一个或多个网格；对城乡社区内较大商务楼宇、各类园区、商圈市场、学校、医院及有关企业事业单位，可以结合实际划分为专属网格。

每个网格应有唯一的编码，以实现网格地理信息数字化。网格编码由省（自治区、直辖市）统一编制并确定。

2）社区安全网格化

《国务院安委会办公室关于加强基层安全生产网格化监管工作的指导意见》

（安委办〔2017〕30号）要求，建成运行高效、覆盖所有乡镇（街道）、村（社区）和监督管理对象的基层安全生产网格化监管体系。

基层安全生产网格化监管是指将乡镇（街道）及以下的安全生产监管区域划分成若干网格单元，既厘清单元内每个监督管理对象负有安全生产监督管理职责的部门，又明确单元内每个监督管理对象对应的安全生产网格管理员，通过加强信息化管理，实现负有安全生产监督管理职责的部门与网格员的互联互通、互为补充、有机结合。基层安全生产网格化监管是现有安全生产监管工作的延伸，充分发挥网格员的"信息员"和"宣传员"等作用，有利于协助负有安全生产监督管理职责的部门实现对基层安全生产工作的动态监管、源头治理和前端处理。

【创建要点】

创建城市要提供推动社区网格化治理制定的相关政策文件及城市区域内社区网格划分清单等基础资料，切实实现社区网格化覆盖率达到100%，化被动管理为主动管理，积极发现问题解决问题。

地方政府要建立健全网格化社会治理机制，通过科学合理地划分基层网格单元，实现社区网格化覆盖率达到100%，进而实现服务管理网格全面覆盖，完善城乡社区治理体制，提升城乡社区治理能力，使城乡社区公共服务、公共管理、公共安全得到有效保障。

【创建实例】

广州：用安全铸造城市发展的"钢筋铁骨"（发布时间：2020－11－06）

在推进社区安全网格化管理上，广州市创新建立"一岗多能"的安全风险网格员队伍，支持引导社区居民开展隐患排查和治理，全市社区网格化覆盖率达100%，191个社区获评"全国综合减灾示范社区"，23个社区获评"全国地震安全社区"。

【评价内容2】

网格员发现的事故隐患处理率100%。

【评分标准】

网格员未按规定到岗的，每发现1人扣0.1分，0.3分扣完为止；未及时处理隐患及相关问题的，每发现一处扣0.1分，0.2分扣完为止。

【指标解读】

1）社区网格员

社区网格员是指运用现代城市网络化管理技术，巡查、核实、上报、处置市政工程（公用）设施、市容环境、社会管理事务等方面的问题，并对相关信息进行采集、分析、处置的人员。

2）事故隐患处理处理

《城乡社区网格化服务管理规范》（GB/T 34300—2017）规定，网格化管理服务中心具有安全隐患排查整治的功能。配合相关职能部门对网格内社会治安、生产安全、交通安全、铁路运营安全、环境安全、消防安全、食品药品安全，以及传销、非法集资、劳动关系矛盾纠纷、邪教活动等隐患开展排查，对网格内流动人口和特殊人群服务管理、扫黄打非、预防青少年违法犯罪、反恐安全防范等方面政策法律法规执行情况进行检查，督促有关方面对存在问题抓好整改，并按照《社会治安综合治理基础数据规范》（GB/T 31000—2015）的要求，及时将相关情况录入综治信息系统。

《国务院安委会办公室关于加强基层安全生产网格化监管工作的指导意见》（安委办〔2017〕30号）规定，网格员主要履行信息员、宣传员的工作任务：根据网格手册要求，重点面向基层企业、"三小场所"（小商铺、小作坊、小娱乐场所）、家庭户等查看非法生产情况并及时报告；协助配合有关部门做好安全检查和执法工作；向监督管理对象送达最新的文件资料；面向监督管理对象和社会公众积极宣传安全生产法律法规和安全生产知识等。网格员的其他工作任务，各地区可结合实际根据工作需要确定。

【创建要点】

创建城市需要提供城市社区事故隐患排查记录汇总表，包括记录时间、隐患发生地点、记录人、隐患情况、整改完成情况等基本信息，明确网格员发现事故隐患、处理事故隐患情况。

政府相关部门要建立健全网格员管理制度办法，加强网格员队伍建设，规范网格员管理，明确网格员工作职责、考核办法以及奖励机制，定期开展安全教育培训，建设一支高效的网格员管理队伍。

基层安全生产网格化监管工作牵头部门工作任务有：

（1）制定基层安全生产网格化监管工作实施方案。牵头编制基层安全生产网格化监管示意图，明确各网格的网格员、安全监管责任人和联系负责人。根据网格内监督管理对象的情况，牵头编制《基层安全生产网格化监管工作手册》等实用性强的工作规范和标准。制作网格员明白卡，明确网格员工作任务和报告方式。

（2）对网格员上报的信息进行汇总和分类处置。对属于牵头部门监督管理职责范围内的安全生产非法、违法行为依法依规进行处置；对属于配合部门职责范围内的安全生产非法、违法行为，交由其进行处置。

（3）协调解决基层安全生产网格化监管工作中遇到的问题。

社区网格员必须要有为群众服务的认识和为群众服务的基本本领，需承担好的服务职责包括：信息采集、便民服务、矛盾化解、隐患排查、治安防范、人口管理、法制宣传、心理疏导等。在每天巡查网格时，注意收集网格内各种涉及安全生产、维稳、治安等隐患因素，并及时妥善处置并做好记录。

对于网格员发现上报的隐患及相关问题，要及时将任务派发相关部门进行处理，实时跟踪处理进度情况（或相关部门要将处理情况及时反馈），形成闭环管理。

【创建实例】

高淳区积极开展网格员培训，扎实推进应急管理网格化工作（发布时间：2020 – 09 – 16）

培训结合以往安全生产事故案例，着重提升应急网格员理论水平，培养应急实操能力，树立红线意识，明确及时传达上级有关安全生产的文件及宣传资料、定期上报安全生产巡查记录、发现辖区内事故隐患做好整改并及时上报、及时排除事故隐患等工作要求。通过培训，力争做到一般隐患及时处理，重大隐患及时上报处理，严格依法按规办事，把安全事故消灭在萌芽状态。

3.4.3 城市安全文化

1. 城市安全文化创建活动

【评价内容1】

汽车站、火车站、大型广场等公共场所开展安全公益宣传。

【评分标准】

广场、公司、商场、机场车站码头、地铁公交航班等公共场所和公共出行工具，相关电子显示屏、橱窗、宣传栏等位置未设置安全宣传公益广告和提示信息的，每发现一处或一次扣0.2分，1分扣完为止。

【指标解读】

1）公益宣传

《公益广告促进和管理暂行办法》（国家新闻出版广电总局令第84号）要求有关部门和单位应当运用各类社会媒介刊播公益广告。

机场、车站、码头、影剧院、商场、宾馆、商业街区、城市社区、广场、公园、风景名胜区等公共场所的广告设施或者其他适当位置，公交车、地铁、长途客车、火车、飞机等公共交通工具的广告刊播介质或者其他适当位置，适当地段的建筑工地围挡、景观灯杆等构筑物，均有义务刊播公益广告通稿作品或者经主管部门审定的其他公益广告。此类场所公益广告的设置发布应当整齐、安全，与环境相协调，美化周边环境。

2）公共场所开展安全公益宣传

《关于加强全社会安全生产宣传教育工作的意见》（原安监总宣教〔2016〕42

号）要求推进安全生产宣传教育进公共场所。各地区要在重要场所、重点地段、重要区域以及高速路口、过街天桥、道路隔离带、护栏、灯杆等醒目位置悬挂安全生产横幅、标语，在电子显示屏等持续滚动播出安全生产知识。要开展"安全宣传进影院"活动，推动影院播放公益安全生产宣教片。要积极建设安全科普体验场馆，开发安全体验项目。

【创建要点】

创建城市要提供在汽车站、火车站、大型广场等公共场所的电子显示屏、橱窗、宣传栏等位置安全宣传公益广告投放情况说明。

各地要充分利用汽车站、火车站、大型广场等公共场所的电子显示屏、橱窗、宣传栏等，提高安全公益广告播放频次，严格把关公益广告内容，需不断地宣传和引导，使市民增强安全意识、拓展安全知识、培育安全习惯。

【创建实例】

邢台市开展"安全同行"公益宣传活动（发布时间：2021 – 08 – 16）

8 月 16 日，邢台市应急管理局、市公安局、市交通运输局联合组织开展"安全同行"大型公益宣传活动。

活动以"珍爱生命，安全同行"为主题，市区主会场设在市中心汽车站内，现场设立咨询台，摆放宣传展板，悬挂安全条幅，发放宣传资料及礼品，利用电子屏播出安全提示、安全知识，安全生产志愿者向过往群众宣传交通安全知识。与此同时，各县（市、区）也纷纷在辖区内交通枢纽、交通运输企业等地，积极组织开展了丰富多彩的"安全同行"公益宣传活动。

【评价内容 2】

市级广播电视及市级网站、新媒体平台开展安全公益宣传。

【评分标准】

上一年度市级广播电视开展新闻报道、公益广告、安全提示条数少于 60 条的，扣 0.5 分；市级网站、新媒体平台每年开展安全公益宣传条数少于 60 条的，扣 0.5 分。

【指标解读】

新媒体平台

新媒体平台包括视频、音频、直播、社交平台、问答平台、自媒体平台等，如微博、微信、抖音等平台。

《关于加强全社会安全生产宣传教育工作的意见》（原安监总宣教〔2016〕42号）要求加大安全生产新媒体建设力度。市（地）级以上安全监管监察部门要开通安全生产政务微信、微博、新闻客户端和手机报，充分发挥新媒体交互性、贴近性等特点，坚持同一内容多媒体生产、多渠道传播、多形态展现，努力做到

"用户在哪里，我们就覆盖到哪里"。要团结安全生产专家学者和责任感强、影响力大、受众面广的网络名人，强化互粉互联。要强化安全生产网络评论工作，正确引领网上舆论。各级安全监管监察干部要以个人名义开设微博、微信，自觉关注、宣传安全生产工作。

【创建要点】

创建城市需要提供市级广播电视每年开展安全公益宣传的时间、内容、条数；网站、新媒体平台每年开展安全公益宣传的时间、内容、条数等的情况说明，明确是否达到评分标准要求的数目。

政府宣传部门要充分利用好市级广播电视及市级网站、新媒体平台，将其作为安全文化宣传的一个重要阵地，形成常态化宣传机制。将安全公益广告纳入黄金时段、主要版面和刊播计划，开展全方位、多视角、高密度、常态化的宣传；在市级重点新闻网站和党政部门重点门户网站首页位置开设专题专栏展播安全公益广告；利用微信、微博、手机客户端、短信等新媒体，针对不同受众，精准推送各类主题公益广告。

【创建实例】

实例 1

（宿迁市）加强公益宣传 普及安全知识 总台积极参与安全生产主题公益广告创作展播活动（发布时间：2022 – 04 – 19）

近日，根据省安委会办公室、省应急管理厅与省广播电视局联合组织开展安全生产主题公益广告创作展播活动的相关要求，总台积极参与创作展播活动，统筹组织广播传媒中心，全媒体新闻中心和宿迁手机台等部门的创作力量，围绕我市安全生产重点行业领域，进行创作广播电视类主题鲜明、直抵人心的作品，加强公益宣传，普及安全知识，增强公众风险防范、安全应急意识和自救互救能力，推动全民、全社会强化安全意识。

实例 2

随州市政府网站"深入开展安全生产专项整治三年行动 科普宣传"专栏（发布时间：实时更新）

【评价内容3】

社区开展安全文化创建活动。

【评分标准】

城市社区未开展安全文化创建的，相关节庆、联欢等活动未体现安全宣传内容的，未将相关安全元素和安全标识等融入社区的，每发现一个扣0.5分，1分扣完为止。

【指标解读】

1）社区文化

《社区服务指南　第3部分：文化、教育、体育服务》（GB/T 20647.3—2006）要求开展社区公益文化活动。如：利用文化馆、美术馆、科技馆、公共图书馆、博物馆、纪念馆及各种场所开展的文化活动。

2）安全文化创建活动

《推进安全宣传"五进"工作方案》（安委办〔2020〕3号）要求安全宣传进社区。

安全宣传的主要任务：建立社区安全宣传机制，推动综合减灾示范社区建设，增强社区安全管理和应急处置能力，提升社区居民安全素质和应急能力。加大社区公益宣传力度，深入普及生活安全、交通安全、消防安全常识以及应急避险、自救互救技能。发挥新媒体平台优势，结合社区特点开展示范性、浸润式安全宣传，营造安全稳定的社会生活环境。

安全宣传的主要措施：

（1）将安全宣传作为重要内容纳入全国综合减灾示范社区、全国综合减灾示范县、全国科普示范县（市、区）和安全发展示范城市创建的评定工作；发挥社区内医院、学校、企事业单位以及社会应急力量、社区安全网格员在安全宣传中的作用，推动建立社区安全宣传教育制度体系。

（2）加强社区安全宣传阵地建设，推动建设一批灾害事故科普宣教和安全体验基地，加大各类科技馆、展览馆、体验馆等公益开放力度，拓宽社区居民接受安全宣传教育的途径；推动社区安全体验场所建设，丰富应急避难场所内容和设施功能，将安全元素充分融入社区公园、广场等。

（3）建立社区专兼职安全宣传员制度，从社区居委会、小区业主委员会、物业公司等，选取熟悉社区和居民状况的人员，担任安全宣传员、监督员，鼓励社区党员、退休职工、教师等加入安全宣传志愿者队伍；社区内福利院、养老院等机构，要依法建立安全宣传教育制度、责任人和应急疏散预案。

（4）结合本地区和社区实际，利用全国防灾减灾日、国际减灾日、世界气象日、安全生产月、消防宣传月、全国科普日等节点，定期开展安全宣传教育、隐患排查治理和火灾、地震等群众性应急演练，提升社区居民应急避险和自救互救能力。

（5）策划创作寓教于乐、通俗易懂的安全微视频、公益广告、动漫作品等，设计编印安全手册、海报、挂图、横幅等，在户外电子屏、社区微信群、宣传栏等广泛投放；定期开展以安全为主题的消夏晚会、社区演出等活动，浓厚安全氛围。

【创建要点】

创建城市需要提供全市开展安全文化创建活动的社区清单。

各社区要积极开展安全文化创建活动，定期、不定期开展安全检查，监督或检查范围覆盖社区内各类场所和设施；针对高危人群、高风险环境和弱势群体，在交通安全、消防安全、家居安全、学校安全等方面组织实施形式多样的安全促进活动；针对地方特点开展不同灾害的逃生避险和自救互救技能培训及应急知识宣传教育；相关节庆、联欢等活动体现安全宣传内容，相关安全元素和安全标识等融入社区。

【创建实例】

（合肥市）高新区积极开展社区安全文化创建活动（发布时间：2020 – 09 – 18）

社区安全文化创建是一项基层基础性工作，高新区通过开展社区安全文化创建活动，广泛宣传安全生产、应急救援等政策法规和知识技能，全面开展安全隐患排查，组织实施相关安全促进活动，不断改善安全条件，以提高社区安全发展水平。

一是宣传安全生产政策法规知识。在区安委办的统一指导下，各社区中心结合"安全生产月""防灾减灾宣传周""消防安全宣传教育日"等主题宣讲活动，在企业和小区物业张贴各类创意安全宣传海报、悬挂安全横幅；利用社区及企业户外、室内电子显示屏，在重点时段循环播放安全教育宣传片及宣传标语。上半年各社区共发放各类安全法律法规读本 500 余本、宣传单页 13000 余份、海报 500 余张，制作展板 50 块。

二是开展各类安全检查活动。根据年初工作计划，各社区中心对辖区涉及的生产型企业、有限作业空间、危险化学品、特种设备企业、加油加气站、大型商超综合体、餐饮、酒店等重点领域每月进行安全隐患排查，同时要求相关重点企业每月上报安全隐患自查情况。委托第三方机构对园区 90 家企业开展安全检查，发现隐患 1122 处，督促企业按期整改到位，确保生产安全。

三是组织线上和线下应急知识培训。利用 QQ 群、微信公众号开展线上安全知识有奖答题活动，调动公众学习安全知识的积极性，同时通过公众号平台，上传各类安全注意事项，以图文结合的方式，以潜移默化的方式使辖区居民掌握各种安全小常识；邀相关专家结合"五进"宣传活动开展现场急救、消防应急演练、用电用气安全等专题培训，提高广大群众安全防范和应急处置能力。

2. 城市安全文化教育体验基地或场馆

【评价内容】

建设不少于 1 处具有城市特色的安全文化教育体验基地或场馆。

【评分标准】

未建设城市特色的安全文化教育体验基地或场馆的，扣 1 分；基地或场馆功能未包含地震、消防、交通、居家安全等安全教育内容或未正常运营的，扣 0.5 分。

【指标解读】

安全文化教育体验基地或场馆

建设至少一处具有城市特色的安全文化教育体验基地或场馆。基地或场馆功能包含地震、消防、交通、居家安全等安全教育内容并正常运营。

基地或场馆承接公共安全主题系列活动，设置不同体验场景主题，开展互动性、针对性的体验式安全教育，营造良好安全氛围，提升全民安全素养和风险应对自救能力。

【创建要点】

创建城市需要提供城市安全文化教育体验基地、场馆建设情况说明，明确是否建设具有城市特色的安全文化教育体验基地或场馆，基地或场馆是否包含地震、消防、交通、居家安全等功能并且正常运营。

对于有条件的地方可以选择交通便利、基础配套完善等区域，聚焦应急安全主题，统筹新建具有一定规模的综合性应急宣教体验馆，形成品牌效应；条件尚不具备的地方要本着兼顾质量、效能和规模的原则，可以整合不同部门（单位）现有科普设施、宣传场所等各社会资源进行改（扩）建，进一步完善现有场地设施功能，进行整合建设，可以充分依托行业部门（单位）现有的消防、地震、建筑、交通、人防、校园、电力、森林防灭火等各类专业性安全教育场馆，融入应急安全等内容，拓展功能，扩充体验范围，进行提升建设。

【创建实例】

常州市安全文化教育体验馆完成改造面向社会公众开放（发布时间：2021 - 03 - 24）

常州市安全文化教育体验馆是在我市原安全生产警示教育馆的基础上改造而成，是一个集宣传、教育、观摩、体验等功能于一体的综合性安全文化教育基地。

今年年初改造完成后，体验馆正式面向社会公众开放，主要用于服务企业开展安全生产教育，提高企业职工安全生产意识。3 月份以来，市应急保障中心针对企业复工复产实际，以"守护安全底线，服务复工复产"为主题，举办了为期一个月的安全宣传教育活动。截至目前，已累计接待企业 37 批次，服务职工 2100 人次。

今后，市安全文化教育体验馆还将陆续推出一系列特色活动，逐步扩大安全教育覆盖面，更好服务全市企业安全生产。

3. 城市安全知识宣传教育

【评价内容 1】

推进安全、应急、职业健康、爱路护路宣传教育"进企业、进机关、进学校、进社区、进家庭、进公共场所"。

【评分标准】

市级政府或有关部门未组织开展防灾减灾、安全生产、消防安全、应急避险、职业健康、爱路护路宣传教育"进企业、进农村、进社区、进学校、进家庭"活动的，扣 1 分。

【指标解读】

进企业、进农村、进社区、进学校、进家庭

安全宣传进企业、进农村、进社区、进学校、进家庭，统称"五进"。《推进安全宣传"五进"工作方案》（安委办〔2020〕3 号）要求各地区、各有关部门和单位要充分认识推进安全宣传"五进"工作在服务社会安全发展、提升社会安全水平方面的重要作用，坚持平战结合的工作机制，重点做好安全发展理念的宣传教育，大力宣传习近平总书记关于应急管理重要论述和党中央、国务院决策部署，牢固树立安全发展理念，弘扬生命至上、安全第一的思想；重点做好安全生产和自然灾害防治形势任务的宣传教育，引导社会各方科学理性认识灾害事故，增强忧患意识、风险意识、安全意识和责任意识；重点做好安全生产、防灾减灾救灾和应急救援等工作举措的宣传教育，推进工作理念、制度机制、方法手段创新运用，强化社会安全自觉，深化社会共治理念；重点做好相关法规制度标准的宣传教育，宣传党委政府、监管部门的安全监管职责，企业和从业人员等各方面的安全权利、义务和责任，提高安全法治意识、法治水平和法治素养；重点做好公共安全知识的宣传教育，普及与人民群众生产生活息息相关的风险防范、隐患排查、应急处置和自救互救等安全常识，营造良好安全舆论氛围，夯实社会安全基础。

【创建要点】

创建城市需要提供市级政府或有关部门发布的开展防灾减灾、安全生产、消防安全、应急避险、职业健康、爱路护路宣传教育"进企业、进农村、进社区、进学校、进家庭"活动相关文件。明确开展防灾减灾、安全生产、消防安全、应急避险、职业健康、爱路护路等知识确实在企业、农村、社区、学校、家庭等地得到宣传，并被广大人民群众所知悉。

各地区、各有关部门和单位要充分认识安全宣传"五进"的重要意义，将安全宣传工作纳入重要议事日程，把安全宣传"五进"工作与精神文明创建、社会治安综合治理、全民普法、文化科技卫生"三下乡"等有机结合起来，一并推动落实。要建立安全宣传"五进"会商协调制度，围绕阶段性事项，定期策划宣传选题，增强安全宣传"五进"的针对性和实效性，上下联动、形成声势，营造关心安全、参与安全、呵护安全、共筑安全的浓厚氛围。

【创建实例】

实例1

提升灾害预防处置能力，惠州开展防灾减灾宣传"五进"活动（发布时间：2022－05－10）

今年5月12日是我国第14个全国防灾减灾日，主题是"减轻灾害风险　守护美好家园"。连日来，惠州市减灾办先后走进校园、企业、社区开展全国防灾减灾日宣传活动，普及防灾减灾知识和技能，提升市民预防和应对灾害、突发事件处置能力。

5月9日，首场宣传活动在惠州市第五中学举行。演群口快板防溺水、发放防灾减灾宣传资料、学生代表宣读倡议书……现场气氛活跃，师生们认真学习各类安全知识。随后，惠州市心连心公益协会战旗救捞队队长赵××进行了防溺水安全教育讲座，希望同学们珍爱生命，加强防溺水安全意识。

实例2

秦皇岛市开展安全生产宣传"五进"活动（发布时间：2021－02－03）

为深入推进全市安全生产宣传"五进"活动深入开展，切实增强公众风险防范意识、安全应急意识和自救互助能力，不断推动全民安全素质的提升。2月2日，秦皇岛市应急管理局组织安全生产宣传专家、安全生产志愿者，到河北港口集团有限公司、中国—阿拉伯化肥有限公司开展安全生产宣传"五进"活动。

当日，分批次组织企业400余名员工，参观学习消防安全、企业职工安全、自救互救常识等12套展板。42名安全志愿者深入职工一线发放《应急与安全知识手册》《中华人民共和国安全生产法》《河北省安全生产条例》1000余本，并分批次组织员工学习与安全生产工作相关的法律法规、应急知识和技能，增强企业及员工遵法守法意识，有效防范化解安全风险。

实例3

"五进"让铁路安全理念深入人心（发布时间：2022－05－27）

5月26日是全国铁路爱路护路宣传日。为普及铁路安全知识，提升人民群众爱路护路意识，当日，中国铁路北京局集团公司所属各单位因地制宜，秉持"护路就是护发展、护路就是护平安、护路就是护形象"的工作理念，以"五进"（进家庭、进学校、进企业、进社区、进村庄）为抓手，以更好地服务人民出行为目标，深入车站、沿线重点企业、学校、社区等地开展走访宣传，真正使"知路、爱路、护路"的安全理念深入人心，努力营造安全稳定的铁路运输环境。

【评价内容2】

中小学安全教育覆盖率100%，开展应急避险演练活动。

【评分标准】

中小学未开展消防、交通等生活安全以及自然灾害应急避险安全教育和提示的，未定期开展消防逃生、地震等灾害应急避险演练和交通安全体验活动的，每发现一处扣0.2分，1分扣完为止。

【指标解读】

1) 中小学安全教育

《中小学公共安全教育指导纲要》规定，公共安全教育的主要内容包括预防和应对社会安全、公共卫生、意外伤害、网络和信息安全、自然灾害以及影响学生安全的其他事故或事件6个模块。对不同学段各个模块的具体教学内容设置，各地可以根据地区和学生的实际情况加以选择。

《中小学幼儿园安全管理办法》(教育部令第23号) 要求，学校应当对学生进行用水、用电的安全教育，对寄宿学生进行防火、防盗和人身防护等方面的安全教育；对学生开展交通安全教育，使学生掌握基本的交通规则和行为规范；对学生开展消防安全教育，有条件的可以组织学生到当地消防站参观和体验，使学生掌握基本的消防安全知识，提高防火意识和逃生自救的能力；根据当地实际情况，有针对性地对学生开展到江河湖海、水库等地方戏水、游泳的安全卫生教育。

2) 应急避险演练

《中小学幼儿园应急疏散演练指南》(教基一厅〔2014〕2号) 对演练的各个环节、步骤提出了明确的指导性意见和规范性要求，适用于全国普通中小学幼儿园在开展针对地震、火灾、校车事故等的应急疏散演练时参考。

中小学校每月至少要开展一次应急疏散演练，演练要紧密结合学校自身实际，明确演练的主题，合理确定演练的时间、地点、参演人员、形式、内容、规模、疏散路线和保障措施等。要重视对演练效果及组织工作的评估、考核和总结，及时整改存在的问题，务求到达实效。应急疏散演练应明确最终的时间目标，原则上中学生 2 min 以内，小学生 3 min 以内完成。

3) 交通安全体验活动

《公安部、教育部关于进一步加强中小学校交通安全工作的通知》(公通字〔2005〕94号) 要求，将中小学校交通安全教育纳入正常教学计划，保证交通安全教育进学校、进课堂；督促中小学校加强对学生的交通安全知识教育，开展多种形式的交通安全教育活动，提高在校学生的交通法制意识和安全意识，提高防范交通事故的能力。每学期至少要组织一次面向学生家长、接送学生亲属的交通安全宣传教育活动，形成学校、家庭和社会共同预防学生交通事故的联动机制。

【创建要点】

创建城市需要提供中小学安全教育开展情况说明，明确中小学安全教育覆盖率是否达到 100%；提供中小学定期开展应急避险演练活动和交通安全体验活动的记录，明确中小学定期组织学生开展应急避险演练活动和交通安全体验活动。

政府相关部门要建立健全管理制度，进一步细化管理责任，指导中小学全面开展安全教育工作。同时建立考评机制，对学校安全教育工作的组织管理、制度建设、教育演练等方面进行督查，并进行量化考评，确保中小学安全教育覆盖率达到 100%。

各地中小学要把安全教育知识纳入教学内容，将安全教育摆在日常教育工作重要位置，促进安全教育常态化、规范化开展，每年结合国家安全教育日、防灾减灾日、消防日、交通安全日以及季节更替，开展专题安全教育宣传日活动，普及各类安全常识，提高广大师生的安全意识和防范能力。

【创建实例】

沈阳：全市中小学安全宣教实现两个 100%（发布时间：2018 – 09 – 13）

今年以来，按照沈阳市安委会的总体部署和要求，市教育局及时制发《关于在全市中小学开展安全生产宣传教育"进校园"活动方案》，并在全市中小学进行周密部署。目前，全市中小学开展有质量的安全宣传和教育活动达 2680 余次，学校覆盖率和学生参与率均实现 100%。

经初步统计，全市中小学累计上好安全教育课 1050 节，举办专题安全知识讲座 450 余场，通过宣传栏、黑板报、电子显示屏等播发安全宣传和警示内容 420 条，开展校园消防安全专项治理 350 余次，开展应急疏散演练 480 余场，评选"防震减灾"优秀征文 520 篇、绘画 350 幅，举办全市中小学生"防震减灾"知识竞赛 120 场。此外，市、区教育局还组织教职员工开展安全生产岗位培训 360 余次。

4. 市民安全意识和满意度

【评价内容】

市民具有较高的安全获得感、满意度，安全知识知晓率高，安全意识强。

【评分标准】

市民具有较高的安全获得感、满意度，安全知识知晓率高，安全意识强，最高得 3 分。

【指标解读】

坚持人民至上、生命至上，强化红线意识，坚守底线思维。通过固化制度，常抓不懈，提高市民安全意识，推动市民安全行为自觉。

市民对用电安全、用气安全、危险化学品安全、消防安全、应急救护、应急避险，以及居家、户外、公共场所、自然灾害安全知识知晓率高，安全意识强。

【创建要点】

创建城市要积极推进安全发展示范城市创建工作，从硬件、软件各方面提升城市安全水平，为市民营造一个舒适、安全的城市环境。另外，培育全民安全意识和安全思维，从"要我安全"变成"我要安全""我能安全"。在安全意识方面，要强化安全第一、预防为主观念，遵守法律法规和强化自我保护意识；在安全知识方面，要掌握正确用电、用气、防火、防灾、防事故的知识和技能；在安全习惯方面，要培育出遵守交通规则、自觉维护公共场所安全、遵守安全操作规程的安全习惯。使市民的安全知识知晓率，市民安全意识，市民安全获得感、满意度大大提升。

【创建实例】

关于常州市创建安全发展示范城市调查问卷的结果反馈（发布时间：2021 – 09 – 16）

本次调查参与者中，认为创建安全发展示范城市有必要的居多，占比为 95.60%，对城市总体安全状况比较满意的占比为 97.87%，对城市交通安全状况比较满意的占比为 94.23%，对城市消防安全状况比较满意的占比为 96.06%，对城市企业生产状况比较满意的占比为 95.90%。

为进一步做好省级安全发展示范城市创建，改进政府部门工作，市应急管理局于 2021 年 8 月 12 日至 9 月 12 日开展"常州市创建安全发展示范城市"网上问卷调查活动，参与问卷调查总人数为 639 人，从调查结果来看，多数居民通过宣传标语、安全提示和预警信息等渠道获取安全知识，而实地参加安全教育体验馆和应急演练的次数还不够。83.61% 的居民经常在周围看到（收到）有关安全宣传的标语（信息），56.45% 的居民去过安全教育体验馆或体验基地，72.08% 的居民参加过 1 次以上逃生疏散等应急演练。93.47% 的居民了解和关注安全提示、应急逃生通道或避险标识，对应急避难场所了解清楚的占比为 55.08%，96.66% 的居民在遇到极端天气时能及时获取预警信息，知道预防自然灾害的占比为 76.63%。

3.5　城市安全应急救援

3.5.1　城市应急救援体系

1. 城市应急管理综合应用平台

【评价内容】

建设包含五大业务域（监管监察、监测预警、应急指挥、辅助决策、政务管理）的应急管理综合应用平台；平台实现相关部门之间数据共享。

【评分标准】

（1）未建成包含五大业务域（监管监察、监测预警、应急指挥、辅助决策、政务管理）应急管理综合应用平台的，扣2分。

（2）应急管理综合应用平台未与省级应急管理综合应用平台实现互联互通的，扣1分。

（3）应急管理综合应用平台各模块（含危险化学品安全生产风险监测预警模块）未真正投入使用的，扣0.5分；应急管理综合信息平台未实现与市场监管、环境保护、治安防控、消防、道路交通、信用管理等多部门（机构）之间数据共享的，每少一个扣0.1分，0.5分扣完为止。

【指标解读】

1）应急管理综合应用平台

《应急管理信息化发展战略规划框架（2018—2022年）》要求，建设智慧协同的业务应用体系，形成"1＋5＋5＋1"的架构设计，即1个大数据应用平台、5大业务域、5大集成门户和1个应用生态。

（1）1个大数据应用平台。大数据应用平台作为应急管理信息化体系的"智慧大脑"，通过机器学习、神经网络、知识图谱、深度学习等算法，利用模型工厂、应用工厂和应用超市为应急管理综合监测预警、风险感知、研判分析、辅助决策以及应急管理"一张图"等业务提供模块化、组件化、智能化服务。

（2）5大业务域。按照应急管理部的职能定位，将应急管理业务划分为监督管理、监测预警、指挥救援、决策支持和政务管理5个业务域，深度融合大数据、人工智能等先进技术，面向各级应急管理部门、相关部委、企事业单位、社会公众等提供开放共享的应用服务能力。

（3）5大集成门户。面向应急管理各级各类用户，提供指挥信息网门户、电子政务外网门户、电子政务内网门户、应急信息网门户、互联网政府门户共5类集成访问入口。

（4）1个应用生态。面向各级政府和应急管理部门、社会公众等用户，打造专业性和综合性应用超市，提供业务系统发布上线、检索下载、评价推荐等服务，形式应用推进开发的演进闭环。通过应用工场提供灵活、便捷的服务调用和二次开发工具，创新移动应用、智能应用、集成应用和"互联网＋"应用，形成应急管理众创众智的应用新生态。

2）平台实现相关部门之间数据共享

《2019年地方应急管理信息化实施指南》（应急厅〔2019〕22号）要求系统整合和数据共享。地方应急管理部门应完成安全监管、地震、消防救援、森林消防等转隶单位的已建系统整合接入和数据共享。初步建成应急管理综合应用平台和应急管理数据库，通过统一用户和权限管理实现单点登录。在条件允许的情况下，接入公安、自然资源、交通运输、水利、气象等外单位的相关信息系统。省级应急管理部门所有新建系统必须集成到应急管理综合应用平台，利用应急管理部的共享交换系统将共享数据及时汇入应急管理大数据应用平台。

3）与省级应急管理综合应用平台实现互联互通

《2019年地方应急管理信息化实施指南》（应急厅〔2019〕22号）要求，省级应急管理部门应共享市、县政务服务数据，并通过数据共享交换系统，及时将本地区的政务服务数据交换到应急管理部数据中心。

市、县级"互联网＋政务服务"系统按照全国一体化在线政务服务平台统一标准规范要求建设，对标上级应急管理部门建设内容，实现市、县级政务服务事项"一网通办"，市、县级应急管理部门应共享本地区政务服务数据，及时将政务服务数据共享交换到上一级应急管理部门。

【创建要点】

创建城市应急管理信息化平台应开发监督管理、监测预警、指挥救援、决策支持和政务管理5个业务域并投入使用，并且与省级应急管理信息化平台、市本级市场监管、环境保护、治安防控、消防、道路交通、信用管理等多部门（机构）之间数据共享。

建设城市安全管理应用平台，整合城市应急、规划、交通、公安、水务、城管、气象等各部门业务信息和实时数据，实现信息化实时感知、智能化快速预警、自动化及时处置。

【创建实例】

南京应急管理"181"信息化平台上线（发布时间：2020-01-16）

1月15日，市应急管理局推出的"181"信息化平台系统正式上线，依托该系统，我市将力争以信息化推进应急管理现代化，提高监测预警能力、监管执法能力、辅助指挥决策能力、救援实战能力和社会动员能力。市应急管理局党组书记、局长冯甦主持上线仪式，南京市委常委、常务副市长杨学鹏出席仪式并讲话，国务院督导组、省应急管理厅、市纪委监委、市编办、市发改委相关领导出席平台上线仪式，与会领导共同启动应急管理"181"信息化平台正式上线。江北新区、各区（开发园区）应急管理局主要负责人、市应急管理局全体同志约150人参加活动。

市应急管理局成立一周年以来，遵循"移动优先"原则，全力打造"181"信息化平台，集成电脑端、移动端等多终端，满足应急管理全场景需求。具体包括：1个平台，即一屏览全域应急管理综合监管平台；8个系统，即风险防控网格化系统、预测预警智能化系统、应急预案数字化系统、指挥调度可视化系统、处置资源共享化系统、监管执法规范化系统、考核评估数据化系统和信息交互融合化系统；1个一站式终端，即1个满足应急管理全场景需求的一站式应用终端。"181"信息化平台在日常监管中，所有巡查数据均实时进入系统，确保透明执法，并引入纪监委监督机制，为安全生产增加"双保险"。为最大幅度整合资源，"181"信息化平台还整合接入了城区防汛、地震应急、地质灾害等多部门系统，打破了时间、空间壁垒，形成"全时空布局、全要素汇集、全方位保障、全过程覆盖"的安全生产"四全"立体网络。

2. 应急信息报告制度和多部门协同响应

【评价内容】

建立应急信息报告制度，在规定时限报送事故信息；建立统一指挥和多部门协同响应处置机制。

【评分标准】

未建立应急信息报告制度的，未在规定时限报送事故灾害信息的，未建立统一指挥和多部门协同响应处置机制的，发现存在上述任何一处情况，扣1分。

【指标解读】

1）应急信息报告制度

《中华人民共和国突发事件应对法》要求，县级以上地方各级人民政府应当建立或者确定本地区统一的突发事件信息系统，汇集、储存、分析、传输有关突发事件的信息，并与上级人民政府及其有关部门、下级人民政府及其有关部门、专业机构和监测网点的突发事件信息系统实现互联互通，加强跨部门、跨地区的信息交流与情报合作。地方各级人民政府应当按照国家有关规定向上级人民政府报送突发事件信息。县级以上人民政府有关主管部门应当向本级人民政府相关部门通报突发事件信息。专业机构、监测网点和信息报告员应当及时向所在地人民政府及其有关主管部门报告突发事件信息。

2）在规定时限报送事故信息

《生产安全事故报告和调查处理条例》（国务院令第493号）规定，事故发生后，事故现场有关人员应当立即向本单位负责人报告；单位负责人接到报告后，应当于1h内向事故发生地县级以上人民政府安全生产监督管理部门（现为应急管理部门）和负有安全生产监督管理职责的有关部门报告。

情况紧急时，事故现场有关人员可以直接向事故发生地县级以上人民政府安全生产监督管理部门（现为应急管理部门）和负有安全生产监督管理职责的有关部门报告。

安全生产监督管理部门（现为应急管理部门）和负有安全生产监督管理职

责的有关部门逐级上报事故情况，每级上报的时间不得超过 2 h。

事故报告后出现新情况的，应当及时补报。

自事故发生之日起 30 日内，事故造成的伤亡人数发生变化的，应当及时补报。道路交通事故、火灾事故自发生之日起 7 日内，事故造成的伤亡人数发生变化的，应当及时补报。

《生产安全事故信息报告和处置办法》（原安监总局令第 21 号）规定，生产经营单位发生生产安全事故或者较大涉险事故，其单位负责人接到事故信息报告后应当于 1 h 内报告事故发生地县级安全生产监督管理部门（现为应急管理部门）、煤矿安全监察分局。

发生较大以上生产安全事故的，事故发生单位在依照规定报告的同时，应当在 1 h 内报告省级安全生产监督管理部门（现为应急管理部门）、省级煤矿安全监察机构（现为国家矿山安全监察局省级局）。

发生重大、特别重大生产安全事故的，事故发生单位在依照规定报告的同时，可以立即报告国家安全生产监督管理总局（现为应急管理部）、国家煤矿安全监察局（现为国家矿山安全监察局）。

发生重大、特别重大生产安全事故或者社会影响恶劣的事故的，县级、市级安全生产监督管理部门（现为应急管理部门）或者煤矿安全监察分局接到事故报告后，在依照规定逐级上报的同时，应当在 1 h 内先用电话快报省级安全生产监督管理部门（现为应急管理部门）、省级煤矿安全监察机构（现为国家矿山安全监察局省级局），随后补报文字报告；必要时，可以直接用电话报告国家安全生产监督管理总局（现为应急管理部）、国家煤矿安全监察局（现为国家矿山安全监察局）。

3) 建立统一指挥和多部门协同响应处置机制

《中华人民共和国突发事件应对法》规定，县级以上地方各级人民政府设立由本级人民政府主要负责人、相关部门负责人、驻当地中国人民解放军和中国人民武装警察部队有关负责人组成的突发事件应急指挥机构，统一领导、协调本级人民政府各有关部门和下级人民政府开展突发事件应对工作；根据实际需要，设立相关类别突发事件应急指挥机构，组织、协调、指挥突发事件应对工作。

【创建要点】

创建城市应制定应急信息报告制度，建立年度突发事件信息快报情况汇总台账，包含日期、信息快报编号、标题、接报时间等信息；建立统一指挥和多部门协同响应处置机制。

《生产安全事故报告和调查处理条例》（国务院令第 493 号）规定，报告事故应当包括下列内容：

（1）事故发生单位概况。

（2）事故发生的时间、地点以及事故现场情况。

（3）事故的简要经过。

（4）事故已经造成或者可能造成的伤亡人数（包括下落不明的人数）和初步估计的直接经济损失。

（5）已经采取的措施。

（6）其他应当报告的情况。

《中华人民共和国突发事件应对法》要求，突发事件发生地的公民应当服从人民政府、居民委员会、村民委员会或者所属单位的指挥和安排，配合人民政府采取的应急处置措施，积极参加应急救援工作，协助维护社会秩序。

【创建实例】

实例1

饶平县应急管理信息报告工作制度（发布时间：2018－11－08）

信息报告时限：

（1）突发公共事件发生后，所在地镇（场）、县直有关部门要在 0.5 h 内如实向市政府报告，1 h 内进行书面报告。同时，要将情况及时通报相关部门和可能受事件影响的地区。

（2）有关法律法规对某类突发公共事件信息报告另有规定的，从其规定。

实例2

菏泽建立事故应急处置联动机制　整合救援力量（发布时间：2016－03－30）

菏泽为有效整合安全生产应急救援各方资源和力量，建立了"统一指挥、反应灵敏、协调有序、运转高效"的事故应急处置联动机制。

据了解，联动机制的建立对菏泽市政府安委会办公室、市委宣传部、市委政法委、市政府应急办等21个部门单位的应急处置联动职责进行了明确规定。同时，明确了事故首报的责任主体、事故逐级上报的责任主体、事故报告的要件、事故报告的程序、事故报告的标准。

菏泽市安监局相关负责人介绍，建立联动机制可快速有序、科学高效地处置生产安全事故，尽最大可能减少损失和影响。此外，联动机制对成立事故调查组成立的组别、组成单位、事故调查时限、事故公开途径进行了明确规定。

据悉，联动机制确立了"以人为本、安全第一，统一领导、分级负责，条块结合、属地为主，科学预判、准确把握，党政同责、联合响应"5个应急协调联动的原则。

3. 应急预案体系

【评价内容1】

制定完善应急救援预案。

【评分标准】

未编制市级政府及有关部门火灾、道路交通、危险化学品、燃气事故应急预案，未编制地震、防汛防台、突发地质灾害应急预案的，未编制大面积停电、人员密集场所突发事件应急预案的，每发现一项扣0.1分，0.3分扣完为止。

【指标解读】

1）应急救援预案

《突发事件应急预案管理办法》规定，应急预案是指各级人民政府及其部门、基层组织、企事业单位、社会团体等为依法、迅速、科学、有序应对突发事件，最大程度减少突发事件及其造成的损害而预先制定的工作方案。

《中华人民共和国突发事件应对法》要求，地方各级人民政府和县级以上地方各级人民政府有关部门根据有关法律、法规、规章、上级人民政府及其有关部门的应急预案以及本地区的实际情况，制定相应的突发事件应急预案。应急预案制定机关应当根据实际需要和情势变化，适时修订应急预案。

《突发事件应急预案管理办法》要求，政府及其部门应急预案由各级人民政府及其部门制定，包括总体应急预案、专项应急预案、部门应急预案等。

总体应急预案是应急预案体系的总纲，是政府组织应对突发事件的总体制度安排，由县级以上各级人民政府制定。

专项应急预案是政府为应对某一类型或某几种类型突发事件，或者针对重要目标物保护、重大活动保障、应急资源保障等重要专项工作而预先制定的涉及多个部门职责的工作方案，由有关部门牵头制定，报本级人民政府批准后印发实施。

部门应急预案是政府有关部门根据总体应急预案、专项应急预案和部门职责，为应对本部门（行业、领域）突发事件，或者针对重要目标物保护、重大活动保障、应急资源保障等涉及部门工作而预先制定的工作方案，由各级政府有关部门制定。

2）火灾应急预案

《中华人民共和国消防法》要求，县级以上地方人民政府应当组织有关部门针对本行政区域内的火灾特点制定应急预案。

《森林防火条例》（国务院令第541号）要求，县级以上地方人民政府林业主管部门应当按照有关规定编制森林火灾应急预案，报本级人民政府批准，并报上一级人民政府林业主管部门备案。

森林火灾应急预案应当包括下列内容：

（1）森林火灾应急组织指挥机构及其职责。

（2）森林火灾的预警、监测、信息报告和处理。

（3）森林火灾的应急响应机制和措施。

（4）资金、物资和技术等保障措施。

（5）灾后处置。

3）道路交通应急预案

《交通运输突发事件应急管理规定》（交通运输部令 2011 年第 9 号）要求，县级以上各级交通运输主管部门应当根据本级地方人民政府和上级交通运输主管部门制定的相关突发事件应急预案，制定本部门交通运输突发事件应急预案。

交通运输企业应当按照所在地交通运输主管部门制定的交通运输突发事件应急预案，制定本单位交通运输突发事件应急预案。

应急预案应当根据有关法律、法规的规定，针对交通运输突发事件的性质、特点、社会危害程度以及可能需要提供的交通运输应急保障措施，明确应急管理的组织指挥体系与职责、监测与预警、处置程序、应急保障措施、恢复与重建、培训与演练等具体内容。

4）危险化学品事故应急预案

《危险化学品安全管理条例》（国务院令第 591 号）要求，县级以上地方人民政府安全生产监督管理部门（现为应急管理部门）应当会同工业和信息化、环境保护、公安、卫生、交通运输、铁路、质量监督检验检疫等部门，根据本地区实际情况，制定危险化学品事故应急预案，报本级人民政府批准。

5）燃气安全事故应急预案

《城镇燃气管理条例》（国务院令第 583 号）要求，燃气管理部门应当会同有关部门制定燃气安全事故应急预案。

6）地震应急预案

《中华人民共和国防震减灾法》要求，县级以上地方人民政府及其有关部门和乡、镇人民政府，应当根据有关法律、法规、规章、上级人民政府及其有关部门的地震应急预案和本行政区域的实际情况，制定本行政区域的地震应急预案和本部门的地震应急预案。省、自治区、直辖市和较大的市的地震应急预案，应当报国务院地震工作主管部门备案。

7）防御洪水方案

《中华人民共和国防汛条例》（1991 年 7 月 2 日国务院令第 86 号公布，根据 2005 年 7 月 15 日国务院令第 441 号第一次修正，根据 2011 年 1 月 8 日国务院令第 588 号第二次修正）要求，有防汛抗洪任务的城市人民政府，应当根据流域综合规划和江河的防御洪水方案，制定本城市的防御洪水方案，报上级人民政府或其授权的机构批准后施行。

8）防台应急预案

《气象灾害防御条例》(2010 年 1 月 27 日国务院令第 570 号公布，根据 2017 年 10 月 7 日国务院令第 687 号修正）要求，县级以上地方人民政府、有关部门应当根据气象灾害防御规划，结合本地气象灾害的特点和可能造成的危害，组织制定本行政区域的气象灾害应急预案，报上一级人民政府、有关部门备案。气象灾害应急预案应当包括应急预案启动标准、应急组织指挥体系与职责、预防与预警机制、应急处置措施和保障措施等内容。

《气象灾害防御条例》中所称气象灾害是指台风、暴雨（雪）、寒潮、大风（沙尘暴）、低温、高温、干旱、雷电、冰雹、霜冻和大雾等所造成的灾害。

9）突发性地质灾害应急预案

《地质灾害防治条例》(国务院令第 394 号）要求，县级以上地方人民政府国土资源主管部门会同同级建设、水利、交通等部门拟订本行政区域的突发性地质灾害应急预案，报本级人民政府批准后公布。应急预案包括下列内容：

（1）应急机构和有关部门的职责分工。

（2）抢险救援人员的组织和应急、救助装备、资金、物资的准备。

（3）地质灾害的等级与影响分析准备。

（4）地质灾害调查、报告和处理程序。

（5）发生地质灾害时的预警信号、应急通信保障。

（6）人员财产撤离、转移路线、医疗救治、疾病控制等应急行动方案。

10）大面积停电事件应急预案

《电力安全事故应急处置和调查处理条例》(国务院令第 599 号）要求，有关地方人民政府应当依照法律、行政法规和国家处置电网大面积停电事件应急预案，组织制定本行政区域处置电网大面积停电事件应急预案。处置电网大面积停电事件应急预案应当对应急组织指挥体系及职责，应急处置的各项措施，以及人员、资金、物资、技术等应急保障作出具体规定。

【创建要点】

创建城市应编制市级政府及有关部门火灾、道路交通、危险化学品、燃气事故应急预案，地震、防汛防台、突发地质灾害应急预案，大面积停电、人员密集场所突发事件应急预案。

《突发事件应急预案管理办法》要求，各级人民政府应当针对本行政区域多发易发突发事件、主要风险等，制定本级政府及其部门应急预案编制规划，并根据实际情况变化适时修订完善。编制应急预案应当在开展风险评估和应急资源调查的基础上进行。

地方各级人民政府总体应急预案应当经本级人民政府常务会议审议，以本级人民政府名义印发；专项应急预案应当经本级人民政府审批，必要时经本级人民政府常务会议或专题会议审议，以本级人民政府办公厅（室）名义印发；部门应急预案应当经部门有关会议审议，以部门名义印发，必要时，可以由本级人民政府办公厅（室）转发。

【创建实例】

济南市人民政府网站"应急预案"专栏

济南市森林火灾应急预案（2018年11月23日发布）

济南市危险化学品生产安全事故应急预案（2017年3月13日发布）

济南市城市燃气突发事件应急预案（2018年11月23日发布）

济南市地震应急预案（2022年6月27日发布）

济南市突发地质灾害应急预案（2018年11月23日发布）

济南市大面积停电事件应急预案（2018年5月21日发布）

【评价内容2】

实现政府预案与部门预案、街镇预案衔接。

【评分标准】

街镇预案未与上级政府、部门预案实现有效衔接的，扣0.2分。

【指标解读】

预案衔接

基层（街道）预案中信息上报、处置联动等内容要与上级政府总体预案、专项预案、部门预案有效衔接。

《突发事件应急预案管理办法》要求，应急预案编制部门和单位应组成预案编制工作小组，吸收预案涉及主要部门和单位业务相关人员、有关专家及有现场处置经验的人员参加。政府及其部门应急预案编制过程中应当广泛听取有关部门、单位和专家的意见，与相关的预案做好衔接。涉及其他单位职责的，应当书面征求相关单位意见。必要时，向社会公开征求意见。

单位和基层组织应急预案编制过程中，应根据法律、行政法规要求或实际需要，征求相关公民、法人或其他组织的意见。

应急预案审批单位应审核预案是否与有关应急预案进行了衔接。

【创建要点】

创建城市应提供政府及其部门应急预案编制过程中听取有关部门、单位和专家的意见的相关记录，应急预案审批单位预案审核记录，说明应急预案衔接情况。

各级人民政府应制定本级政府及其部门应急预案编制规划，尽可能覆盖本行政区域可能发生的各类突发事件，不留空白，促进应急预案之间衔接，形成体系；要求预案制定牵头单位应当组成预案编制工作小组，吸收突发事件应对主要部门，共同开展应急预案编制工作，保证应急预案符合现行法制、体制，有利于预案的衔接和执行到位。

【创建实例】

闵行区突发事件应急预案管理实施细则（发布时间：2020 - 12 - 03）

编制应急预案过程中，应当广泛听取有关部门、单位和专家的意见，与相关的预案做好衔接。涉及其他部门和单位职责的，应当书面征求相关部门的单位意见。必要时，向社会公开征求意见。

区级专项应急预案由区有关议事协调机构或部门（单位）牵头起草，在起草编制的过程中，要主动与区应急办加强沟通衔接，取得一致意见后，组织开展征求意见、专家论证等工作。

【评价内容 3】

定期开展应急演练。

【评分标准】

街镇未按照预案的要求，采取桌面推演、实战演练等形式，定期开展消防、防震、地质灾害、防汛防台等 2 项以上应急演练，并及时总结评估的，扣 0.2 分。

【指标解读】

1）应急演练

《突发事件应急预案管理办法》要求，应急预案编制单位应当建立应急演练制度，根据实际情况采取实战演练、桌面推演等方式，组织开展人员广泛参与、处置联动性强、形式多样、节约高效的应急演练。专项应急预案、部门应急预案至少每 3 年进行一次应急演练。

2）总结评估

《突发事件应急预案管理办法》要求应急演练组织单位应当组织演练评估。评估的主要内容包括：演练的执行情况，预案的合理性与可操作性，指挥协调和应急联动情况，应急人员的处置情况，演练所用设备装备的适用性，对完善预案、应急准备、应急机制、应急措施等方面的意见和建议等。鼓励委托第三方进行演练评估。

【创建要点】

创建城市各街镇应建立应急演练台账，包含组织单位、参加单位人员、演练内容、演练方式、演练时间等信息，按《突发事件应急演练指南》（应急办函〔2009〕62 号）的要求，演练组织单位在演练结束后应将演练计划、演练方案、演练评估报告、演练总结报告等资料归档保存。

【创建实例】

实例 1

消防演练鸣警钟，安全防线不放松——登州街道联合辖区企业开展消防应急演练活动（发布时间：2021 – 11 – 09）

生命重于泰山，为进一步提高登州街道辖区企业及居民的安全意识，提升突发事件应急处理能力，11 月 9 日登州街道联合振华商厦开展 2021 年冬季消防应急演练活动。

实例 2

天府街道开展地震应急救援综合演练（发布时间：2021 – 05 – 12）

2021 年 5 月 12 日是我国第 13 个全国防灾减灾日。当天上午，由天府街道主办的地震应急救援综合演练在西南财大附属实验中学举行。街道相关领导、科室负责人、学校师生共 350 余人参加演练。

实例 3

江北街道开展地质灾害应急避险演练（发布时间：2021 – 05 – 27）

5 月 24 日、25 日，江北街道大渡村在辖区内黑竹林、幺公坡、蒋脚湾、大湾、三块石、水井坎、沙梁子等 7 个地质灾害点开展专项应急演练活动，提高辖区干部群众应对突发地质灾害的协调联动和应急处置能力，增强人民群众在地质灾害中的自救互救能力，村社党员干部、村民代表、志愿者等共 100 余人参加演练。

【评价内容 4】

开展城市应急准备能力评估。

【评分标准】

未开展城市应急准备能力评估的，扣 0.3 分。

【指标解读】

城市应急准备能力评估

应急准备是以风险评估为基础，以防范和应对生产安全事故为目的，针对事故监测预警、应急响应、应急救援及应急准备恢复等各个环节，在事故发生前开展的思想认识、制度建设、预案管理、机制建设、资源配置等方面准备工作的总称。

组织专家开展城市应急准备能力评估工作，并形成城市应急准备能力评估报告，报告中应包括应急组织体系、应急救援队伍、应急救援信息系统、应急物资装备、疏散通道与安置等内容。

【创建要点】

创建城市应结合城市行业特点和经济规模、产业结构、风险等实施应急准备能力评估工作,明确适用于城市的能力指标。通过开展评估及时发现应急准备工作中存在的不足并予以改进。

城市应急准备能力评估方法包括:

(1)资料分析。针对评估内容,收集和查阅法律法规、标准规范及相关风险评估、应急预案、物资和演练台账等相关文件资料,梳理有关规定、要求及证据材料,分析存在的问题。

(2)人员访谈。采取抽样访谈或座谈研讨等方式,向有关人员了解情况、收集信息、验证问题、考核能力、听取建议等。

(3)现场审核。通过现场查勘、操作检验等方式,了解应急物资、装备、设施的状态,验证应急人员技能水平。

(4)推演论证。采取实战演练、桌面演练的形式,基于情景对应急组织与职责、应急救援与响应程序、应急处置措施与资源等进行评估。

【创建实例】

合肥市应急局召开"合肥市城市应急准备能力评估"项目座谈交流会(发布时间:2020-09-14)

9月9日上午,中共安徽省委党校公共安全与应急管理研究中心"合肥市城市应急准备能力评估"项目组一行5人,来到我局调研交流"合肥市城市应急准备能力评估"相关工作,市应急局四级调研员宋千启主持召开了座谈会。市应急局法制处、救灾减灾处、防汛抗旱处、工贸安全监管处、危化品安全监管处等13个处室参加了会议。

4. 城市应急物资储备调用

【评价内容1】

编制应急物资储备规划和需求计划。

【评分标准】

未编制应急物资储备规划和需求计划的,未明确应急物资储备规模标准的,扣0.2分。

【指标解读】

1)应急物资储备规划

《中华人民共和国突发事件应对法》要求,设区的市级以上人民政府和突发事件易发、多发地区的县级人民政府应当建立应急救援物资、生活必需品和应急处置装备的储备制度。

县级以上地方各级人民政府应当根据本地区的实际情况,与有关企业签订协议,保障应急救援物资、生活必需品和应急处置装备的生产、供给。

　　规划应明确现状及面临的形势、指导思想、基本原则、规划目标、应急物资分类及需求计划、储备任务职责分工、管理制度、调用原则、工作要求等内容。

2）应急物资储备需求计划

　　根据城市实际主要人口数量、应急物资种类、灾害发生频率和严重程度，将基本生活保障物资、公共卫生事件应急处置、重要地质灾害救援所需物资优先储存，危化、矿山、冶金、建筑等高危行业作强制储备，其他行业根据企业实际情况作基础储备，同时与其他企业和社会专业应急救援队伍建立合作，以区县和街镇为主要储备，以市级应急物资储备为辅制定储备需求计划。

　　【创建要点】

　　创建城市应编制应急物资储备规划和年度应急物资需求计划报告，明确应急物资储备规模标准，分市、区县、街镇三级作具体细化。

　　【创建实例】

　　实例1

　　济宁市出台《济宁市应急物资储备体系建设规划（2021—2030 年）》全面加强应急物资储备体系建设（发布时间：2021 - 12 - 30）

　　为加强济宁市应急物资储备体系建设，提高应对处置突发事件的能力和水平，确保关键时刻拿得出、调得快、用得上、有保证，济宁市应急管理局根据相关法律法规和省规划要求，在广泛调研论证的基础上，于 2021 年 6 月起草了《济宁市应急物资储备体系建设规划（2021—2030 年）》征求意见稿，经市政府同意后，于 2021 年 12 月 22 日印发。

　　实例2

　　如皋市召开制定 2020 年应急物资装备需求计划暨落实应急物资储备协调会（发布时间：2020 - 05 - 21）

　　为深入贯彻落实国家、省应急救灾和物资保障工作会议精神，切实增强全市突发事件应急处置能力，5 月 20 日下午，如皋市应急管理局牵头召开了全市制定 2020 年应急物资装备需求计划暨落实物资储备协调会，市发改、住建、水务等 19 家减灾委成员单位及 14 个镇（区、街道）分管领导参加。

　　【评价内容2】

　　建立应急物资储备信息管理系统。

　　【评分标准】

　　未建立应急物资储备信息管理系统的，扣 0.2 分。

　　【指标解读】

　　应急物资储备信息管理系统

　　《国家总体应急预案》规定，要建立健全应急物资监测网络、预警体系和应急物资生产、储备、调拨及紧急配送体系，完善应急工作程序，确保应急所需物资和生活用品的及时供应，并加强对物资储备的监督管理，及时予以补充和更新。

应急物资的信息采集、分类、信息处理、信息交换以及应急资源组织等可参考《应急物资分类及编码》(GB/T 38565—2020)。

【创建要点】

建立城市应急物资储备信息管理系统及相关功能模块，实现对各类应急物资的采购、储备、调拨等信息的录入和查询，并将该信息系统接入城市安全管理应用平台，实现数据共享。

【创建实例】

提高应急物资保障水平！平阳在全省先行先试推进综合信息系统建设（发布时间：2021 – 10 – 15）

近日，平阳县作为全省6个县（市、区）之一，被列为省应急物资保障综合管理信息系统建设工作试点县，探索形成信息平台建设好方法、好经验。

据悉，由省发改委牵头建设的省应急物资保障综合管理信息系统"浙江应急物资在线"，是建设数字浙江、数字政府的重要内容，被列入数字政府体系"浙里安全"系列跑道之一。

列为试点县后，该县将按照"集中管理、统一调拨、平时服务、灾时应急、采储结合、节约高效"原则和数字化改革要求，以分类管理、分级负责、高效协同为方向，坚持目标导向、问题导向和效果导向，精确汇集全省各级各类应急物资数据，精细管理各级各类应急仓储物资，精准提供各种突发事件应急物资调拨服务。

【评价内容3】

应急储备物资齐全。

【评分标准】

（1）应急物资库在储备物资登记造册和建立台账，种类、数量和方式等方面有缺陷的，每发现一处扣0.1分，0.3分扣完为止。

（2）相关部门未与企业签订应急救援物资供应协议的，扣0.1分。

【指标解读】

1）应急储备物资齐全

《国家突发公共事件总体应急预案》要求，建立健全应急物资监测网络、预警体系和应急物资生产、储备、调拨及紧急配送体系，完善应急工作程序，确保应急所需物资和生活用品的及时供应，并加强对物资储备的监督管理，及时予以补充和更新。

根据《国家发展改革委办公厅关于印发应急保障重点物资分类目录（2015年）的通知》（发改办运行〔2015〕825号）等的要求，开展应急保障重点物资组织协调、资源调查、储备管理等基础性工作。

2）签订应急救援物资供应协议

《中华人民共和国突发事件应对法》要求，地方各级人民政府应根据有关法律、法规和应急预案的规定，做好物资储备工作。县级以上地方各级人民政府应当根据本地区的实际情况，与有关企业签订协议，保障应急救援物资、生活必需品和应急处置装备的生产、供给。

【创建要点】

创建城市应加强应急物资库的管理工作，对库中储备物资进行登记造册并建立台账，台账中明确应急物资库名称、地址、主要存储物资类型、库中各品类物资数量、规格型号、储备时间、储备期限等内容。

相关部门应与企业签订应急物资供应、生产协议，合同中应明确反映出企业在应急物资供应、生产工作中的实际支撑作用。

【创建实例】

实例1

重庆市合川区应急管理局多措并举　加强应急物资储备体系建设（发布时间：2021－01－13）

充实区级应急物资储备。为确保第一时间处置和应对突发灾情险情，妥善安置受灾和避险群众，2020年，我区增加了防汛抢险装备、冲锋舟和橡皮船等救生救援器材，以及发电设备、照明设备、衣被等生活物资等，应急物资种类更加齐全。

实例2

临泉县应急管理局与临泉县永辉超市签订救灾应急储备物资供货协议（发布时间：2021－03－15）

为了加强救灾应急物资储备，进一步完善自然灾害应急管理机制，提高应对突发自然灾害救助能力，临泉县应急管理局与安徽永辉有限公司临泉沣泽悦城分公司签订救灾应急储备物资供货协议。根据双方协议规定，发生严重自然灾害时，临泉县永辉超市应按照临泉县自然灾害救助应急预案，根据应急需要，保证按质按量、及时、准确地向县应急管理局指定的受灾乡镇、街道提供方便面、挂面、矿泉水等救灾应急物资。

【评价内容4】

建立应急物资装备调拨协调机制。

【评分标准】

未建立应急物资调拨协调机制的，扣0.2分。

【指标解读】

应急物资装备调拨协调机制

《国家减灾委员会办公室　应急管理部关于加强基层应急能力建设做好2020年全国防灾减灾日有关工作的通知》（国减办明电〔2020〕1号）要求各地区、各有关部门要建立健全县域应急物资保障部门联动和社会参与机制，在多灾易灾县（市、区）推行应急物资实物储备、产能储备、社会储备等多种方式，努力满足可能发生灾害事故的峰值需求。建设应急物资物流管理平台和应急物资捐赠管理平台，充分发挥物流企业优势，实现应急物资有序调度、快速运输、高效配送、精确溯源，提高重特大灾害情况下应急物资的快速通达能力。

【创建要点】

创建城市应完善重要应急物资生产、采购、储存、调拨和紧急配送机制，健全实物储备和产能储备、政府储备和企业商业储备相结合、军民融合的应急物资储备体系。

【创建实例】

衢州市衢江区健全完善应急物资"一个口子"统筹调拨机制（发布时间：2021 - 12 - 28）

为进一步规范储备管理，完善紧急状态下各类应急物资的调拨、配送和使用联动机制，近期，衢江区防指办和区发改局联合出台了《衢江区防汛防台应急物资共用共享和统筹调拨机制》。通过制定机制，保障防汛防台应急救援工作有效开展，进一步提高突发事件应对能力。

一是在职责分工上，要求乡镇科学合理储备防护用品、通信设备、救援装备、生活物资、抢险设备等应急物资，以便辖区内应急所需；要求有关防指成员单位综合考虑全区应急物资的实际储备数量、种类、功能特点，加大抢险救灾中消耗较大的应急物资购置储备量。

二是在调拨程序上，按照"统筹指挥、统一调度、就近就便、快速调用"的原则，当发生洪涝台旱等灾害后，由区指挥部统一调度应急物资，有关单位根据调拨指令及时做好调运配送，确保快速响应、快速处置。

三是在保障补偿上，根据实际需要，保障应急救援物资储备的资金投入；实行有偿使用，按照谁使用、谁负责的原则，明确由灾害发生地承担或由相关部门统筹协调解决。

5. 城市应急避难场所

【评价内容1】

制作全市应急避难场所分布图（表），向社会公开。

【评分标准】

未结合行政区划地图制作全市应急避难场所分布图或全市应急避难场所分布表，标志避难场所的具体地点，并向社会公开的，扣 0.2 分。

【指标解读】

1）应急避难场所

《城镇应急避难场所通用技术要求》（GB/T 35624—2017）规定，应急避难场所是用于突发事件应急响应时的人员疏散和避难生活，具有应急避难生活服务设施的一定规模的场地和建筑。

公共避难场所既包括公园、绿地、广场、学校操场等场地，也包括地下空间（含人民防空工程）、体育场馆、学校教室等建筑。

按安置时限和功能可以分为Ⅰ级应急避难场所、Ⅱ级应急避难场所、Ⅲ级应急避难场所。

2）应急避难场所分布图（表）

应急避难场所分布图以电子地图为底图，导入行政区界、城市路网、城市地名等空间数据信息，直观标示城市行政区内现有应急避难场所的场所名称、位置、分布、类型及功能等信息。

应急避难场所分布表应包含避难场所名称、地址、中心点坐标、产权单位、管理部门、类型、功能、场地面积、容纳人数等信息。

3）向社会公开

在政府网站显著位置设置应急避难场所分布图（表）链接，在社区通过宣传栏、宣传册等多种形式向家庭公示辖区应急避难场所位置及疏散路线。

【创建要点】

创建城市应制作全市应急避难场所分布图或应急避难场所分布表，标志避难场所的具体地点，并向社会公开，公开信息内容应涵盖场所名称、位置、分布、类型及功能等信息。

【创建实例】

深圳市应急管理局网站"应急避难场所"专栏（发布时间：实时更新）

【评价内容2】

市级应急避难场所设置显著标志，基本设施齐全。

【评分标准】

市级应急避难场所无应急避难场所标志，基本设施不齐全的，每发现一处扣0.1 分，0.3 分扣完为止。

【指标解读】

1）标志

《城镇应急避难场所通用技术要求》（GB/T 35624—2017）规定，应急避难场所应设置应急标志标识，包括人员避难区域、综合保障区域和出入口交通集散区域等区域位置指示和警告标识，并设置应急避难场所的基本设施（应急指挥管理设施、应急集结区、应急医疗救护与卫生防疫设施、应急供水设施、应急供电设施、应急通风、应急厕所、应急照明、应急标志等）、一般设施（应急篷宿区、应急物资储备设施、应急垃圾储运设施、应急排污设施、应急消防设施、应急停车场等）、综合设施（应急指挥中心、应急停机坪、应急洗浴设施、功能介绍设施、应急救援驻地等）等场所设施标识。

2）基本设施

《城镇应急避难场所通用技术要求》（GB/T 35624—2017）规定，应急避难场所的基本设施是为保障避难人员基本生活需求设置的配套设施，包括应急指挥管理设施、应急集结区、应急医疗救护与卫生防疫设施、应急供水设施、应急供电设施、应急通风、应急厕所、应急照明、应急标志等。

（1）应急指挥设施基本要求。

应急指挥管理设施中包括广播、图像监控、有线通信等系统。其中，广播系统应覆盖应急避难场所，图像监控范围应覆盖应急篷宿区和应急避难场所内道路及出入口。

（2）应急集结区基本要求。

应急集结区为避难人员提供短时间使用的露天避难场地，需要时部分区域可设置帐篷。

（3）医疗救护与卫生防疫区基本要求。

医疗救护与卫生防疫区应设有医疗救护与卫生防疫设施，其数量和面积应满足实际使用需要。

（4）应急供水设施基本要求。

应急供水设施可选择设置供水管网、供水车、蓄水池、水井、机井等两种以上供水设施，并根据所选设施和当地水质设置净水设备，使水质达到直接饮用标准。供水设施的数量和供水能力应满足实际使用需要。

（5）应急供电设施基本要求。

应急供电设施可设置多回路电网供电系统或太阳能供电系统，也可以设置移动式发电机组。应急电源应满足照明、通风和医疗等最低负荷要求。供、发电设施应具备防触电、防雷电、防震等安全保护措施。

（6）应急通风设施基本要求。

应急避难场所中应设置应急通风设施。应急通风可采用自然通风或机械通风，宜充分利用自然条件，合理组织自然通风。采用自然通风时，平面布置应保证气流通畅，避免死角和短路，尽量减少风口和气流通路的阻力。采用机械通风时，应满足必要的新风流量需要。

（7）应急厕所基本要求。

应急避难场所中应配备必要的应急厕所。厕所应位于应急避难场所下风向。应急厕所之间、应急厕所与应急篷宿区之间应有必要的距离。

（8）应急照明基本要求。

应急避难场所中的道路、指挥通信间、手术医疗间等的照度应满足实际使用需要。应急篷宿区应设置安全照明。

（9）应急标志标识基本要求。

应设置应急标志标识，包括区域位置指示和警告标识，并设置场所设施标识等。

【创建要点】

创建城市应急避难场所的所有权人或管理使用单位应建立设施设备定期维护及检查制度，指定专人负责场所设施设备的日常维护、保养及检修，及时消除隐患，确保各类标志、基本设施齐全。

【创建实例】

增强市民安全保障！贵阳市158个应急避难场所有序建设中（发布时间：2022 – 04 – 24）

应急避难场所附近均设有明显的标识牌，为居民提示应急避难场所的方位及距离。在大联欢广场上，设置有应急避难场所指示牌、平面示意图以及各类应急设施规划区域的指示牌等，内容一目了然。

观山湖公园民族大联欢广场应急避难场所具备应急供水、供电、排污、垃圾收集等保障性设施设备，还设置了应急专用物资库，为启用应急避难场时实现功能转换做好准备。

【评价内容3】

人均避难场所面积大于1.5 m²。

【评分标准】

按照避难人数为70%的常住人口计算全市应急避难场所人均面积，$1 m^2 \leqslant$ 人均面积 < 1.5 m²的，扣0.1分；$0.5 m^2 \leqslant$ 人均面积 < 1 m²的，扣0.3分；人均面积 < 0.5 m²的，扣0.5分。

【指标解读】

人均避难场所面积

避难场所人均面积应大于1.5 m²。计算公式：

避难场所人均面积=（避难场所总面积/辖区常住人口数）×70% 。

【创建要点】

创建城市应根据应急避难场所分布表，计算场地总面积；根据统计局数据，提供全市年度常住人口数，计算人均避难场所面积。

《中华人民共和国突发事件应对法》要求，城乡规划应当符合预防、处置突发事件的需要，统筹安排应对突发事件所必需的设备和基础设施建设，合理确定应急避难场所。

【创建实例】

"十四五"上海全市人均避难面积达 1.5 m²！——市民防办、市应急局联合部署这项重要工作（发布时间：2021-09-09）

9 月 8 日，市民防办、市应急局共同组织召开视频会议，部署在本市推进新一轮应急避难场所建设。

会议传达了市政府批复同意的《关于进一步推进本市应急避难场所建设的实施方案》。建设目标上，到 2025 年底，本市应急避难场所建设总量大幅度增长，全市人均避难面积达到 1.5 m²；到 2035 年，全市人均避难面积达到 2.0 m²。

3.5.2 城市应急救援体队伍

1. 城市综合性消防救援队伍

【评价内容1】

出台消防救援队伍社会保障机制意见。

【评分标准】

未出台消防救援队伍社会保障机制意见的，扣 2 分。

【指标解读】

消防救援队伍社会保障机制意见

中共中央办公厅、国务院办公厅印发《组建国家综合性消防救援队伍框架方案》，要求建立符合消防救援职业特点的保障机制。按照消防救援工作中央与地方财政事权和支出责任划分意见，调整完善财政保障机制；保持转制后消防救援人员现有待遇水平，实行与其职务职级序列相衔接、符合其职业特点的工资待遇政策；整合消防、安全生产等科研资源，研发消防救援新战法新技术新装备；组建专门的消防救援学院。

《关于做好国家综合性消防救援队伍人员有关优待工作的通知》（应急〔2019〕84 号）规定，为深入贯彻落实习近平总书记向国家综合性消防救援队伍授旗训词精神，进一步鼓舞士气、凝聚力量，增强国家综合性消防救援队伍人员职业荣誉感，激励广大消防救援指战员许党报国、献身使命，依据中共中央办公厅、国务院办公厅印发的《组建国家综合性消防救援队伍框架方案》，就做好消防救援人员优待工作提出了十三项要求。

【创建要点】

创建城市应根据《组建国家综合性消防救援队伍框架方案》《关于做好国家综合性消防救援队伍人员有关优待工作的通知》等文件的要求，出台消防救援队伍社会保障机制意见相关文件，明确消防救援人员优先政策、职业荣誉保障、生活待遇保障、社会优待保障等内容。

国家综合性消防救援队伍作为应急救援的主力军和国家队，承担着防范化解重大安全风险、应对处置各类灾害事故的重要职责。《关于做好国家综合性消防救援队伍人员有关优待工作的通知》（应急〔2019〕84号）要求，认真做好消防救援人员优待工作，对于推动建立消防救援职业荣誉体系，增强广大消防救援人员职业荣誉感，保持消防救援队伍有生力量和战斗力具有重要作用。各单位要提高政治站位，深化思想认识，认真贯彻落实消防救援人员优待政策，做好优待政策的执行和宣传工作，切实传递好党和政府对国家综合性消防救援队伍的关怀和温暖。

【创建实例】

芜湖市人民政府办公室关于建立芜湖市消防救援队伍保障机制的意见（发布时间：2020－05－28）

【评价内容2】

按规划建设支队战勤保障大队。

【评分标准】

无。

【指标解读】

支队战勤保障大队

支队战勤保障大队主要承担本城市范围内灭火救援的应急保障任务，消防车辆配备和物资储备应与保障任务相匹配，并满足《城市消防站建设标准》（建标152—2017）等国家现行有关标准、规范的规定。

【创建要点】

创建城市应说明本市支队战勤保障大队的规划建设情况。

【创建实例】

榆林市消防救援支队战勤保障建设工作纪实（发布时间：2020－10－27）

目前，榆林市消防救援支队战勤保障大队有干部3名、消防员5名、政府专职队员43名。战勤保障大楼地上5层，建筑面积超6000 m²，设有器材储备库、图书室、作战推演室等24个功能库室。支队现有各类战勤保障车辆18辆，战勤保障器材物资储备库超2000 m²，储存有个人防护、警戒、侦检等9大类共9500

余件物资。储备抗溶性氟蛋白、抗醇性、多功能等各类灭火剂 90 余吨。

【评价内容3】

综合性消防救援队伍的执勤人数符合标准要求。

【评分标准】

综合性消防救援队伍的执勤人数不符合标准要求的，每发现一处扣 1 分，2 分扣完为止。

【指标解读】

1）综合性消防救援队伍

根据《组建国家综合性消防救援队伍框架方案》，国家综合性消防救援队伍由应急管理部管理，实行统一领导、分级指挥。省、市、县级分别设消防救援总队、支队、大队，城市和乡镇根据需要按标准设立消防救援站。

2）执勤人数

《城市消防站建设标准》（建标 152—2017）规定，其中一个班次同时执勤人数，一级站可按 30～45 人估算，二级站可按 15～25 人估算，小型站可按 15 人估算，特勤站可按 45～60 人估算，战勤保障站可按 40～55 人估算。

【创建要点】

创建城市应说明综合性消防救援队伍的建设情况，建立消防站台账，包含消防站名称、地址、级别、同时执勤人数等信息。

县级以上地方人民政府应当按照国家规定建立国家综合性消防救援队并按照国家标准配备消防装备，承担火灾扑救工作。

【创建实例】

阜阳市人民政府办公室关于加强全市专职消防队伍建设的实施意见（阜政办秘〔2019〕33 号）（发布时间：2019-08-02）

力量配备。政府专职消防员包括专职消防队员和消防文员。根据《城市消防站建设标准》（建标 152—2017），特勤消防站执勤人数达到 45～60 人，一级消防站执勤人数达到 30～45 人，"单编"专职消防队按二级消防站标准执勤人数达到 15～30 人，乡镇专职消防队在岗人员达到乡镇消防队规定人数（一级乡镇专职消防队专职消防员不低于 8 人，二级乡镇专职消防队专职消防员不低于 5 人）配备政府专职消防队员，根据辖区监督执法和宣传任务或上级业务部门明文规定数量招收消防文员，确保全市消防救援队伍和乡镇政府专职消防队达到规定的人员配备标准，满足我市防火、灭火工作实际需要。

2. 城市专业化应急救援队伍

【评价内容1】

编制专业应急救援队伍建设规划。

【评分标准】

未编制专业应急救援队伍建设规划的，扣0.5分。

【指标解读】

1）专业应急救援队伍

《中华人民共和国突发事件应对法》规定，人民政府有关部门可以根据实际需要设立专业应急救援队伍。《国家突发公共事件总体应急预案》规定，消防、医疗卫生、地震救援、海上搜救、矿山救护、森林消防、防洪抢险、核与辐射、环境监控、危险化学品事故救援、铁路事故、民航事故、基础信息网络和重要信息系统事故处置，以及水、电、油、气等工程抢险救援队伍是应急救援的专业队伍和骨干力量，地方各级人民政府和有关部门、单位要加强应急救援队伍的业务培训和应急演练，建立联动协调机制，提高装备水平。

2）建设规划

应以科学高效应对事故灾害为核心，以健全指挥协调机制、加强应急力量建设、提升应急救援能力为重点，扎实推进城市专业应急救援队伍建设，制定建设规划。

【创建要点】

创建城市应组织编制专业应急救援队伍建设规划，规划中应明确队伍建设现状、队伍需求、建设计划和机制保障等内容。

【创建实例】

深圳市突发事件应急委员会办公室关于印发《深圳市专业应急救援队伍建设规划（2020—2025）》的通知（发布时间：2021－06－18）

【评价内容2】

按规定建成重点领域专业应急救援队伍。

【评分标准】

未按照《国务院办公厅关于加强基层应急队伍建设的意见》要求，成立重点领域专业应急救援队伍的，每缺少一支扣0.2分，1分扣完为止。

【指标解读】

重点领域专业应急救援队伍

《国务院办公厅关于加强基层应急队伍建设的意见》规定重点领域专业应急救援队伍包括防汛抗旱队伍，森林草原消防队伍，气象灾害、地质灾害应急队伍，矿山、危险化学品应急救援队伍，公用事业保障应急队伍，卫生应急队伍，重大动物疫情应急队伍。

【创建要点】

创建城市应建立重点领域专业应急救援队伍台账，包括队伍名称、类型、隶属单位、人数等信息。加快地震（地质）、水域、空勤、隧道和工程抢险等关键力量建设。

【创建实例】

龙海市重点行业领域应急救援队伍汇总表（发布时间：2020 – 01 – 20）

【评价内容3】

组织专业应急救援队伍开展联合培训和演练。

【评分标准】

专业应急救援队伍未开展培训和联合演练的，每支队伍扣0.1分，0.5分扣完为止。

【指标解读】

联合培训和演练

《国务院办公厅关于加强基层应急队伍建设的意见》（国办发〔2009〕59号）要求，应经常性地组织各类队伍开展联合培训和演练，形成有效处置突发事件的合力。

《中华人民共和国突发事件应对法》要求，县级以上人民政府应当加强专业应急救援队伍与非专业应急救援队伍的合作，联合培训、联合演练，提高合成应急、协同应急的能力。

各专业应急救援队伍应积极开展培训和联合演练活动，以训代练、以练促训。

【创建要点】

创建城市应制定各专业应急救援队培训活动方案、编制相关培训教材；各专业应急救援队伍应建立联合演练台账，包含组织单位、参加单位人员、演练内容、演练方式、演练时间等信息，按《突发事件应急演练指南》（应急办函〔2009〕62号）的要求，演练组织单位在演练结束后应将演练计划、演练方案、演练评估报告、演练总结报告等资料归档保存。

【创建实例】

三支救援队联合开展培训演练（发布时间：2021 – 03 – 24）

3月21日，云南黑豹救援队安宁机动中队联合安宁森林防火救援大队温泉中队、市红十字会救援队，在温泉街道牧羊湖温泉森林防火中队开展救援技术培训及现场演练。

120余名救援队员参加演练。培训演练主要内容包括队列体能训练，伤员救护、包扎、心肺复苏以及安全扑救、车辆救援等。

3. 社会救援力量

【评价内容1】

将社会力量参与救援纳入政府购买服务范围。

【评分标准】

未将社会力量参与救援纳入政府购买服务范围的，扣0.5分。

【指标解读】

《应急管理部 民政部关于进一步推进社会应急力量健康发展的意见（征求意见稿）》规定，社会应急力量是在各级民政部门登记管理、主要开展防灾减灾救灾和应急救援业务的社会组织。

各地应急管理部门要积极协调将社会应急力量参与防灾减灾和应急救援工作纳入政府购买服务范围，明确购买服务的项目、内容和标准，及时总结经验，推广示范性案例和成果。

【创建要点】

创建城市应制定政府购买服务指导目录，其中应明确要求将社会应急力量参与救援纳入政府购买服务范围，明确购买服务的项目、内容和标准，支持社会力量参与应急救援工作。

【创建实例】

广东深圳：社会应急力量可纳入政府购买服务（发布时间：2021-04-28）

2021年4月28日，广东省深圳市应急管理局发布了关于印发《深圳市支持社会应急力量参与应急工作的实施办法（试行）》的通知，该办法将于5月1日起施行，有效期3年。

该办法规定，社会应急力量参与应急工作可纳入政府购买服务范围。鼓励各级政府及相关部门根据应急工作的实际需求与社会应急力量签署合作服务协议。业务主管部门根据所属社会应急力量日常训练、演练、培训和应急救援实际需要，可在装备器材、场地等方面给予支持。

【评价内容2】

制定支持引导社会力量参与应急工作的相关规定，明确社会力量参与救援工作的重点范围和主要任务。

【评分标准】

未出台支持引导大型企业、工业园区和其他社会力量参与应急工作的相关文件，明确社会力量参与救援工作的重点范围和主要任务的，扣0.5分。

【指标解读】

根据《应急管理部 民政部关于进一步推进社会应急力量健康发展的意见（征求意见稿）》，各地应急管理部门要把规范引导社会应急力量参与应急工作纳入年度重点工作任务，统筹研究部署、同步组织实施。应急管理、民政等部门要加强沟通协调，明确职责，搞好衔接和配合。要共同研究制定社会应急力量参与应急工作的管理规范和地方性制度标准，引导社会应急力量依法依规有序参与应急。

【创建要点】

创建城市应制定支持引导社会力量参与应急工作的相关规定，支持引导政策中应明确基本原则、重点范围、主要任务和工作要求等内容。

【创建实例】

深圳市应急管理局关于印发《深圳市支持社会应急力量参与应急工作的实施办法（试行）》的通知（发布时间：2021－04－28）

社会应急力量参与应急工作遵循以人为本、自愿参与、突出特色、规范有序的原则。

为了培育、扶持社会应急力量发展，鼓励、引导和规范社会应急力量参与应急工作，充分发挥社会应急力量在防灾减灾和应急救援中的重要作用。本办法所指应急工作包括防灾减灾应急知识普及、应急技能提升培训、应急演练、隐患排查、风险防控、应急准备、灾情信息报送、应急资源投送、应急救援、灾后救助恢复等工作。

4. 企业应急救援

【评价内容1】

危险物品的生产、经营等单位，依法建立应急救援队伍。

【评分标准】

规模以上危险物品的生产、经营、储存、运输单位，矿山、金属冶炼、城市轨道交通运营、建筑施工单位，以及人员密集场所经营单位，未按照《生产安全事故应急条例》（国务院令第708号）要求建立应急救援队伍的，每发现一家扣0.1分，0.5分扣完为止。

【指标解读】

《生产安全事故应急条例》（国务院令第708号）要求，易燃易爆物品、危险化学品等危险物品的生产、经营、储存、运输单位，矿山、金属冶炼、城市轨道交通运营、建筑施工单位，以及宾馆、商场、娱乐场所、旅游景区等人员密集场所经营单位，应当建立应急救援队伍。

【创建要点】

创建城市应建立危险物品的生产、经营等单位的应急救援队伍情况台账。

县级以上人民政府负有安全生产监督管理职责的部门应当定期将本行业、本领域的应急救援队伍建立情况报送本级人民政府，并依法向社会公布。

生产经营单位应当及时将本单位应急救援队伍建立情况按照国家有关规定报送县级以上人民政府负有安全生产监督管理职责的部门，并依法向社会公布。

应急救援队伍的应急救援人员应当具备必要的专业知识、技能、身体素质和心理素质。

应急救援队伍建立单位或者兼职应急救援人员所在单位应当按照国家有关规定对应急救援人员进行培训；应急救援人员经培训合格后，方可参加应急救援工作。

应急救援队伍应当配备必要的应急救援装备和物资，并定期组织训练。

应急救援队伍应当建立应急值班制度，配备应急值班人员。

【创建实例】

应急管理局：常州市重点行业企业安全生产应急救援队伍建设总体情况较好（发布时间：2019 – 08 – 21）

常州市应急管理局报请市安委会于 2019 年 7 月 5 日专门下发《关于层转〈应急管理部办公厅关于开展重点行业企业专职安全生产应急救援队伍建设普查抽查工作的通知〉的通知》，在全市范围内开展重点行业企业普查抽查工作。至 2019 年 8 月 20 日，普查抽查工作已全面顺利完成。从普查情况来看，3 家危险化学品生产、经营企业，4 家金属冶炼企业，1 家建筑施工企业，1 家油气管道经营企业及 1 家集贸市场经营企业在内的 10 家企业建立 10 支专职应急救援队伍。

【评价内容 2】

小型微型企业指定兼职应急救援人员，或与邻近的应急救援队伍签订应急救援协议。

【评分标准】

小型微型企业未指定兼职应急救援人员，或未与邻近的应急救援队伍签订应急救援协议的，每发现一家扣 0.1 分，0.3 分扣完为止。

【指标解读】

《生产安全事故应急条例》（国务院令第 708 号）规定，小型企业或者微型企业等规模较小的易燃易爆物品、危险化学品等危险物品的生产、经营、储存、运输单位，矿山、金属冶炼、城市轨道交通运营、建筑施工单位，以及宾馆、商场、娱乐场所、旅游景区等人员密集场所经营单位，可以不建立应急救援队伍，但应当指定兼职的应急救援人员，并且可以与邻近的应急救援队伍签订应急救援协议。

【创建要点】

创建城市应建立小型微型危险物品的生产、经营、运输单位，矿山、金属冶炼、城市轨道交通运营、建筑施工等单位台账，说明指定兼职应急救援人员、与邻近的应急救援队伍签订应急救援协议的情况。

【创建实例】

徐州市云龙区全面完成工贸行业小微企业应急救援互助协议签订工作（发布时间：2021 – 11 – 19）

针对云龙辖区工贸小微企业员工少、规模小的特点，云龙区应急管理局创新采取互助应急救援的方式，更加切合实际，有利推广。以村为基本单位，根据"资源共享、安全共治、隐患共除、力量共用"的原则和"四不伤害"的要求，组织村行政范围内小微企业签订应急救援互助协议。经过八个多月的奋力攻坚，目前该项工作已全面完成，辖区内工贸行业小微企业应急救援互助协议签订率达到100%。互助协议规定了各方的责任义务，明确了应急救援指挥体制，建立了由村委牵头的协调联动机制，有助于提升企业生产安全事故应急工作能力，推动企业落实主体责任，有效防范事故发生。

【评价内容3】

符合条件的高危企业依法建立专职消防队。

【评分标准】

符合条件的高危企业未按照《关于规范和加强企业专职消防队伍建设的指导意见》（公通字〔2016〕25 号）要求建立专职消防队的，每发现一家扣 0.1 分，0.2 分扣完为止。

【指标解读】

《中华人民共和国消防法》第三十九条规定，下列单位应当建立单位专职消防队，承担本单位的火灾扑救工作：

（1）大型核设施单位、大型发电厂、民用机场、主要港口。

（2）生产、储存易燃易爆危险品的大型企业。

（3）储备可燃的重要物资的大型仓库、基地。

（4）第（1）项、第（2）项、第（3）项规定以外的火灾危险性较大、距离国家综合性消防救援队较远的其他大型企业。

（5）距离国家综合性消防救援队较远、被列为全国重点文物保护单位的古建筑群的管理单位。

【创建要点】

创建城市应建立单位专职消防队台账，并参照国家综合性消防救援队伍相关规章制度加强队伍管理，规范战备、训练、工作、生活秩序。

单位专职消防队应当履行下列职责：

（1）接受当地人民政府、消防救援机构统一调度，参加火灾扑救、应急救援和现场勤务，处置灾害事故。

（2）保护灾害现场，协助有关部门调查灾害事故原因。

（3）掌握责任区域内的道路、消防水源、消防安全重点单位、重点部位等情况，定期维护保养消防车辆及器材装备，建立相应的消防业务资料档案。

（4）制定消防安全重点单位灭火救援预案，定期组织演练。

（5）准确统计辖区接警出动、火灾扑救和应急救援数据，按要求上报当地消防救援机构。

（6）协助消防救援机构普及消防知识，开展宣传教育培训。

（7）开展防火巡查，督促单位有关部门和个人落实防火责任制，及时消除火灾隐患。

（8）法律、法规、规章规定的其他职责。

【创建实例】

实例 1

不一样的旗帜　一样的初心——记述华能伊敏煤电公司专职消防队（发布时间：2021－11－04）

华能伊敏煤电公司专职消防队 1990 年 6 月正式组建，通过多年建设发展，现已形成了拥有 1200 m^2 多功能营房、队员 34 人、应急救援车辆 7 辆、消防救援器材装备 90 余件套的强大队伍。

实例 2

福州港首个港口消防队组建成立并正式投入执勤（发布时间：2021－01－15）

福州新港国际集装箱码头有限公司为福州港区消防队建设主体单位，采用专兼职共存模式，依托江阴港外雇保安公司，面向社会公开招募专职应急救援队员 9 名，其中持有 B2 驾驶证的驾驶员 2 名。消防队按现有港区规模及危货特性，结合处置状况等级考虑，先期投入 112 万配置了可存 6 t 水和 2 t 泡沫的泡沫水罐类消防车 1 辆，射程 100 m 以上的消防拖船 1 艘，隔热服、防化服、重训防化服、气瓶等若干，确保了消防队建设所需的消防车辆及器材装备按要求基本配备到位。

消防队采取"改建"模式，将废置仓库改造为消防队的住勤场地，其中包含装备库、消防车库、队员宿舍、会议室、厨房、餐厅等功能区，满足了消防队值班、住宿、训练的基本要求。

3.6　城市安全状况

城市安全事故指标

【评价内容】

近三年亿元国内生产总值生产安全事故死亡率逐年下降；近三年道路交通事故万车死亡率逐年下降；近三年火灾十万人口死亡率逐年下降；近三年平均每百

万人口因灾死亡率逐年下降。

【评分标准】

（1）近三年亿元国内生产总值生产安全事故死亡人数未逐年下降的，扣1分。

（2）近三年道路交通事故万车死亡人数未逐年下降的，扣1分。

（3）近三年火灾十万人口死亡率未逐年下降的，扣1分。

（4）近三年平均每百万人口因灾死亡率未逐年下降的，扣1分。

【指标解读】

1）亿元国内生产总值生产安全事故死亡率

亿元国内生产总值生产安全事故死亡率表示每生产亿元国内生产总值（GDP），因生产安全事故造成的死亡人数的比率（小数点后统一保留三位小数）。计算公式为

$$亿元国内生产总值生产安全事故死亡率=\frac{报告期内生产安全事故造成的死亡人数}{报告期内城市国内生产总值（元）}\times10^8$$

根据《国家安全监管总局关于印发生产安全事故统计报表制度的通知》（原安监总统计〔2016〕116号）的规定，生产安全事故造成的死亡人数是指因生产安全事故造成人员在30日内死亡的人数。

2）道路交通事故万车死亡率

$$道路交通事故万车死亡率=\frac{报告期内城市道路交通事故死亡人数}{城市机动车保有量}\times10^4$$

《交通事故统计暂行规定》（公交管〔2004〕92号），道路交通事故死亡人数是指在道路上发生的交通事故造成的人员死亡人数。交通事故受伤人员于事故发生7天以后死亡的，不列入死亡人数统计范围。因抢救治疗过程中发生医疗事故导致交通事故受伤人员死亡的，以及载运易燃易爆、剧毒、放射性等危险化学品的车辆发生交通事故后，因燃烧、爆炸以及危险化学品泄漏导致人员伤亡的，不列入交通事故伤亡人数统计范围。

死亡率取小数点后的两位数，第三位数四舍五入。交通事故死亡人数以本辖区内统计年度交通事故死亡人数为准，机动车保有量以统计年度年末本辖区内拥有量为准。

3）火灾十万人口死亡率

$$火灾十万人口死亡率=\frac{年度内城市火灾死亡人数}{城市常住人口}\times10^5$$

根据《公安部　劳动部　国家统计局关于重新印发〈火灾统计管理规定〉的通知》（公通字〔1996〕82号）规定，凡在火灾和火灾扑救过程中因烧、摔、

砸、炸、窒息、中毒、触电、高温、辐射等原因所致的人员伤亡列入火灾伤亡统计范围。其中死亡以火灾发生后七天内死亡为限。

4）每百万人口因灾死亡率

$$每百万人口因灾死亡率 = \frac{城市因自然灾害直接导致死亡的人数}{城市的常住人口和非常住人口} \times 10^6$$

根据《应急管理部关于印发〈自然灾害情况统计调查制度〉和〈特别重大自然灾害损失统计调查制度〉的通知》（应急〔2020〕19 号）的规定，因灾死亡人口指本行政区域内以自然灾害为直接原因导致死亡的人员数量（含非常住人口）。对于救灾救援过程中因自然灾害导致牺牲的工作人员，应一并统计在内。

自然灾害是指洪涝、干旱等水旱灾害，台风、风雹、低温冷冻、雪灾、沙尘暴等气象灾害，地震灾害，崩塌、滑坡、泥石流等地质灾害，风暴潮、海啸等海洋灾害，森林草原火灾和重大生物灾害等。

【创建要点】

创建城市应编制年度全市安全生产事故情况统计分析报告、道路交通事故情况统计分析报告、消防安全形势分析报告、自然灾害风险研判分析报告，统计分析近三年亿元国内生产总值生产安全事故死亡率、道路交通事故万车死亡率、火灾十万人口死亡率、平均每百万人口因灾死亡率、

3.7　鼓励项

【评价内容】

城市安全科技项目获得国家科学技术奖（国家最高科学技术奖、国家自然科学奖、国家技术发明奖、国家科学技术进步奖、国际科学技术合作奖）奖励；国家安全产业示范园区、全国综合减灾示范社区、地震安全社区创建取得显著成绩；在城市安全管理体制、制度、手段、方式创新等方面取得显著成绩和良好效果。

【评分标准】

（1）城市安全科技项目取得国家科学技术奖 5 大奖项（国家最高科学技术奖、国家自然科学奖、国家技术发明奖、国家科学技术进步奖、国际科学技术合作奖）奖励。

（2）国家安全产业示范园区、全国综合减灾示范社区（地震安全社区）创建取得显著成绩。

（3）在城市安全管理体制、制度、手段、方式创新等方面取得显著成绩和良好效果。

最高 5 分。

【指标解读】

1）国家科学技术奖

《国家科学技术奖励条例》（1999 年 5 月 23 日国务院令第 265 号发布，根据 2003 年 12 月 20 日国务院令第 396 号第一次修正，根据 2013 年 7 月 18 日国务院令第 638 号第二次修正，根据 2020 年 10 月 7 日国务院令第 731 号第三次修正）规定，国务院设立国家最高科学技术奖、国家自然科学奖、国家技术发明奖、国家科学技术进步奖、中华人民共和国国际科学技术合作奖。

2）国家安全产业示范园区

《工业和信息化部　应急管理部关于印发〈国家安全产业示范园区创建指南（试行）〉的通知》（工信部联安全〔2018〕213 号）规定，国家安全产业示范园区是指依法依规设立的各类开发区、工业园区（聚集区）以及国家规划重点布局的产业发展区域中，以安全产业为重点发展方向，具有示范、支撑、带动作用，特色鲜明的产业集聚、集群区域。

3）全国综合减灾示范社区

《民政部　中国地震局　中国气象局关于印发〈全国综合减灾示范社区创建管理暂行办法〉的通知》（民发〔2018〕20 号）规定，全国综合减灾示范社区依据《全国综合减灾示范社区创建标准》进行创建，并按程序进行命名和管理。

4 国家安全发展示范城市创建程序

4.1 基本条件

国家安全发展示范城市创建的范围为副省级城市、地级行政区以及直辖市所辖行政区（县）。

存在以下情形的，不得参与创建国家安全发展示范城市：

（1）在参评年及前5个自然年内发生特别重大事故灾难，或在参评年及前3个自然年内发生重大事故灾难的。

（2）在参评年及前1个自然年，因城市安全有关工作不力，被国务院安委会及安委办约谈、通报的。

（3）国务院安委会及安委办挂牌督办的重大安全隐患未按时整改到位的。

（4）已获得命名城市被国务院安委会撤销命名未满2年的。

（5）在参评年及前1个自然年内，发生重特大环境污染和生态破坏事件、药品安全事件和食品安全事故，或者因工作不力导致重特大自然灾害事件损失扩大、造成恶劣影响的。

（6）存在其他情形，不宜参加国家安全发展示范城市创建的。

参评城市在国务院安委会正式命名授牌前发生前述第一项、第二项、第三项、第五项、第六项情形之一的，取消其命名授牌。

4.2 基本要求

参加国家安全发展示范城市创建的城市（以下简称参评城市）要聚焦以安全生产为基础的城市安全发展体系建设，积极推动完善城市安全各项工作，主要包括以下5个方面：

（1）源头治理。把城市安全纳入经济社会发展总体规划，加强建设项目安全评估论证，推动市政安全设施、城市地下综合管廊、道路交通安全设施、城市防洪安全设施等城市基础及安全设施建设，推进实施城区高危行业企业搬迁改造和转型升级等。

（2）风险防控。重点防范危险化学品企业、油气长输管道、尾矿库、渣土场以及施工作业等城市工业企业风险，大型群众性活动、"九小"场所、高层建筑等人员密集场所风险，城市生命线、公共交通、隧道桥梁等公共设施风险，洪涝、地震、地质等自然灾害风险。

（3）监督管理。健全城市各级党委政府"党政同责、一岗双责、齐抓共管、失职追责"的安全领导责任和相关部门"管行业必须管安全、管业务必须管安全、管生产经营必须管安全"的安全监管责任，积极开展城市风险辨识、评估与监控工作，不断加强城市安全监管执法。

（4）保障能力。强化安全科技创新应用，制定政府购买安全服务指导目录，加大城市安全领域失信惩戒力度，建立城市社区网格化安全管理工作制度，加大公益广告投放、安全体验基地建设力度，培育城市安全文化氛围。

（5）应急救援。建立城市应急管理信息平台，健全应急预案体系以及应急信息报告制度、统一指挥和多部门协同响应机制、应急物资储备调用机制，加大城市应急避难场所覆盖面，强化国家综合性消防救援队伍建设，完善专兼职和志愿应急救援体系，建立城市专业化应急救援基地和队伍，鼓励企业、社会力量参与救援。

4.3　创建步骤

《国家安全发展示范城市评价与管理办法》明确了开展国家安全发展示范城市创建坚持城市主动申请、逐级复核评议、部门共同参与、命名动态管理的原则，各地区要积极参与国家安全发展示范城市创建。

（1）城市自评。参评对象认真制定本地区创建实施方案，建立健全组织领导体系和工作机制，对照国家安全发展示范城市相关评价细则开展自评，形成自评结果。评价结果符合国家安全发展示范城市要求的，参评城市可以城市人民政府名义向省级安委会提出创建申请，并按规定提交材料。

（2）省级复核。省级安委办组织对参评城市提交的材料进行初审，需要补充材料的，及时反馈参评城市补报；不符合参评要求的，终止当年评价。省级安委办对通过初审的城市开展复核工作，具体对参评城市提交的材料进行审核把关，并对《国家安全发展示范城市评价细则（2019 版）》中的项目进行现场复核，综合提出复核意见。

（3）创建推荐。通过省级复核的参评城市，由省级安委会于统一向国务院安委办推荐参评对象，并按规定提交材料。

（4）国家评议。国务院安委办对各省级安委会推荐的参评城市开展评议，并征求国务院安委会有关成员单位意见，综合提出拟公示的国家安全发展示范城市名单，在政府相关网站进行公示。

（5）命名授牌。国务院安委办结合公示情况，将拟命名的国家安全发展示范城市名单及有关评议情况报国务院安委会。国务院安委会审议通过后统一命名授牌。

（6）动态管理。已获得命名的城市要以命名授牌为新起点，持续加强城市安全工作，不断提升城市安全发展水平。在三年期限到期后的 2 个月内按照《国家安全发展示范城市评价细则（2019 版)》完成自评，省级复核。国务院安委办组织对通过省级复核的已获得命名城市进行综合评议，现场抽查核实参评城市主要评价指标是否满足要求，综合提出已获得命名城市是否保留命名的意见，征求国务院安委会相关成员单位意见并进行公示后，报国务院安委会审议通过，及时向社会公布。已获得命名的城市发生涉及城市安全重特大事故、事件的，未通过复评的，或出现其他严重问题、不具备示范引领作用的，由国务院安委会撤销命名并摘牌，以适当形式及时向社会公布。

4.4 实践做法

为贯彻落实党中央、国务院关于城市安全工作的决策部署，统筹做好安全发展城市创建工作，按照国务院安委会《国家安全发展示范城市评价与管理办法》等文件要求，中国安全生产科学研究院先后在南京市、杭州市、北京市大兴区和房山区等地开展了创建咨询服务工作。

为更好地指导城市创建工作，推动安全生产治理体系和治理能力现代化，让人民群众有更多的获得感、幸福感和安全感，中国安全生产科学研究院从实践经验中总结出"全面调研、全局谋划、全力辅导、全域评估、全真对标、全民参与"的创建咨询服务"六全工作法"，供拟创建城市和相关单位参考。

4.4.1 全面调研、摸清现状，咨询服务有的放矢

一是根据创建要求开展精准调研。以《国家安全发展示范城市评价与管理办法》《国家安全发展示范城市评价细则（2019 版)》《国家安全发展示范城市评分标准（2019 版)》《国家安全发展示范城市创建指导手册》等为主要依据，采取书面调研、现场走访、集中座谈等方式，全面摸清城市安全发展现状，掌握各部门各板块城市安全工作职责，初步划分创建任务，汇总梳理各部门创建工作短板弱项。

二是广泛征求意见形成任务分工表。根据城市安委会成员单位职责，将创建任务细化分解成任务分工表，形成创建方案征求意见稿。根据反馈意见，修改形成创建方案草案。对于个别职责划分不清或者涉及多个部门的创建任务，联系市委编办及应急、发改、交通、市场监管等相关部门共同研讨，形成会议纪要，分解落实责任。市级部门编制创建国家安全发展示范城市工作任务分工表，明确了评价方式、证明材料标准、现场核验标准和完成时限等工作要求。召开工作任务

分解宣贯会，将对应任务具体分解到各单位。

4.4.2　全局谋划、广泛动员，加强顶层统筹设计

一是全面动员部署全员参与创建。组织召开市"四套"班子主要领导，市、区、镇街三级党政领导参加的高规格的全市创建工作动员部署大会，动员全市上下凝心聚力共促城市安全发展。成立由党政主要领导挂帅，部门"一把手"组成的创建国家安全发展示范城市领导小组，抽调精干力量，组建创建专班，全面系统推进创建各项目标任务落实。

二是领导靠前指挥全局谋划调度。市政府每月召开创建专题推进会，协调督促各板块、各部门落实创建任务；在模拟自评阶段、城市正式自评阶段、省级复核阶段召开短板弱项分析调度会，推进解决各行业主管部门和各板块反映的在创建过程中出现的疑难问题。

三是强化制度建设提升工作效能。先后编制出台《推进城市安全发展的实施意见》《创建国家安全发展示范城市总体方案》《推进城市安全发展工作考核办法》《关于深入做好国家安全发展示范城市各项工作任务落实的通知》等文件，督促各部门各板块根据工作职责任务，分别制定创建国家安全发展示范城市工作实施方案，明确工作目标、重点工作、工作步骤和保障措施，使创建工作有章可循。通过对各部门各板块创建任务考核打分排名通报，促进了创建工作效能的提升。

4.4.3　全力辅导、凝聚智慧，提升创建业务水平

一是组织学习贯彻创建工作要求。编印下发《创建国家安全发展示范城市材料汇编》《现场核查工作任务清单》等创建材料，采取视频会议、面对面答疑、调研座谈等方式，分批分次组织专题培训和业务辅导。指导各部门各板块各级各类人员熟悉创建目标任务、掌握创建标准要求、明确现场核验重点事项，抓紧抓实抓好城市自评、模拟测评、省级复核等各项准备工作。

二是定期审核持续更新证明材料。依托信息化平台示范创建工作考核模块，统筹"线上线下清单管理、同频同步自测考评"，定期审核创建证明材料，及时反馈整改问题清单。持续多次全面审核各部门提交的创建证明材料，并提出修改意见，召开证明材料专题更新会，提升证明材料自测合格率。

三是凝聚各方智慧共同推进创建。通过参加国务院安委办召开的创建工作视频推进会，学习调研江苏省、河南省、四川省等省级安全发展示范城市创建工作，邀请《国家安全发展示范城市评价细则（2019版）》编写人员解读答疑，聘请危化、消防、交通和建设等重点行业专家现场指导，借鉴吸收各地优秀做法，调动各方智慧力量，共同解决创建难点问题。

4.4.4　全域评估、突出重点，指导风险分级管控

一是摸清风险底数，掌握安全状态。通过制定《城市安全风险评估方案》，明确城市行业领域安全风险普查辨识评估的牵头单位部门和工作任务；按照区域全面覆盖、逐级深入座谈、重点现场走访的调研方针，调研走访全市所有部门和区县，收集整理安全生产台账资料、事故统计分析报告，了解城市产业布局、行业风险特点、安全风险控制能力基础。开展区域重点防护目标和企事业单位风险源信息等基础数据收集工作，通过全市域全面普查，汇总城市风险源，找准城市风险源头，掌握城市安全风险状态。

二是突出重点领域，明确重大风险。在城市安全风险（源）普查辨识建档的基础上，按照基于固有风险、突出行业特点、方法先进适用的原则，结合行业监管重点，筛选评估分级指标，制定风险分级标准，采用事故后果定量计算、要素评分定性分析等方法，量化各类风险源风险等级。辨识出重大风险、较大风险、一般风险和低风险。编制全市城市风险评估报告，紧盯城市工业企业、城市人员密集场所、城市公共基础设备设施和自然灾害等重点领域，将各类风险叠加，实现全市各区块及整体的风险量化评估，绘制城市安全风险四色图。

三是指导分级管控，健全应用场景。根据城市风险评估结果，按照网格化原则，结合城市发展规划、行业区域规划和不同层级相关单位职能划分，以网格为单位划分为企业单位"点"、行业领域"线"、城市区域"面"等层次；按照整体性原则，充分考虑不同行业领域事故原因的交叉性、差异性和关联性特征，突出全市安全监管重点，提高城市安全发展规划的整体性和集约性；提出安全风险分级、分层、分类、分专业的监管要求，从工程、技术、管理等方面提出风险管控措施，确定具体任务分工和实施方案，明确责任部门、责任人和落实时限，确保风险得到有效管控。依托信息化平台构建风险源状态提醒、行业安全风险预警、城市安全指数预报、应急处置资源调度等4大应用场景，实现信息化实时感知、智能化快速预警、自动化及时处置。

4.4.5 全真对标、阶段测评，持续补短板强弱项

一是全过程全要素持续开展测评。以测评促创建，创建城市组织自评专家组，按照考评细则要求，全过程全要素开展城市自评工作，检查企业单位和场所，发现各类问题隐患；省安委办组织专家开展了省级复核，反馈多项问题；市政府督查室提出了亟须高位协调解决的多个考评反馈问题；年底市创建办再次深入各部门各板块检查督导，提出改进意见。

二是加强检查复核补齐短板弱项。对各阶段测评反馈的问题，编制督办通知单，要求相关责任单位制定整改计划，限期整改，整改完成后创建办再次组织进行现场复核。组织创建资料线上审核、创建问题集中答疑、四不两直明察暗访、重点部门专题调研、街道社区检查指导等工作，督促各级各部门全力以赴补短板

强弱项。

三是对标全面分析形成自评报告。紧紧围绕办法、细则、评分标准、指导手册4个核心指导文件，分类分项逐一分析证明材料、现场检查、检查复核的完成情况，逐项回答创建指标落实措施、创建工作取得的成效，说明得分情况及证明材料形式，编制形成自评报告。报告包含7部分内容：城市安全发展的基本概况，安全现状，创建工作历程，创建评价总体情况，评价细则逐项对标分析、自评打分，创建工作可固化可推广的优秀做法、特色亮点，自评过程中发现的有关问题整改情况或整改计划。

4.4.6 全民参与、强基固本，安全发展共建共享

一是广泛宣传增强安全文化氛围。制定《创建国家安全发展示范城市宣传保障总体方案》，通过强有力的宣传发动，引导企业职工和社会群众广泛参与创建；编制《居家生活安全常识》宣传画，发放张贴到社区，提高居民的安全意识；深入开展创建公益广告、标语口号、宣传海报征集评选活动；开展"打通生命通道""整治飞线充电""安全宣传五进"等活动，推动全民参与，筑牢城市安全文化。

二是强基固本打造示范点样板间。根据创建要求，制定安全发展示范街道、社区和行业标杆单位的"五有"创建标准，着力打造示范点样板间，加强基层安全发展能力建设，推动城市安全发展重心下沉。在年底对各个示范点样板间打造情况进行了现场检查督导，提高了创建工作的市民认知度、参与度、感知度。

三是共建共享安全发展固定资产。以创建工作为契机，固化形成了一批城市安全发展规章制度，推动创建城市在城市安全管理应用平台建设、危大工程一体化信息平台建设、化工园区封闭化改造、餐饮场所燃气泄漏安全保护装置安装、交通安全设施改造、高层建筑消防和消防站点建设、危房整治、地质灾害治理、城市堤防加固和主城积淹点改造等方面大力投入，改善了城市安全基础，提高了市民安全保障水平。

5 南京市创建实践

5.1 南京市创建国家安全发展示范城市的优势

南京市是江苏省会、副省级市、特大城市、国务院批复确定的中国东部地区重要的中心城市、全国重要的科研教育基地和综合交通枢纽。全市下辖 11 个区，总面积 6587 km²，建成区面积 971.62 km²，常住人口 843.62 万人，城镇人口 695.99 万人，城镇化率 82.5%。第一、二、三产业 GDP 占比分别为 2.1%、36.8%、61.1%。2019 年全年完成地区生产总值 14050 亿元，增幅连续 11 个季度保持 8% 及以上，位居东部地区 GDP 过万亿元城市和全省首位，2020 年一季度 GDP 增速 1.8%，成为 17 个 GDP 过万亿城市、省会城市中唯一实现正增长城市。城市综合竞争力位居全国副省级城市前列，连续多年获得全国精神文明城市、全国卫生城市、中国最具幸福感城市、全国综合运输服务示范城市、全国信用示范创建城市、全国质量强市示范城市、十大国内最有安全感城市等荣誉。

近年来，南京市积极打造"创新名城"城市名片，在城市安全相关领域推进科技创新，科技创新成果斐然。2017 年和 2018 年连续两年获得国家最高科学技术奖，82 项重大科技成果获国家科学技术奖。其中，国家自然科学奖二等奖 11 项，国家技术发明奖（通用项目）二等奖 13 项，国家科学技术进步奖（通用项目）特等奖 2 项、一等奖 4 项、二等奖 52 项。

党的十八大以来，南京市深入贯彻落实习近平总书记关于安全生产的重要论述，坚持以习近平总书记"牢固树立安全发展理念，始终把人民群众生命安全放在第一位""城市发展要把安全放在第一位"等重要指示批示作为根本遵循，坚决贯彻执行党中央、国务院推进城市安全发展总体部署要求，凝聚安全发展共识，完善安全发展机制，固牢安全发展支撑，夯实安全发展基础，推动创建工作落地落细落实，取得显著成效。2017—2019 年，全市亿元 GDP 死亡率分别为 0.036、0.026、0.021，保持省内最低，生产安全事故起数、死亡人数年均下降 6% 和 12%；机动车万车死亡率 1.95、1.81、1.74，火灾十万人口死亡率 0.00180、0.00154、0.00153，死亡率逐年下降，2017—2019 年，全市未发生因灾死亡情况。2020 年 1—6 月，全市共发生生产安全事故 84 起，死亡 37 人，同比分别下降 70.6%、76.1%，"双下降"幅度位列全省第一，连续 28 个月未发生较大事故、连续 9 年未发生重特大事故。

5.2 南京市创建国家安全发展示范城市取得的主要成效

5.2.1 城市安全发展成为广泛共识党政共责

市委、市政府坚持把城市安全摆在极端重要的位置，高位统筹谋划、高起点系统推动。

1. 坚持顶层设计保障支撑

2010 年就研究出台《关于推进安全发展的意见》，统筹将城市安全发展纳入"十二五""十三五"安全生产规划，推动建立健全规划引领、源头控制、监管执法等 12 个方面保障机制，系统规划、管控城市安全风险；特别是近年来，根据党中央、国务院决策部署，相继出台推进安全生产领域改革发展、推进城市安全发展、落实党政领导安全生产责任制等一系列规章规范，作出科学、全面、系统谋划部署。

2. 坚持理念灌输知行合一

将习近平总书记关于安全生产的重要论述，关于城市安全发展的系列讲话，纳入各级党委（党组）中心组、各级党校和行政学院领导干部学习培训重要内容和必修课程；党政主要领导率先垂范，将示范创建工作纳入年度市委全会、市政府工作报告重要内容，纳入市委常委会、市政府常务会每月议事日程，纳入市委常委、市政府班子成员年度安全生产职责清单，实现"四级"全覆盖。

3. 强化示范创建组织领导

成立由市委书记、市长亲自挂帅任组长，常务副市长任办公室主任、党政部门"一把手"组成的创建工作领导机构，引导督促各级党政领导干部强化思想自觉、行动自觉，主动担当作为、履职尽责，形成党政同责、一岗双责、齐抓共管，同心协力推进城市安全发展的浓厚氛围。

5.2.2 城市安全源头治理水平显著提升

围绕推动高质量发展、安全发展，建立"战略引领、刚性管控、全域覆盖、多规合一"的规划传导和实施机制，加快城市产业结构转型、发展方式转轨、新旧动能转换。

1. 统筹总体空间格局

科学编制国土空间总体规划，构建形成"南北田园、中部都市、拥江发展、城乡交融"的全域空间管控体系，加快临江梅钢、南钢、南化、金陵石化等大型石化钢铁企业的搬迁和功能调整，加快沿江乌江段、八卦洲造船业以及江南金陵船厂转型升级、搬迁调整，加快化工园区产业调整，推动引导园区企业向安全系数较高的新材料产业转型，保障城市安全运行。

2. 统筹产业空间布局、深化产业结构调整

打造现代服务业、先进制造业和重点生态三大功能区，规划 12 个产业园区，引导形成高效、协调、可持续的产业空间布局。依法依规科学合理确定各类工业地块、物流仓储地块布置，做到相对集中布局，预留安全防护距离。大力推动实施"退城入园"战略，采取最严格的产业禁限政策，持续推进 6 轮化工整治、3 批"三高两低"企业治理行动，坚决淘汰安全环保不达标的产业和企业，坚决推动沿江一公里、敏感区域和人口密集区化工企业"关停并转"。近年来，累计关闭化工企业 519 家，清理"三高两低"小矿山、小铸造、小冶炼企业 476 家。2019 年，拆除取缔违规占用岸线项目 84 个，退出长江干流生产岸线 18 km，沿江 1 公里范围内新增造林 6200 亩。

3. 统筹专项规划控制

围绕推进城市安全发展，编制实施南京市安全生产"十三五"规划、管线综合规划、消防站用地控制规划、医院急救设施规划等专项规划，科学保障各类专项规划空间平衡。落实河道保护蓝线、轨道交通橙线、高压电力黑线等"六线"控制要求，从严管控保护范围。细化落地综合防灾减灾、公共安全、给水、排水、燃气、供电、垃圾填埋场等重点行业领域 48 个安全管理标准规范。

4. 统筹基础设施安全改造

着力城市生命线源头治理，加快推进交通市政设施、老旧管网、防洪排涝等升级改造。三年来，完成 393.6 km 危旧燃气管道、362 km 供水管道、266 处长江岸线、99 处易淹易涝片区等基础设施加固改造；2019 年新增建设市政消火栓 900 个（总计 11185 个），消防队站 79 个，城市地下综合管廊 92 km、中心隔离护栏 10410 m、市政桥梁限载牌 1513 块、限高牌 95 块等。

5.2.3 城市安全风险防控质效明显增强

坚持问题导向，着力全面防范化解重大安全风险，推动实现风险起底、隐患见底、防控整治彻底。

1. 统筹部署推进"城市风险（源）普查辨识建档暨责任厘清确认组网"行动

按照风险底数清、所属网格清、监管责任清、信息路径清等"八清"要求，借助应急管理"181"信息化平台，对城市重点场所、重点设施、重点企业（单位）和社会面"九小场所"进行全面普查、全方位"体检"，逐一核实登记"上户口"，厘清监管责任，摸清城市风险（源）底数。

2. 统筹构建城市安全风险数据库

完成 116 家危化品生产企业、139 家粉尘涉爆涉氯涉氨企业、101 栋超高层建筑、257 家大型商场市场、273 个养老福利机构、547 个危大工程、430 座桥梁

隧道、9384 km 燃气管道、702 km 长输管线、258 处地质灾害点、106 处长江风险点，以及 62 万余处"九小场所"等重点场所单位系统风险评估工作。建设"数字地下管线工程"，录入地理信息在库管线长度约 16×10^4 km，其中地上 7250.83 km，地下约 15.5×10^4 km。依托"181"平台，建立健全城市安全风险数据库，标注城市重大风险源 670 个，社会面一般风险（源）20 万余处。

3. 统筹城市安全风险技防应用

整合应急、消防、交通、建设、气象等多部门监测预警信息平台，综合运用"互联网 +""网格化 +"以及智慧工地、智慧消防、智慧交通等信息化、智能化防控手段，积极推广应用餐饮场所燃气报警装置、重大危险源监控、危险工艺危险装置监测、"两客一危"安全防护、大客流监控预警等技术手段和技术措施，系统推进实现安全生产领域重大风险、移动风险、动态风险的科学有效管控。截至目前，全市 77 家重大危险源企业完成重大危险源监测预警系统建设，45 家涉及危险工艺企业全部安装了安全仪表系统，50159 部高层及公共电梯、1292 个房建及市政工程在建工地现场均已安装视频系统，13600 余家餐饮场所安装可燃气体浓度报警装置，14069 辆客运车辆、5276 辆危险货物运输车辆等"两客一危"车辆已安装防碰撞、智能视频监控报警装置和卫星定位装置。

4. 统筹常态化风险隐患排查整治

建立"大数据 + 网格化 + 铁脚板"城市风险隐患排查治理工作机制，采取定期排查、重点督查、挂牌督办等有效形式，深入排查整治重点企业、重点设施、重点场所安全隐患。近年来，累计投入 69 亿元专项资金，持续开展大排查大整治行动，集中整治重点企业重大隐患 380 多处、"不放心"高层建筑 498 幢、老旧危房 1371 幢、棚户区和城中村 36 处、交通设施缺失隐患 1580 处，消除户外广告隐患 6659 处、灯箱店招隐患 7684 处等，为城市安全运行提供有力保障。

5.2.4　城市安全监督管理效能大幅跃升

1. 坚持将推进城市安全发展作为"一把手"工程

相继出台《南京市"党政同责、一岗双责"暂行规定》《南京市党政领导干部安全生产责任制规定实施办法》《市委常委、市政府领导班子安全生产职责清单》等政策规范，建立党政主要领导亲自抓、分管领导综合抓、其他领导具体抓的党政领导责任体系，织密党政领导"责任网"、责任约束"监督网"、履职尽责"考核网"。

2. 强化安全生产统筹调度

调整充实成立由市长任主任，常务副市长任常务主任，其他副市长任副主任，46 个党政军司法部门"一把手"组成的安委会；建立分管副市长担任第一主任的 12 个专业委员会，统筹调度重点行业领域安全生产工作；配套出台《市各级各有关部门和单位安全生产工作职责清单》，厘清党政部门"三定"职责，明确 29 个部门安全监管机构，推动 54 个部门单位、镇街、社区安全生产职责法定化、清单化；制修订出台《南京市安委会工作规则》《南京市安全生产领域责任追究事项移送工作规程（试行）》《南京市安全生产事故领导干部"现场必勘"制度》以及安全生产巡查、警示约谈、督查督办、考核奖惩等一整套刚性约束制度规范，压紧压实各级党政领导责任；推动安委办实体化运作，市区两级增设 13 个专职副主任、14 个处（科室）、46 名工作人员，实现安委办监督协调、日常管理制度化规范化。

3. 健全各类法规标准规范

加快推进安全生产配套法规规章建设，制修订出台《南京市安全生产条例》《南京市消防条例》《南京市道路交通管理条例》《南京市特种设备条例》《南京市生产安全事故报告和调查处理规定》《南京市地下管线管理办法》等十几部涉及安全生产的法规规章，为推进实施安全发展战略，理顺监管体制机制，推动基层基础工作落实，促进安全生产形势根本好转提供有力的法规支撑。

4. 建立健全重大风险联防联控机制

统筹组织开展城市安全风险评估工作，编制发布《南京市城市安全风险评估报告》，全面普查辨识工业企业、公共场所、公共实施、防灾减灾等重点行业领域 28 类城市安全风险，标注城市重大风险 670 个、较大风险 1497 个、一般风险源 3486 个、低风险 4620 个，标注社会面小型场所风险（源）28.5 万余处，形成城市安全风险四色分布"一张图"，全力打造城市风险等级、监管责任、预警预测、应急联动"一体化"平台。

5. 加强安全生产监管执法

强化依法治安，加快重点行业地方法规规章修订完善进程，明确应急部门为政府行政执法部门，市级层面安全生产专项经费提高近 5000 万元；推进基层监管机构规范化建设，明确国家级开发区不少于 9 人，镇街及省级开发区不少于 5 人的配备标准，目前全市 100 个镇街、16 个省级以上开发区配备基层监管执法人员 1261 名；积极推行"互联网＋移动端"执法、一个平台一支队伍综合执法和信息化平台受理举报投诉，建立纪委监委嵌入式执法监督机制，促进监管执法信息化、标准化、规范化；2019 年，全市应急系统执法检查企业 5778 家次，事前立案 2221 件，同比增长 46.7%。

6. 健全安全生产有奖举报奖励制度

建立 12345、12350 联动受理查处举报奖励工作机制，举报奖励金额由 1 万元提升到最高 45 万元。强化典型案件侦办，建立"两法"衔接联动办案工作机制，先后对澄扬公司非法处置危废案、"5·24"新街口金鹰火灾案等典型案件，以涉嫌"污染环境罪""重大责任事故罪"立案侦查，以案释法，形成强力震慑。通过持续高压严格执法，把南京打造成为违法违规者难以藏身的"安全高地"。

5.2.5 城市安全综合保障能力全面提高

紧紧围绕打造"创新名城"南京品牌，赋能助推城市安全发展。

1. 启动"百校百企对接计划"

充分发挥南京高校、科研院所、央企雄厚的科技资源优势，先后与南京大学、东南大学、南京航空航天大学等高校，以及中科院、中国电子等在宁科研院所建立战略合作协议，46家国内外知名高校、企业在宁建设高端研发机构，全面启动30家智能工厂建设，积极培育40家省级示范智能车间，通过产业引领，科技赋能，联合共建"智慧园区""智能工厂""无人车间"，推动实现工业企业本质安全水平突破提升。

2. 网格化治理成效显著

建设全国社区治理服务创新试验区，推动城市治理重心向基层下沉，推进街（镇）审批服务和执法力量整合，提升社区服务中心功能，深化"网格＋"社会治理，发挥南京网格学院作用，推广新时代"枫桥经验"，健全社会风险防控机制。全市100个街道（镇）建设105个网格化服务管理中心，1239个社区（村）划分10161个综合网格，叠加安监网格、应急网格等专业网格，依托一体化大数据平台"决策中枢"，全覆盖排查、全领域研判、全过程监管，实现各类风险隐患早识别、早防范、早控制。

3. 打造共建共治格局

发动社会力量参与城市安全治理，发挥群团组织补充作用，构建以政府为主导、军民结合、全社会参与的工作格局。依托"信用中国"平台，建立安全生产违法违规信用系统，三年来，联合惩戒严重违法违规企业397家；建立健全社会机构专业化技术服务保障机制，通过派驻式、委托式专业技术服务，不断提升危险化学品、特种设备、建筑施工等重点行业领域安全监管水平；大力推进安全生产责任保险制度，建立健全"安保互动""企保互促"联动机制，督促各级各类企业落实主体责任。

4. 营造安全文化氛围

坚持线上线下"双轮驱动"，守好传统宣传阵地，加快新兴媒体融合发展，全力打造南京安全文化全媒体矩阵。积极开展"青年安全生产示范岗""综合减灾示范社区""安全社区""安全示范班组"以及平安校园、平安企业等系列平安创建等多种形式的安全文化建设活动，统筹建设安全生产、防震减灾、消防逃生等体验馆、展示馆，以点带面示范引领，教育引导广大市民增强意识能力，养成行为自觉。广泛开展安全文化宣教活动，通过"安全生产月""防灾减灾日""安全专题行"和安全生产"五进"等安全文化宣传教育活动，普及安全常识，开展应急演练，曝光违法违规生产经营行为，不断提高城市安全文化社会影响力，形成全社会关心、支持、参与城市安全发展的良好氛围。

5.2.6　城市安全应急救援体系配套完善

积极适应党中央、国务院应急管理机构改革新时代新要求，加快推进应急管理体系和能力建设。

1. 建成运行应急管理"181"信息化平台

建设整合风险防控网格化、预测预警智能化、应急预案数字化、指挥调度可视化、处置资源共享化、监管执法规范化、考核评估数据化、信息交互融合化"八大系统"，推动实现"一屏览全域、一站式终端"功能应用，整合日常监管、防汛、地震、地质灾害等多部门系统，构建形成统一指挥、专常兼备、反应灵敏、上下联动的应急联动机制，着力打造信息化实时感知、智能化快速预警、自动化及时处置的应急管理综合信息化支撑平台。

2. 健全应急预案体系

全市市级层面完成"1+4+45"应急预案体系修编发布（即1个总体应急预案、4类专项应急预案和45个应急子预案），区、街道（乡镇）、社区（村）、规模以上企事业单位分别编制相应应急预案，实现应急预案全覆盖。加快应急预案数字化建设，推动建立健全"一键式启动、智能化响应"数字化预案集成平台，实现政企无缝衔接的应急预案体系。

3. 强化应急队伍建设

结合机构改革，统筹编制实施《南京市专业应急救援队伍建设规划》，建立健全以综合性消防救援队伍为基础，以专业应急救援队伍为支撑，以社会化应急救援力量为补充的应急队伍。全市已建成30个国家救援消防站，42支政府专职消防队，总人数1575人；系统打造防汛抗旱、森林消防、气象灾害、地质灾害、矿山、危险化学品、电力、供水、排水、燃气、交通、市容环境、卫生等专业应急救援队伍373支，总人数6445人。此外，拥有国家危险化学品应急救援扬子石化队、国家水上应急救援南京油运队、长江水上应急救援中心、国家电网石城供电抢修服务队、东部战区总医院重症应急救援中心、国家级石油化工灾害事故和大跨度大空间建筑火灾事故专业处置编队、国家水域救援队南京大队、地震救援专业队等10余支国家级专业应急救援队伍。

4. 加强应急能力建设

统筹编制《南京市城市应急准备能力评估报告》，针对应急物资保障单一、应急资源整合融合不畅等突出问题，加快南京市应急救灾物资储备库建设，形成分级分类的"1＋12＋N"（市、区、企事业单位）应急物资联合保障机制。依托"181"平台打造智能化、可视化应急指挥调度系统，引入"分享经济"理念，全力打造"金陵应急宝"一站式移动终端应急资源信息共享系统，实现应急任务需求与专家、装备、物资、知识等政府应急资源和社会应急资源精准匹配、交互应用。目前"金陵应急宝"已入驻专家 967 余人、专业应急救援队伍 323 支、应急救援装备 2420 余件。2019 年以来，通过"金陵应急宝"实现专家技术支持 120 余次、调动专业队伍及物资参加应急救援任务 21 次。同时，积极对接红十字会、美团、顺丰等单位，拟将 10 余万救援志愿者及快递小哥等社会力量统筹纳入应急救援体系，强化应急响应能力，提高城市安全韧性。

5.3　南京市示范创建开展落实的主要工作

2019 年底，《国家安全发展示范城市评价与管理办法》《国家安全发展示范城市评价细则（2019 版）》出台后，市委、市政府坚持一手抓疫情防控、经济发展，一手抓创建工作、专项整治，严格对标对表，倒排时序进度，统筹各方凝心聚力打好创建工作主动仗、攻坚仗、整体仗。

5.3.1　坚持高点定位，深入动员部署推进

2019 年 12 月 25 日，中共南京市委召开第十四届九次全会，聚焦市域治理体系和治理能力现代化，明确提出积极探索具有中国特色、时代特征、南京特点的特大城市治理现代化新路径，真正把制度优势转化为治理效能，努力争创"国家安全发展示范城市"。2020 年 1 月 9 日，市政府工作报告明确要求"加快健全城市安全发展体系，积极创建国家安全发展示范城市，切实提升本质安全水平"。年初以来，市委、市政府先后召开 11 次市委常委会、22 次政府常务会和专题会，审议创建总体方案，调度创建短板弱项，协调创建重点项目推进。

1. 全面进行动员部署

2020 年 4 月 1 日，市委、市政府召开市"四套"班子主要领导，市、区、镇街三级党政领导参加的高规格的全市创建工作动员部署大会，动员全市上下紧紧围绕"三个准确把握、四个统筹、四个到位"要求，凝心聚力共促南京城市安全发展。成立由党政主要领导挂帅，部门"一把手"组成的创建国家安全发展示范城市领导小组，抽调精干力量，组建创建专班，全面系统推进创建各项目标任务落实。

2. 统筹清单化推进

出台《南京创建国家安全发展示范城市总体方案》（宁委办发电〔2020〕11号），对标找差、自我加压，将国考 47 项创建内容拓展到 89 项目标任务，对照

《国家安全发展示范城市评分标准（2019 版）》，全面厘清板块、部门责任边界，细化分解成 196 项工作清单、286 条具体工作任务，逐项下达落实到 12 个板块、43 个重点部门，形成创建工作"一区一部门一清单"。

3. 强化业务培训辅导

采取视频会议、面对面答疑、调研座谈等方式，分批分次组织专题培训、业务辅导 130 余场次。编印下发《创建国家安全发展示范城市材料汇编》《现场核查工作任务清单》等创建材料，指导党政部门各级各类人员熟悉创建目标任务、掌握创建标准要求、明确现场核验重点事项，抓紧抓实抓好城市自评、省级复核、国家评定各项准备工作。

5.3.2 坚持问题导向，深入整治补齐短板弱项

以专项整治为抓手，全面对标对表，深入查漏补缺，推动安全生产领域突出问题破解。根据党中央、国务院深刻吸取"3.21"事故教训，给江苏"开小灶"决策部署，立足南京创建工作实际，着眼持续深入推进与城市安全发展相适应的党政领导责任制度体系、法治监察保障体系、科技信息化支撑体系、网格化防控治理体系、考核奖惩评价体系建设，深入扎实开展为期一年的 32 个重点行业领域专项整治，将统筹创建过程中各级各部门梳理出来的体制机制、基础设施、隐患整治等方面存在的 52 处短板弱项纳入重点整治内容，细化落实综合类 256 项、专项类 1310 项重点整治清单，形成市级"1＋1＋32＋3"、区级"12＋321"整治行动方案体系，建立 10 名市领导牵头全程包干、纪委监委全程监督、学习宣传全程保障、督查督办全程跟踪的专项整治推进工作机制，全面补齐短板、补强弱项，推动隐患见底、措施到底、整改彻底。去年 11 月底以来，全市共派出检查人员（专家）4.1 万人次，检查企业 4.5 万余家，排查整治各类隐患 4.6 万余项。

5.3.3 坚持双轮驱动，助力创建工作落地见效

以科技信息化为支撑，以考核为指挥棒，系统推进创建工作任务落实。

1. 加快应急管理"181"信息化平台开发应用

大力推进数字政务建设，推动平台建设纳入《南京市推进城市安全发展的实施意见》重点工作，广泛运用移动互联网、物联网、大数据、人工智能、区块链等科技手段，遵循"移动优先""分享经济"理念，打通信息堵点、数据壁垒，全面整合融合"雪亮工程"、金陵网证、数字化地下管网、智慧交通、城市基础设施、防震减灾以及 1.8 万家重点企业、62 万家社会面小型场所等重点行业领域信息系统和基础数据，创新引入纪委监委"数字再监督"模块、"金陵应急宝""企业安全信用脸谱"，系统打造集风险感知、预警预测、监管执法、应急调度等为一体的"八大系统"，科技赋能城市安全治理，全生命周期保障事前

事中事后监管，打造"一屏览全貌，一网通全域，一站式终端管全城"的信息化、智能化、体系化应急管理支撑平台。

2. 强化系统考核推动

出台《南京市推进城市安全发展工作考核办法》，统筹将城市安全发展考核纳入全市高质量发展综合考核体系、部门对标找差绩效考核体系，考核权重由2.5%提升到5%，建立形成市对区、区对镇街、镇街对社区网格员、市级部门对区级部门一级考一级的考核体系；推动线上线下考评，依托应急管理"181"平台，开发上线示范创建工作考核模块，倒排时序进度，压实推进责任，统筹"线上线下清单管理、同频同步自测考评"，适时通报、警示提示，督促各级各部门全力以赴补短板强弱项，形成有效闭环管理。强化考核结果运用，建立城市安全发展绩效与领导干部履职评定、职务晋升、奖励惩处挂钩制度，严格安全生产"一票否决"。

5.3.4 坚持强基固本，深化推动企业主体责任落实

紧紧围绕企业主体责任落实这个"牛鼻子"，创新监管手段，激发企业自觉自主落实安全生产主体责任的内生动力。依托"181"平台，开发上线企业（小型场所）"安全信用脸谱"系统，统筹实施"红、黄、蓝、绿"线上线下安全信用分级管理，实现企业（单位）主体责任落实模板化、数据化、可视化。依据省《企业落实安全生产主体责任重点事项清单》及法律法规要求，将企业类5个方面20条清单细化分解成86个检查自评项目，将社会面小型场所消防安全、用气、用电安全等法定要求，细化分解成10~20项模板化"自助式"安全评价项目，企业（小型场所）通过移动终端，接收推送、提醒信息，定期开展在线学习、"自我安评"和"月度体检"，依法主动履职尽责，落实安全生产主体责任。适时跟踪监督问效，对绿色安全信用等级高的企业和小型场所（单位），在项目审批、资金扶持、免除检查、停限产豁免等方面给予倾斜支持，激励优质企业发挥示范引领作用；对安全信用等级低的企业和小型场所（单位），加大执法检查和随机抽查频次，责令停产停业整顿，采取限制政府采购、工程招投标、用地等联合惩戒措施。同时，积极推动重点企业安全生产标准化建设，116家危化品企业全部达到二级标准化以上，113家重点运输企业、1568家冶金工贸企业、3067家建筑施工企业实现企业安全生产标准化达标。积极推行危化品企业"安代表"制度，依托并充分利用南京大型央企的化工专业人才资源，遴选聘任一批具有专业技术职称、一线化工装置工作经验丰富的专家，作为"安代表"常驻45家中小危化品企业，进行跟踪式监督检查，监督重点企业落实主体责任。加快推进高危企业安全生产责任保险落地落实，发挥保险机构在企业安全生产全程监管和日常风控中的作用，着力化解风险、预防事故，进一步提升企业本质

安全。

5.3.5　坚持共建共治，推进安全生产网格化监管

创新网格化监管工作机制，积极推行"大数据＋网格化＋铁脚板"工作模式，依托"网格化社会治理"体系和"一体化信息平台"，叠加构建"应急格""安监格"两个专业网格，依据市场监管部门现有130万登记在册企业数据，运用二维码系列地址标牌信息系统，借助网格员的"铁脚板"，全面普查核实建立城市风险（源）数据库，推动落实常态化巡查、排查、上报、整治等关口前移风险防控措施，形成社区综合网格员重点监管小区住户、街道专业安监员（消防特勤）重点监管"九小场所"（管线管道）、企业安全员（楼长）重点监管单位工地（高层）的城市安全社会治理网格化工作新机制。截至目前，全市共划分针对社会面监管的应急格1731个，配置应急网格员6962名，标注风险（源）224575个，确认监（主）管部门259491余家；划分针对企业面监管的安监格17605个，配置企业安全员31966名，普查登记（核查）企业17605家，标注企业风险（源）41948处。

5.3.6　坚持文化引领，不断提升全民安全素养

1. 深入学习宣传贯彻习近平总书记关于安全生产重要论述

深入推进专项整治"三年行动"，结合"安全生产月"，扎实开展"百团进百万企业"宣讲活动，书记、市长带头，市级层面32个专项整治牵头市领导、各部门领导班子成员分别带队，市、区、镇街三级党政领导组成430多个宣讲团，深入基层、深入企业、深入村居，集中宣讲习近平总书记关于城市安全发展系列重要讲话、指示批示精神，直接受众百万人次。引导各级各类企业牢记嘱托，主动担当作为，严守红线底线。

2. 全面营造示范创建浓厚氛围

围绕"安全发展同心同行，美丽南京共建共享"创建主题，市委宣传部会同市安委办研究出台创建工作宣传保障方案，广泛发动，全民动员，深入开展创建公益广告、标语口号、宣传海报征集评选活动，围绕示范创建目标任务，精心组织策划，通过新闻媒体宣传报道、印制张贴宣传画、悬挂宣传标语、网络媒体平台发布等形式，突出创建重点热点，大力宣传创建进度、先进典型，凝聚社会共识，引导大众参与，迅速在广大群众中营造起"人人参与创建，共促安全发展"的良好氛围。

附录1 关于推进城市安全发展的意见

随着我国城市化进程明显加快,城市人口、功能和规模不断扩大,发展方式、产业结构和区域布局发生了深刻变化,新材料、新能源、新工艺广泛应用,新产业、新业态、新领域大量涌现,城市运行系统日益复杂,安全风险不断增大。一些城市安全基础薄弱,安全管理水平与现代化城市发展要求不适应、不协调的问题比较突出。近年来,一些城市甚至大型城市相继发生重特大生产安全事故,给人民群众生命财产安全造成重大损失,暴露出城市安全管理存在不少漏洞和短板。为强化城市运行安全保障,有效防范事故发生,现就推进城市安全发展提出如下意见。

一、总体要求

(一)指导思想。全面贯彻党的十九大精神,以习近平新时代中国特色社会主义思想为指导,紧紧围绕统筹推进"五位一体"总体布局和协调推进"四个全面"战略布局,牢固树立安全发展理念,弘扬生命至上、安全第一的思想,强化安全红线意识,推进安全生产领域改革发展,切实把安全发展作为城市现代文明的重要标志,落实完善城市运行管理及相关方面的安全生产责任制,健全公共安全体系,打造共建共治共享的城市安全社会治理格局,促进建立以安全生产为基础的综合性、全方位、系统化的城市安全发展体系,全面提高城市安全保障水平,有效防范和坚决遏制重特大安全事故发生,为人民群众营造安居乐业、幸福安康的生产生活环境。

(二)基本原则。

——坚持生命至上、安全第一。牢固树立以人民为中心的发展思想,始终坚守发展决不能以牺牲安全为代价这条不可逾越的红线,严格落实地方各级党委和政府的领导责任、部门监管责任、企业主体责任,加强社会监督,强化城市安全生产防范措施落实,为人民群众提供更有保障、更可持续的安全感。

——坚持立足长效、依法治理。加强安全生产、职业健康法律法规和标准体系建设,增强安全生产法治意识,健全安全监管机制,规范执法行为,严格执法措施，全面提升城市安全生产法治化水平，加快建立城市安全治理长效机制。

——坚持系统建设、过程管控。健全公共安全体系，加强城市规划、设计、建设、运行等各个环节的安全管理，充分运用科技和信息化手段，加快推进安全风险管控、隐患排查治理体系和机制建设，强化系统性安全防范制度措施落实，严密防范各类事故发生。

——坚持统筹推动、综合施策。充分调动社会各方面的积极性，优化配置城市管理资源，加强安全生产综合治理，切实将城市安全发展建立在人民群众安全意识不断增强、从业人员安全技能素质显著提高、生产经营单位和区域安全保障水平持续改进的基础上，有效解决影响城市安全的突出矛盾和问题。

（三）总体目标。到2020年，城市安全发展取得明显进展，建成一批与全面建成小康社会目标相适应的安全发展示范城市；在深入推进示范创建的基础上，到2035年，城市安全发展体系更加完善，安全文明程度显著提升，建成与基本实现社会主义现代化相适应的安全发展城市。持续推进形成系统性、现代化的城市安全保障体系，加快建成以中心城区为基础，带动周边、辐射县乡、惠及民生的安全发展型城市，为把我国建成富强民主文明和谐美丽的社会主义现代化强国提供坚实稳固的安全保障。

二、加强城市安全源头治理

（四）科学制定规划。坚持安全发展理念，严密细致制定城市经济社会发展总体规划及城市规划、城市综合防灾减灾规划等专项规划，居民生活区、商业区、经济技术开发区、工业园区、港区以及其他功能区的空间布局要以安全为前提。加强建设项目实施前的评估论证工作，将安全生产的基本要求和保障措施落实到城市发展的各个领域、各个环节。

（五）完善安全法规和标准。加强体现安全生产区域特点的地方性法规建设，形成完善的城市安全法治体系。完善城市高层建筑、大型综合体、综合交通枢纽、隧道桥梁、管线管廊、道路交通、轨道交通、燃气工程、排水防涝、垃圾填埋场、渣土受纳场、电力设施及电梯、大型游乐设施等的技术标准，提高安全和应急设施的标准要求，增强抵御事故风险、保障安全运行的能力。

（六）加强基础设施安全管理。城市基础设施建设要坚持把安全放在第一位，严格把关。有序推进城市地下管网依据规划采取综合管廊模式进行建设。加强城市交通、供水、排水防涝、供热、供气和污水、污泥、垃圾处理等基础设施建设、运营过程中的安全监督管理，严格落实安全防范措施。强化与市政设施配套的安全设施建设，及时进行更换和升级改造。加强消防站点、水源等消防安全设施建设和维护，因地制宜规划建设特勤消防站、普通消防站、小型和微型消防站，缩短灭火救援响应时间。加快推进城区铁路平交道口立交化改造，加快消除人员密集区域铁路平交道口。加强城市交通基础设施建设，优化城市路网和交通组织，科学规范设置道路交通安全设施，完善行人过街安全设施。加强城市棚户区、城中村和危房改造过程中的安全监督管理，严格治理城市建成区违法建设。

（七）加快重点产业安全改造升级。完善高危行业企业退城入园、搬迁改造和退出转产扶持奖励政策。制定中心城区安全生产禁止和限制类产业目录，推动城市产业结构调整，治理整顿安全生产条件落后的生产经营单位，经整改仍不具备安全生产条件的，要依法实施关闭。加强矿产资源型城市塌（沉）陷区治理。加快推进城镇人口密集区不符合安全和卫生防护距离要求的危险化学品生产、储存企业就地改造达标、搬迁进入规范化工园区或依法关闭退出。引导企业集聚发展安全产业，改造提升传统行业工艺技术和安全装备水平。结合企业管理创新，大力推进企业安全生产标准化建设，不断提升安全生产管理水平。

三、健全城市安全防控机制

（八）强化安全风险管控。对城市安全风险进行全面辨识评估，建立城市安全风险信息管理平台，绘制"红、橙、黄、蓝"四色等级安全风险空间分布图。编制城市安全风险白皮书，及时更新发布。研究制定重大安全风险"一票否决"的具体情形和管理办法。明确风险管控的责任部门和单位，完善重大安全风险联防联控机制。对重点人员密集场所、安全风险较高的大型群众性活动开展安全风险评估，建立大客流监测预警和应急管控处置机制。

（九）深化隐患排查治理。制定城市安全隐患排查治理规范，健全隐患排查治理体系。进一步完善城市重大危险源辨识、申报、登记、监管制度，建立动态管理数据库，加快提升在线安全监控能力。强化对各类生产经营单位和场所落实隐患排查治理制度情况的监督检查，严格实施重大事故隐患挂牌督办。督促企业建立隐患自查自改评价制度，定期分析、评估隐患治理效果，不断完善隐患治理工作机制。加强施工前作业风险评估，强化检维修作业、临时用电作业、盲板抽堵作业、高空作业、吊装作业、断路作业、动土作业、立体交叉作业、有限空间作业、焊接与热切割作业以及塔吊、脚手架在使用和拆装过程中的安全管理，严禁违章违规行为，防范事故发生。加强广告牌、灯箱和楼房外墙附着物管理，严防倒塌和坠落事故。加强老旧城区火灾隐患排查，督促整改私拉乱接、超负荷用电、线路短路、线路老化和影响消防车通行的障碍物等问题。加强城市隧道、桥梁、易积水路段等道路交通安全隐患点段排查治理，保障道路安全通行条件。加强安全社区建设。推行高层建筑消防安全经理人或楼长制度，建立自我管理机制。明确电梯使用单位安全责任，督促使用、维保单位加强检测维护，保障电梯安全运行。加强对油、气、煤等易燃易爆场所雷电灾害隐患排查。加强地震风险普查及防控，强化城市活动断层探测。

（十）提升应急管理和救援能力。坚持快速、科学、有效救援，健全城市安全生产应急救援管理体系，加快推进建立城市应急救援信息共享机制，健全多部门协同预警发布和响应处置机制，提升防灾减灾救灾能力，提高城市生产安全事故处置水平。完善事故应急救援预案，实现政府预案与部门预案、企业预案、社区预案有效衔接，定期开展应急演练。加强各类专业化应急救援基地和队伍建设，重点加强危险化学品相对集中区域的应急救援能力建设，鼓励和支持有条件的社会救援力量参与应急救援。建立完善日常应急救援技术服务制度，不具备单独建立专业应急救援队伍的中小型企业要与相邻有关专业救援队伍签订救援服务协议，或者联合建立专业应急救援队伍。完善应急救援联动机制，强化应急状态下交通管制、警戒、疏散等防范措施。健全应急物资储备调用机制。开发适用高层建筑等条件下的应急救援装备设施，加强安全使用培训。强化有限空间作业和现场应急处置技能。根据城市人口分布和规模，充分利用公园、广场、校园等宽阔地带，建立完善应急避难场所。

四、提升城市安全监管效能

（十一）落实安全生产责任。完善党政同责、一岗双责、齐抓共管、失职追责的安全生产责任体系。全面落实城市各级党委和政府对本地区安全生产工作的领导责任、党政主要负责人第一责任人的责任，及时研究推进城市安全发展重点工作。按照管行业必须管安全、管业务必须管安全、管生产经营必须管安全和谁主管谁负责的原则，落实各相关部门安全生产和职业健康工作职责，做到责任落实无空档、监督管理无盲区。严格落实各类生产经营单位安全生产与职业健康主体责任，加强全员全过程全方位安全管理。

（十二）完善安全监管体制。加强负有安全生产监督管理职责部门之间的工作衔接，推动安全生产领域内综合执法，提高城市安全监管执法实效。合理调整执法队伍种类和结构，加强安全生产基层执法力量。科学划分经济技术开发区、工业园区、港区、风景名胜区等各类功能区的类型和规模，明确健全相应的安全生产监督管理机构。完善民航、铁路、电力等监管体制，界定行业监管和属地监管职责。理顺城市无人机、新型燃料、餐饮场所、未纳入施工许可管理的建筑施工等行业领域安全监管职责，落实安全监督检查责任。推进实施联合执法，解决影响人民群众生产生活安全的"城市病"。完善放管服工作机制，提高安全监管实效。

（十三）增强监管执法能力。加强安全生产监管执法机构规范化、标准化、信息化建设，充分运用移动执法终端、电子案卷等手段提高执法效能，改善现场执法、调查取证、应急处置等监管执法装备，实施执法全过程记录。实行派驻执法、跨区域执法或委托执法等方式，加强街道（乡镇）和各类功能区安全生产执法工作。加强安全监管执法教育培训，强化法治思维和法治手段，通过组织开展公开裁定、现场模拟执法、编制运用行政处罚和行政强制指导性案例等方式，提高安全监管执法人员业务素质能力。建立完善安全生产行政执法和刑事司法衔接制度。定期开展执法效果评估，强化执法措施落实。

（十四）严格规范监管执法。完善执法人员岗位责任制和考核机制，严格执法程序，加强现场精准执法，对违法行为及时作出处罚决定。依法明确停产停业、停止施工、停止使用相关设施或设备、停止供电、停止供应民用爆炸物品、查封、扣押、取缔和上限处罚等执法决定的适用情形、时限要求、执行责任，对推诿或消极执行、拒绝执行停止供电、停止供应民用爆炸物品的有关职能部门和单位，下达执法决定的部门可将有关情况提交行业主管部门或监察机关作出处理。严格执法信息公开制度，加强执法监督和巡查考核，对负有安全生产监督管理职责的部门未依法采取相应执法措施或降低执法标准的责任人实施问责。严肃事故调查处理，依法依规追究责任单位和责任人的责任。

五、强化城市安全保障能力

（十五）健全社会化服务体系。制定完善政府购买安全生产服务指导目录，强化城市安全专业技术服务力量。大力实施安全生产责任保险，突出事故预防功能。加快推进安全信用体系建设，强化失信惩戒和守信激励，明确和落实对有关单位及人员的惩戒和激励措施。将生产经营过程中极易导致生产安全事故的违法行为纳入安全生产领域严重失信联合惩戒"黑名单"管理。完善城市社区安全网格化工作体系，强化末梢管理。

（十六）强化安全科技创新和应用。加大城市安全运行设施资金投入，积极推广先进生产工艺和安全技术，提高安全自动监测和防控能力。加强城市安全监管信息化建设，建立完善安全生产监管与市场监管、应急保障、环境保护、治安防控、消防安全、道路交通、信用管理等部门公共数据资源开放共享机制，加快实现城市安全管理的系统化、智能化。深入推进城市生命线工程建设，积极研发和推广应用先进的风险防控、灾害防治、预测预警、监测监控、个体防护、应急处置、工程抗震等安全技术和产品。建立城市安全智库、知识库、案例库，健全辅助决策机制。升级城市放射性废物库安全保卫设施。

（十七）提升市民安全素质和技能。建立完善安全生产和职业健康相关法律法规、标准的查询、解读、公众互动交流信息平台。坚持谁执法谁普法的原则，加大普法力度，切实提升人民群众的安全法治意识。推进安全生产和职业健康宣传教育进企业、进机关、进学校、进社区、进农村、进家庭、进公共场所，推广普及安全常识和职业病危害防治知识，增强社会公众对应急预案的认知、协同能力及自救互救技能。积极开展安全文化创建活动，鼓励创作和传播安全生产主题公益广告、影视剧、微视频等作品。鼓励建设具有城市特色的安全文化教育体验基地、场馆，积极推进把安全文化元素融入公园、街道、社区，营造关爱生命、关注安全的浓厚社会氛围。

六、加强统筹推动

（十八）强化组织领导。城市安全发展工作由国务院安全生产委员会统一组织，国务院安全生产委员会办公室负责实施，中央和国家机关有关部门在职责范围内负责具体工作。各省（自治区、直辖市）党委和政府要切实加强领导，完善保障措施，扎实推进本地区城市安全发展工作，不断提高城市安全发展水平。

（十九）强化协同联动。把城市安全发展纳入安全生产工作巡查和考核的重要内容，充分发挥有关部门和单位的职能作用，加强规律性研究，形成工作合力。鼓励引导社会化服务机构、公益组织和志愿者参与推进城市安全发展，完善信息公开、举报奖励等制度，维护人民群众对城市安全发展的知情权、参与权、监督权。

（二十）强化示范引领。国务院安全生产委员会负责制定安全发展示范城市评价与管理办法，国务院安全生产委员会办公室负责制定评价细则，组织第三方评价，并组织各有关部门开展复核、公示，拟定命名或撤销命名"国家安全发展示范城市"名单，报国务院安全生产委员会审议通过后，以国务院安全生产委员会名义授牌或摘牌。各省（自治区、直辖市）党委和政府负责本地区安全发展示范城市建设工作。

附录2 国家安全发展示范城市评价与管理办法

第一章 总 则

第一条 为推进国家安全发展示范城市创建，规范创建过程中的评价与管理工作，依据《中共中央 国务院关于推进安全生产领域改革发展的意见》和中共中央办公厅、国务院办公厅《关于推进城市安全发展的意见》规定要求，制定本办法。

第二条 各地区要积极参与国家安全发展示范城市创建，坚持城市主动申请、逐级复核评议、部门共同参与、命名动态管理的原则，在全国范围内树立一批基础条件好、保障能力强的安全发展城市代表，充分发挥示范引领作用，全面提高城市安全保障水平。

第三条 国家安全发展示范城市评价与管理工作由国务院安全生产委员会（以下简称国务院安委会）统一部署，国务院安全生产委员会办公室（以下简称国务院安委办）组织实施。

第四条 国家安全发展示范城市每年评价命名一次，经城市自评、省级复核、国家评议后，由国务院安委会统一命名授牌。获得命名的国家安全发展示范城市三年后复评，符合条件的继续保留命名，未通过复评的由国务院安委会撤销命名并摘牌。

第五条 国务院安委办负责制定《国家安全发展示范城市评价细则》（以下简称《评价细则》），并根据实际情况及时修订完善。

第六条 本办法适用于由国务院安委会命名授牌的国家安全发展示范城市评价与管理工作。

第二章 基 本 条 件

第七条 国家安全发展示范城市创建的范围为副省级城市、地级行政区以及直辖市所辖行政区（县）。

第八条 参加国家安全发展示范城市创建的城市（以下简称参评城市）要

聚焦以安全生产为基础的城市安全发展体系建设，积极推动完善城市安全各项工作，主要包括以下 5 个方面：

（一）源头治理。把城市安全纳入经济社会发展总体规划，加强建设项目安全评估论证，推动市政安全设施、城市地下综合管廊、道路交通安全设施、城市防洪安全设施等城市基础及安全设施建设，推进实施城区高危行业企业搬迁改造和转型升级等。

（二）风险防控。重点防范危险化学品企业、油气长输管道、尾矿库、渣土场以及施工作业等城市工业企业风险，大型群众性活动、"九小"场所、高层建筑等人员密集场所风险，城市生命线、公共交通、隧道桥梁等公共设施风险，洪涝、地震、地质等自然灾害风险。

（三）监督管理。健全城市各级党委政府"党政同责、一岗双责、齐抓共管、失职追责"的安全领导责任和相关部门"管行业必须管安全、管业务必须管安全、管生产经营必须管安全"的安全监管责任，积极开展城市风险辨识、评估与监控工作，不断加强城市安全监管执法。

（四）保障能力。强化安全科技创新应用，制定政府购买安全服务指导目录，加大城市安全领域失信惩戒力度，建立城市社区网格化安全管理工作制度，加大公益广告投放、安全体验基地建设力度，培育城市安全文化氛围。

（五）应急救援。建立城市应急管理信息平台，健全应急预案体系以及应急信息报告制度、统一指挥和多部门协同响应机制、应急物资储备调用机制，加大城市应急避难场所覆盖面，强化国家综合性消防救援队伍建设，完善专兼职和志愿应急救援体系，建立城市专业化应急救援基地和队伍，鼓励企业、社会力量参与救援。

第九条　存在以下情形的，不得参与创建国家安全发展示范城市：

（一）在参评年及前 5 个自然年内发生特别重大事故灾难，或在参评年及前 3 个自然年内发生重大事故灾难的；

（二）在参评年及前 1 个自然年，因城市安全有关工作不力，被国务院安委会及安委办约谈、通报的；

（三）国务院安委会及安委办挂牌督办的重大安全隐患未按时整改到位的；

（四）已获得命名城市被国务院安委会撤销命名未满 2 年的；

（五）在参评年及前 1 个自然年内，发生重特大环境污染和生态破坏事件、药品安全事件和食品安全事故，或者因工作不力导致重特大自然灾害事件损失扩大、造成恶劣影响的；

（六）存在其他情形，不宜参加国家安全发展示范城市创建的。

参评城市在国务院安委会正式命名授牌前发生前述第一项、第二项、第三项、第五项、第六项情形之一的，取消其命名授牌。

第三章 城 市 自 评

第十条 参评城市要建立健全国家安全发展示范城市创建工作的组织领导机制，推动相关部门各司其职、各负其责，强化人力、物力、财力等各项保障措施，协调解决创建工作中的重大问题。

第十一条 参评城市要按照《评价细则》要求，委托专家学者、科研单位、社会团体或中介组织等重点对城市建成区安全状况开展第三方评价。参与评价的第三方人员应具有能够涵盖城市安全相关业务的专业知识，无违法、失信等不良信用记录，并依法对相关评价结果负责。

第十二条 评价结果符合国家安全发展示范城市标准要求的，参评城市可以城市人民政府名义向省级安全生产委员会（以下简称省级安委会）提出参加国家安全发展示范城市创建的申请，并提交以下材料：

（一）城市创建工作情况；

（二）城市自评打分情况；

（三）自评过程中发现本地区城市安全有关问题的整改情况或整改计划；

（四）其他需要向省级安委会提交的材料。

第四章 省 级 复 核

第十三条 省级安委办组织对参评城市提交的材料进行初审，需要补充材料的，及时反馈参评城市补报；不符合参评要求的，终止当年评价。

第十四条 省级安委办应组织有关成员单位人员和专家对通过初审的城市开展复核工作，具体对参评城市提交的材料进行审核把关，并对《评价细则》中的项目进行现场复核，综合提出复核意见。

第十五条 省级安委办应征求省级安委会相关成员单位的意见建议，结合日常监督检查情况，综合提出拟向国务院安委办推荐的城市名单，在省级层面相关政府网站和主流媒体上进行为期10个工作日的社会公示，并公开诉求渠道。

省级安委会应结合公示受理情况，于参评年7月底前正式向国务院安委办推荐参评城市，并提交以下材料：

（一）参评城市人民政府向省级安委会提交的参与国家安全发展示范城市创建的相关材料；

（二）省级复核情况；

（三）省级公示情况；

（四）省级复核及公示过程中发现城市安全有关问题的整改情况或整改

计划；

（五）省级安委会的推荐意见；

（六）其他需要向国务院安委办提交的材料。

第五章　国　家　评　议

第十六条　国务院安委办对各省级安委会推荐的参评城市相关材料进行初审，对于不符合参评要求的，退回省级安委会并取消当年参评资格；需要补充材料的，及时反馈省级安委会补报。

第十七条　国务院安委办组织由国务院安委会有关成员单位人员和专家等组成的综合评议委员会，具体负责对通过初审的参评城市开展综合评议工作。

综合评议委员会主要对城市自评和省级复核的程序、材料等进行评议，并组织人员赴参评城市现场抽查核实主要评价指标完成情况，提出综合评议意见。

第十八条　国务院安委办应征求国务院安委会相关成员单位的意见建议，结合日常监督检查情况，综合提出拟公示的国家安全发展示范城市名单，在相关政府网站上向社会进行为期 10 个工作日的公示，公开诉求渠道。

第十九条　公示期结束后，国务院安委办及时将拟命名城市名单及有关情况报国务院安委会，审议通过后以国务院安委会名义为国家安全发展示范城市命名授牌，并向各省、自治区、直辖市及新疆生产建设兵团通报。

第六章　复　　评

第二十条　已获得命名的城市要以命名授牌为新起点，按照国家规定要求持续加强城市安全相关工作，在三年期限到期后的 2 个月内按照《评价细则》完成自评，围绕城市安全工作总结三年来的进展情况、查找存在的主要问题、提出下步工作计划，以城市人民政府名义报省级安委会。

第二十一条　省级安委会要按照《评价细则》要求，组织对已获得命名城市复评情况开展复核，结合日常监督检查情况综合提出省级复核意见。复核意见要征求省级安委会相关成员单位意见，及时向社会公示、接受社会监督，于 2 个月内将有关情况报国务院安委办。

第二十二条　国务院安委办要组织对通过省级复核的已获得命名城市进行综合评议，现场抽查核实参评城市主要评价指标是否满足《评价细则》要求，综合提出已获得命名城市是否保留命名的意见，征求国务院安委会相关成员单位意见并进行公示后，报国务院安委会审议通过，及时向社会公布。

第二十三条　复评过程中，城市自评、省级复核以及综合评议的有关程序规定，参照本办法前述相关条款执行。

第七章 监 督 管 理

第二十四条 参评城市在正式命名授牌前存在下列情况之一的，取消本年度和下一年度的参评资格：

（一）参与评价的第三方人员在评价过程中未按规定开展相关工作，导致评价过程出现重大瑕疵、评价结果出现重大失真的；

（二）评价过程中隐瞒事实、弄虚作假的；

（三）其他影响评价工作客观公正的情形。

有前款第一项情形的，同时禁止相关第三方人员参加后续的国家安全发展示范城市评价工作。

第二十五条 已获得命名城市存在下列情形之一的，由国务院安委会撤销命名并摘牌，以适当形式及时向社会公布：

（一）发生涉及城市安全重特大事故、事件的；

（二）未通过国务院安委办复评的；

（三）出现其他严重问题，不具备示范引领作用的。

第二十六条 参与国家安全发展示范城市省级复核以及综合评议的人员要严格遵守中央八项规定精神要求，自觉执行廉洁自律、信息保密等工作规定。

第二十七条 国务院安委会将把各地创建国家安全发展示范城市的情况作为省级人民政府安全生产考核的重要参考和依据，对工作成绩突出的地区给予表彰，在相关项目资金安排时予以适当倾斜。

地方各级人民政府应结合实际，对国家安全发展示范城市创建工作中贡献突出的单位和个人给予奖励，并在考核和评优方面优先考虑。

第八章 附 则

第二十八条 本办法所指事故、事件，应以城市行政区域范围内数据为准，按照《中华人民共和国突发事件应对法》《生产安全事故报告和调查处理条例》（国务院令第493号）《国家突发公共事件总体应急预案》等法律法规和规范性文件认定。

第二十九条 国家安全发展示范城市牌匾，由国务院安委办设计样式并负责制作。

第三十条 本办法由国务院安委办负责解释，自印发之日起实施。

附录 3　国家安全发展示范城市评价细则（2019 版）

一级项	二级项	三级项	评 价 内 容
城市安全源头治理18 分	1. 城市安全规划（5分）	（1）城市总体规划及防灾减灾等专项规划（2分）	制定城市国土空间总体规划（城市总体规划）； 制定综合防灾减灾规划、安全生产规划、防震减灾规划、地质灾害防治规划、防洪规划、职业病防治规划、消防规划、道路交通安全管理规划、排水防涝规划等专项规划和年度实施计划； 对总体规划和专项规划进行专家论证评审和中期评估
		（2）建设项目安全评估论证（2分）	建设项目按规定开展安全预评价（设立安全评价）、地震安全性评价、地质灾害危险性评估
		（3）城市各类设施安全管理办法（1分）	制修订城市高层建筑、大型商业综合体、综合交通枢纽、管线管廊、轨道交通、燃气工程、垃圾填埋场（渣土受纳场）、电梯、游乐设施等城市各类设施安全管理办法
	2. 城市基础及安全设施建设（9分）	（4）市政安全设施（2分）	市政消火栓（消防水鹤）完好率100%； 市政供水、供热和燃气老旧管网改造率＞80%
		（5）消防站（2分）	消防站的布局符合标准要求，在接到出动指令后5分钟内消防队到达辖区边缘； 消防站建设规模符合标准要求； 消防通信设施完好率≥95%； 消防站及特勤站中的消防车、防护装备、抢险救援器材和灭火器材的配备达标率100%
		（6）道路交通安全设施（2分）	双向六车道及以上道路按规定设置分隔设施； 城市桥梁设置限高、限重标识； 中心城区中小学校、幼儿园周边不少于150米范围内交通安全设施齐全
		（7）城市防洪排涝安全设施（2分）	城市堤防、河道等防洪工程按规划标准建设； 城市易涝点按整改方案和计划完成防涝改造
		（8）地下综合管廊（1分）	编制综合管廊建设规划； 城市新区新建道路综合管廊建设率＞30%； 城市道路综合管廊综合配建率＞2%

（续）

一级项	二级项	三级项	评 价 内 容
城市安全源头治理18分	3. 城市产业安全改造（4分）	（9）城市禁止类产业目录（1分）	制定城市禁止和限制类产业目录
		（10）高危行业搬迁改造（3分）	制定高危行业企业退出、改造或转产等奖励政策、工作方案和计划，并按计划逐步落实推进； 新建危险化学品生产企业进园入区率100%
城市安全风险防控32分	4. 城市工业企业（7分）	（11）危险化学品企业运行安全风险（3分）	危险化学品重大危险源的企业视频和安全监控系统安装率及危险化学品监测预警系统建设完成率100%； 涉及重点监管危险化工工艺和重大危险源的危险化学品生产装置和储存设施安全仪表系统装备率100%； 油气长输管道定检率、安全距离达标率、途经人员密集场所高后果区域安装监测监控率100%
		（12）尾矿库、渣土受纳场运行安全风险（2分）	定期开展尾矿库安全现状评价； 三等及以上尾矿库在线监测系统正常运行率100%，风险监控系统报警信息处置率100%； 对渣土受纳场堆积体进行稳定性验算及监测
		（13）建设施工作业安全风险（2分）	建设施工现场视频及大型起重机械安全监控系统安装率100%； 危大工程施工方案按规定审查并施工
	5. 人员密集区域（9分）	（14）人员密集场所安全风险（3分）	人员密集场所按规定开展风险评估； 设置视频监控系统； 建立大客流监测预警和应急管控制度； 人员密集场所特种设备注册登记和定检率100%； 人员密集场所安全出口、疏散通道等符合标准要求； 火灾自动报警系统等消防设施符合标准要求
		（15）大型群众性活动安全风险（2分）	大型群众性活动开展风险评估； 建立大客流监测预警和应急管控措施
		（16）高层建筑、"九小"场所安全风险（4分）	高层建筑按规定设置消防安全经理人、楼长、消防安全警示、标识公告牌； 高层建筑特种设备注册登记和定检率100%； 消防安全重点单位"户籍化"工作验收达标率100%； "九小"场所开展事故隐患排查，按计划完成整改； 餐饮场所按规定安装可燃气体浓度报警装置； 各类游乐场所和游乐设施开展事故隐患排查，按计划完成整改

（续）

一级项	二级项	三级项	评　价　内　容
城市安全风险防控 32 分	6. 公共设施（10 分）	（17）城市生命线安全风险（3 分）	供电、供水、供热管网安装安全监测监控设备； 重要燃气管网和厂站监测监控设备安装率 100%； 建立地下管线综合管理信息系统； 开展地下管线隐患排查，按计划完成整改； 建立城市电梯应急处置平台； 用户平均停电时间低于全国城市平均水平
		（18）城市交通安全风险（4 分）	制定城市公共交通应急预案，定期开展应急演练； 建立公交驾驶员生理、心理健康监测机制，定期开展评估； 新增公交车驾驶区域安装安全防护隔离设施； 长途客运车辆、旅游客车、危险物品运输车辆安装防碰撞、智能视频监控报警装置和卫星定位装置； 按照规定对城市轨道交通工程可研、试运营前、验收阶段进行安全评价，进行运营前和日常运营期间安全评估、消防设施评估、车站紧急疏散能力评估； 城市内渡口渡船安全达标率 100%； 铁路平交道口按规定设置安全设施和进行管理； 建立铁路沿线安全环境整治机制； 定期组织开展铁路沿线外部环境问题整治专项行动； 按计划治理完成铁路外部环境安全管控通报问题
		（19）桥梁隧道、老旧房屋建筑安全风险（3 分）	定期开展桥梁、隧道技术状况检测评估，桥梁、隧道安全设施隐患按计划完成整改； 开展城市老旧房屋安全隐患排查，按计划完成隐患整改； 开展户外广告牌、灯箱隐患排查，按计划完成隐患整改
	7. 自然灾害（6 分）	（20）气象、洪涝灾害（3 分）	水文监测预警系统正常运行； 气象灾害预警信息公众覆盖率＞90%； 开展城市洪水、内涝风险和隐患排查； 易燃易爆场所安装雷电防护装置并定期检测
		（21）地震、地质灾害（3 分）	开展城市活动断层探测； 开展老旧房屋抗震风险排查、鉴定和加固； 按抗震设防要求设计和施工学校、医院等建设工程； 编制年度地质灾害防治方案，并按照计划实施； 在地质灾害隐患点设置警示标志和采取自动监测技术

（续）

一级项	二级项	三级项	评价内容
城市安全监督管理16分	8. 城市安全责任体系（4分）	（22）城市各级党委和政府的城市安全领导责任（2分）	及时研究部署城市安全工作，将城市安全重大工作、重大问题提请党委常委会研究； 领导班子分工体现安全生产"一岗双责"
		（23）各级各部门城市安全监管责任（2分）	按照"三个必须"和"谁主管谁负责"原则，明确各有关部门安全生产职责并落实到部门工作职责规定中； 各功能区明确负责安全生产监督管理的机构
	9. 城市安全风险评估与管控（5分）	（24）城市安全风险辨识评估（3分）	开展城市安全风险辨识与评估工作； 编制城市风险评估报告及时更新； 建立城市安全风险管理信息平台并绘制四色等级安全风险分布图； 对城市功能区进行安全风险评估
		（25）城市安全风险管控（2分）	建立重大风险联防联控机制； 明确风险清单对应的风险管控责任部门； 企业安全生产标准化达标
	10. 城市安全监管执法（7分）	（26）城市安全监管执法规范化、标准化、信息化（3分）	负有安全监管职责的部门按规定配备安全监管人员和装备； 信息化执法率＞90%； 执法检查处罚率＞5%
		（27）城市安全公众参与机制（1分）	建立城市安全问题公众参与、快速应答、处置、奖励机制； 设置城市安全举报平台； 城市安全问题举报投诉办结率100%
		（28）典型事故教训吸取（3分）	针对典型事故暴露的问题，按照有关要求开展隐患排查活动； 较大以上事故调查报告向社会公开，落实整改防范措施
城市安全保障能力16分	11. 城市安全科技创新应用（4分）	（29）安全科技成果、技术和产品的推广使用（2分）	在城市安全相关领域推进科技创新； 推广一批具有基础性、紧迫性的先进安全技术和产品
		（30）淘汰落后生产工艺、技术和装备（2分）	企业淘汰落后生产工艺、技术和装备

（续）

一级项	二级项	三级项	评 价 内 容
城市安全保障能力16分	12. 社会化服务体系（3分）	（31）城市安全专业技术服务（1分）	制定政府购买安全生产服务指导目录； 定期对技术服务机构进行专项检查，并对问题进行通报整改
		（32）城市安全领域失信惩戒（1分）	建立安全生产、消防、住建、交通运输、特种设备等领域失信联合惩戒制度； 建立失信联合惩戒对象管理台账
		（33）城市社区安全网格化（1分）	社区网格化覆盖率100%； 网格员发现的事故隐患处理率100%
	13. 城市安全文化（9分）	（34）城市安全文化创建活动（3分）	汽车站、火车站、大型广场等公共场所开展安全公益宣传； 市级广播电视及市级网站、新媒体平台开展安全公益宣传； 社区开展安全文化创建活动
		（35）城市安全文化教育体验基地或场馆（1分）	建设不少于1处具有城市特色的安全文化教育体验基地或场馆
		（36）城市安全知识宣传教育（2分）	推进安全、应急、职业健康、爱路护路宣传教育"进企业、进机关、进学校、进社区、进家庭、进公共场所"； 中小学安全教育覆盖率100%，开展应急避险演练活动
		（37）市民安全意识和满意度（3分）	市民具有较高的安全获得感、满意度，安全知识知晓率高，安全意识强
城市安全应急救援14分	14. 城市应急救援体系（6分）	（38）城市应急管理综合应用平台（2分）	建设包含五大业务域（监管监察、监测预警、应急指挥、辅助决策、政务管理）的应急管理综合应用平台； 平台实现相关部门之间数据共享
		（39）应急信息报告制度和多部门协同响应（1分）	建立应急信息报告制度，在规定时限报送事故信息； 建立统一指挥和多部门协同响应处置机制
		（40）应急预案体系（1分）	制定完善应急救援预案； 实现政府预案与部门预案、街镇预案衔接； 定期开展应急演练； 开展城市应急准备能力评估

（续）

一级项	二级项	三级项	评 价 内 容
城市安全应急救援14分	14. 城市应急救援体系（6分）	（41）城市应急物资储备调用（1分）	编制应急物资储备规划和需求计划； 建立应急物资储备信息管理系统； 应急储备物资齐全； 建立应急物资装备调拨协调机制
		（42）城市应急避难场所（1分）	制作全市应急避难场所分布图（表），向社会公开； 市级应急避难场所设置显著标志，基本设施齐全； 人均避难场所面积大于1.5平方米
	15. 城市应急救援队伍（8分）	（43）城市综合性消防救援队伍（4分）	出台消防救援队伍社会保障机制意见； 按规划建设支队战勤保障大队； 综合性消防救援队伍的执勤人数符合标准要求
		（44）城市专业化应急救援队伍（2分）	编制专业应急救援队伍建设规划； 按规定建成重点领域专业应急救援队伍； 组织专业应急救援队伍开展联合培训和演练
		（45）社会救援力量（1分）	将社会力量参与救援纳入政府购买服务范围； 制定支持引导社会力量参与应急工作的相关规定，明确社会力量参与救援工作的重点范围和主要任务
		（46）企业应急救援（1分）	危险物品的生产、经营等单位，依法建立应急救援队伍； 小型微型企业指定兼职应急救援人员，或与邻近的应急救援队伍签订应急救援协议； 符合条件的高危企业依法建立专职消防队
城市安全状况4分	16. 城市安全事故指标（4分）	（47）亿元国内生产总值生产安全事故死亡率；道路交通事故万车死亡率；火灾十万人口死亡率；平均每百万人口因灾死亡率（4分）	近三年亿元国内生产总值生产安全事故死亡率逐年下降； 近三年道路交通事故万车死亡率逐年下降； 近三年火灾十万人口死亡率逐年下降； 近三年平均每百万人口因灾死亡率逐年下降

鼓励项（5分）
城市安全科技项目获得国家科学技术奖（国家最高科学技术奖、国家自然科学奖、国家技术发明奖、国家科学技术进步奖、国际科学技术合作奖）奖励；
国家安全产业示范园区、全国综合减灾示范社区、地震安全社区创建取得显著成绩；
在城市安全管理体制、制度、手段、方式创新等方面取得显著成绩和良好效果

说明：
 一、本细则由一级项、二级项、三级项及评价内容构成，其中：一级项6个、二级项16个、三级项47个。

 二、本细则总分设定为100分：城市安全源头治理（18分）、城市安全风险防控（32分）、城市安全监督管理（16分）、城市安全保障能力（16分）、城市安全应急救援（14分）、城市安全状况（4分）。

 三、综合得分高于90分的城市，视为评价合格。

附录 4　国家安全发展示范城市评分标准（2019 版）

1. 城市总体规划及防灾减灾等专项规划（2 分）

城市国土空间总体规划（城市总体规划）未体现综合防灾、公共安全要求的；未制定综合防灾减灾规划、安全生产规划、防震减灾规划、地质灾害防治规划、防洪规划、职业病防治规划、消防规划、道路交通安全管理规划、排水防涝规划等专项规划和年度实施计划的；上述规划没有进行专家论证评审和中期评估的；每发现上述任何一处情况扣 0.5 分，2 分扣完为止。

2. 建设项目安全评估论证（2 分）

建设项目未按照《建设项目安全设施"三同时"监督管理办法》（2010 年 12 月 14 日原国家安全监管总局令第 36 号公布，根据 2015 年 11 月 2 日原国家安全监管总局令第 77 号修正）要求开展安全预评价的，未按照《地震安全性评价管理条例》（2001 年 11 月 15 日国务院令第 323 号公布，根据 2019 年 3 月 2 日国务院令第 709 号修正）要求开展地震安全性评价的，未按照《地质灾害防治条例》（国务院令第 394 号）要求开展地质灾害危险性评估的，未采纳评价（评估）报告建议且无合理说明的，每发现上述一处情况扣 0.5 分，2 分扣完为止。

3. 城市各类设施安全管理办法（1 分）

未制修订城市高层建筑、大型商业综合体、综合交通枢纽、管线管廊、轨道交通、燃气工程、垃圾填埋场（渣土受纳场）、电梯、游乐设施等城市设施安全管理办法（含行政规范性文件）的，每缺一项扣 0.2 分，1 分扣完为止。

4. 市政安全设施（2 分）

（1）市政消火栓（消防水鹤）未保持完好的，每发现一处扣 0.2 分，1 分扣完为止。

（2）市政供水、供热和燃气老旧管网改造率≤80% 的，扣 1 分。

注：供水、供热老旧管网指一次、二次网中运行年限 30 年以上或材质落后、管道老化腐蚀脆化严重、存在泄漏、接口渗漏等隐患的老旧管网。燃气老旧管网指使用年限超过 30 年的灰口铸铁管、镀锌钢管（经评估可以继续使用的除外），或公共管网中泄漏或机械接口渗漏、腐蚀脆化严重等问题的老旧管网。改造率在

2017 年排查出的老旧管网基础上计算。

5. 消防站（2 分）

（1）消防站的布局不符合《城市消防站建设标准》（建标 152—2017）要求，在接到出动指令后 5 分钟内消防队无法到达辖区边缘的，每发现一座扣 0.2 分，0.4 分扣完为止。

（2）消防站建设规模不符合《城市消防站建设标准》（建标 152—2017）要求的，每发现一座扣 0.3 分，0.6 分扣完为止。

（3）消防通信设施完好率低于 95% 的，扣 0.5 分。

（4）消防站及特勤站中的消防车、防护装备、抢险救援器材和灭火器材的配备不符合《城市消防站建设标准》（建标 152—2017）要求的，每发现一项扣 0.1 分，0.5 分扣完为止。

6. 道路交通安全设施（2 分）

（1）双向六车道及以上道路未按照《城市道路交通设施设计规范》（GB 50688—2011）要求设置分隔设施的，每发现一处扣 0.1 分，0.5 分扣完为止。

（2）城市桥梁未按照《公路工程技术标准》（JTG B01—2014）、《城市道路交通标志和标线设置规范》（GB 51038—2015）等要求设置限高、限重标识的，每发现一处扣 0.1 分，0.5 分扣完为止。

（3）中心城区中小学校、幼儿园周边不少于 150 米范围内交通安全设施未按照《中小学与幼儿园校园周边道路交通设施设置规范》（GA/T 1215—2014）要求设置的，每发现一处扣 0.1 分，1 分扣完为止。

7. 城市防洪排涝安全设施（2 分）

（1）城市堤防、河道等防洪工程建设未达到《防洪标准》（GB 50201—2014）、《城市防洪规划规范》（GB 51079—2016）、《城市防洪工程设计规范》（GB/T 50805—2012）等要求的，每发现一处扣 0.5 分，1 分扣完为止。

（2）城市易涝点未按整改方案和计划完成防涝改造的，每发现一处扣 0.5 分，1 分扣完为止。

8. 地下综合管廊（1 分）

（1）未编制城市综合管廊建设规划的，扣 0.2 分。

（2）城市新区新建道路综合管廊建设率＜15% 的，扣 0.4 分；15% ≤城市新区新建道路综合管廊建设率＜30% 的，扣 0.2 分。

（3）城市道路综合管廊综合配建率＜1% 的，扣 0.4 分；1% ≤城市道路综合管廊综合配建率＜2% 的，扣 0.2 分。

9. 城市禁止类产业目录（1 分）

未制定城市安全生产禁止和限制类产业目录的，扣1分。

10. 高危行业搬迁改造（3分）

未制定危险化学品企业退出、改造或转产等奖励政策、工作方案和计划的；未按照《国务院办公厅关于推进城镇人口密集区危险化学品生产企业搬迁改造的指导意见》要求，完成相关危险化学品企业搬迁改造计划的；近三年新建危险化学品生产企业进园入区率小于100%的；发现存在上述任何一处情况，扣3分。

11. 危险化学品企业运行安全风险（3分）

（1）有危险化学品重大危险源的企业，未建设完成视频和安全监控系统及危险化学品监测预警系统的，每发现一处扣0.2分，1分扣完为止。

（2）涉及重点监管危险化工工艺和危险化学品重大危险源的生产装置和储存设施未安装安全仪表系统的，每发现一处扣0.2分，1分扣完为止。

（3）油气长输管道不在定期检验有效期内的，两侧安全距离不符合《石油天然气管道保护法》要求的，途经人员密集场所高后果区域未安装全天候视频监控的，每发现一处扣0.1分，1分扣完为止。

12. 尾矿库、渣土受纳场运行安全风险（2分）

（1）未定期开展尾矿库安全现状评价的，扣0.5分。

（2）三等及以上尾矿库在线监测系统未正常运行的、报警信息未及时处置的，每发现一处扣0.1分，0.5分扣完为止。

（3）未对渣土受纳场堆积体进行稳定性验算的，未对渣土受纳场堆积体表面水平位移和沉降、堆积体内水位进行监测的，每发现一处扣0.2分，1分扣完为止。

13. 建设施工作业安全风险（2分）

（1）建设施工现场未安装视频监控系统的，每发现一处扣0.1分，0.5分扣完为止。

（2）建设工程施工现场塔吊等起重机械未按照《建筑塔式起重机安全监控系统应用技术规程》（JGJ 332—2014）要求安装安全监控系统的；列入《安装安全监控管理系统的大型起重机械目录》（质检办特联〔2015〕192号）的建设工程施工现场大型起重机械未安装安全监控管理系统的；每发现一处扣0.1分，0.5分扣完为止。

（3）建设工程项目的危险性较大分部分项工程未按照《危险性较大的分部分项工程安全管理规定》（2018年2月12日住房和城乡建设部令第37号发布，根据2019年3月13日住房和城乡建设部令第47号修正）要求审查或未按方案施工的，每发现一处扣0.2分，1分扣完为止。

14. 人员密集场所安全风险（3分）

（1）人员密集场所未按照《人员密集场所消防安全评估导则》（GA/T 1369—2016）要求开展风险评估的，每发现一处扣0.1分，0.5分扣完为止。

（2）人员密集场所未安装视频监控系统的，未建立大客流监测预警和应急管控制度的，每发现一处扣0.1分，0.5分扣完为止。

（3）人员密集场所电梯未注册登记、未监督检验或未定期检验的，每发现一处扣0.1分，0.5分扣完为止。

（4）人员密集场所消防车通道不符合《城市消防规划规范》（GB 51080—2015）等要求的，每发现一处扣0.1分，0.5分扣完为止。

（5）人员密集场所的安全出口、疏散通道、消防设施（火灾自动报警系统、自动灭火系统、防排烟系统、防火卷帘、防火门）不符合《建筑设计防火规范》（GB 50016—2014）、《火灾自动报警系统设计规范》（GB 50116—2013）、《自动喷水灭火设计规范》（GB 50084—2017）、《建筑防烟排烟系统技术标准》（GB 51251—2017）等要求的，每发现一处扣0.1分，1分扣完为止。

15. 大型群众性活动安全风险（2分）

（1）大型群众性活动未开展风险评估工作的，每发现一次扣0.5分，1分扣完为止。

（2）未在大型群众性活动中使用大客流监测预警技术手段的，未针对大客流采取区域护栏隔离、人员调度、限流等应急管控措施的，每发现一处扣0.5分，1分扣完为止。

16. 高层建筑、"九小"场所安全风险（4分）

（1）高层公共建筑未明确消防安全经理人的；高层住宅建筑未明确楼长的；高层建筑未设置消防安全警示标识的；每发现一处扣0.1分，0.5分扣完为止。

（2）高层公共建筑、高层住宅建筑电梯未注册登记、未监督检验或未定期检验的，每发现一处扣0.1分，0.5分扣完为止。

（3）消防安全重点单位"户籍化"工作未验收达标的，每发现一处扣0.1分，0.5分扣完为止。

（4）上一年度未开展"九小"场所隐患排查的或未开展建筑内部及周边道路消防车通道隐患排查整治的，扣1分；未按照整改计划完成整改的，每发现一处扣0.2分。1分扣完为止。

（5）餐饮场所未按照《城镇燃气设计规范》（GB 50028—2006）要求安装可燃气体浓度报警装置的，每发现一处扣0.1分，0.5分扣完为止。

（6）上一年度未开展各类游乐场所和游乐设施隐患排查的，扣1分；未按照整改计划完成整改的，每发现一处扣 0.2 分。1 分扣完为止。

17. 城市生命线安全风险（3 分）

（1）供电管网未安装电压、频率监测监控设备的，供水、供热管网未安装压力、流量监测监控设备的，每发现一处扣 0.1 分，0.5 分扣完为止。

（2）重要燃气管网和厂站未安装视频监控、燃气泄漏报警、压力、流量监控设备的，每发现一处扣 0.1 分，0.5 分扣完为止。

（3）未建立地下管线综合管理信息系统的，扣 0.5 分。

（4）上一年度未开展地下管线隐患排查的，扣 0.5 分；未按照计划完成整改的，每发现一处扣 0.1 分。0.5 分扣完为止。

（5）未建立城市电梯应急处置平台的，扣 0.2 分。

（6）城市用户上一年度平均停电时间高于该年度全国城市用户平均停电时间的，扣 0.3 分。

（7）未开展地下工程施工影响区域、老旧管网集中区域、地下人防工程影响区域主要道路塌陷隐患排查的，扣 0.5 分；未按照计划完成整改的，每发现一处扣 0.1 分。0.5 分扣完为止。

18. 城市交通安全风险（4 分）

（1）未制定城市公共交通应急预案，并定期开展应急演练的，扣 0.4 分；未建立公交驾驶员生理、心理健康监测机制，定期开展评估的，扣 0.4 分；新增公交车驾驶区域未安装安全防护隔离设施的，每发现一辆扣 0.1 分，0.2 分扣完为止。

（2）长途客运车辆、旅游客车、危险物品运输车辆未安装防碰撞、智能视频监控报警装置和卫星定位装置的，每发现一辆扣 0.1 分，1 分扣完为止。

（3）未按照《城市轨道交通安全预评价细则》（AQ 8004—2007）、《城市轨道交通试运营前安全评价规范》（AQ 8007—2013）、《城市轨道交通安全验收评价细则》（AQ 8005—2007）等要求在城市轨道交通工程可行性研究、试运营前、验收阶段进行安全评价的，每发现一项扣 0.2 分，0.6 分扣完为止；未按照《城市轨道交通初期运营前安全评估技术规范　第 1 部分：地铁和轻轨》（交办运〔2019〕17 号）要求开展初期运营前安全评估和车站紧急疏散能力评估的，未按照《城市轨道交通正式运营前安全评估规范　第 1 部分：地铁和轻轨》（交办运〔2019〕83 号）和《城市轨道交通运营期间安全评估规范》（交办运〔2019〕84 号）要求开展正式运营前和运营期间安全评估的，未按照《火灾高危单位消防安全评估导则（试行）》（公消〔2013〕60 号）要求开展城市轨道交通消防设施评估的，每发现一项扣 0.1 分，0.4 分扣完为止。

（4）城市内河渡口渡船不符合《内河交通安全管理条例（2017 年修订）》

（2002 年 6 月 28 日国务院令第 355 号发布，根据 2017 年 3 月 1 日国务院令第 676 号修正）、《内河渡口渡船安全管理规定》（交通运输部令 2014 年第 9 号）等要求的，每发现一处扣 0.1 分，0.2 分扣完为止。

（5）铁路平交道口的安全设施及人员设置管理不符合《铁路道口管理暂行规定》（经交〔1986〕161 号）等要求的，每发现一处扣 0.1 分，0.2 分扣完为止；未建立高速铁路沿线安全环境整治"双段长"等机制的，扣 0.2 分；未定期组织开展铁路外部环境问题整治专项行动的，扣 0.2 分；未按计划完成铁路外部环境安全管控通报问题治理的，每发现一个扣 0.1 分，0.2 分扣完为止。

19. 桥梁隧道、老旧房屋建筑安全风险（3 分）

（1）未定期开展桥梁、隧道技术状况检测评估工作的，每发现一处扣 0.1 分，0.5 分扣完为止。

（2）桥梁、隧道安全设施隐患未按计划和整改方案完成整改的，每发现一处扣 0.1 分，0.5 分扣完为止。

（3）未开展城市老旧房屋隐患排查的，扣 1 分；未按整改方案和计划完成隐患整改的，每发现一处扣 0.2 分。1 分扣完为止。

（4）未开展户外广告牌、灯箱隐患排查的，扣 1 分；未按整改方案和计划完成隐患整改的，每发现一处扣 0.2 分。1 分扣完为止。

20. 气象、洪涝灾害（3 分）

（1）水文站的水文监测预警系统未正常运行的，每发现一处扣 0.1 分，0.4 分扣完为止。

（2）气象灾害预警信息公众覆盖率低于 90% 的，扣 0.6 分。

（3）未编制洪水风险图的，扣 0.5 分。

（4）未开展城市洪水、内涝风险隐患排查的，扣 0.5 分；未按整改方案和计划完成隐患整改的，每发现一处扣 0.1 分。0.5 分扣完为止。

（5）易燃易爆场所未按照《建筑物防雷设计规范》（GB 50057—2010）、《石油化工装置防雷设计规范》（GB 50650—2011）等要求安装雷电防护装置的，或未定期检测的，每发现一处扣 0.2 分，1 分扣完为止。

21. 地震、地质灾害（3 分）

（1）未开展城市活动断层探测的，扣 0.2 分。

（2）未开展老旧房屋抗震风险排查、鉴定和加固工作的，扣 0.3 分。

（3）新建、改建学校、医院等人员密集场所的建设工程，未按照《建筑工程抗震设防分类标准》（GB 50223—2008）规定进行抗震设防设计和施工的，每发现一处扣 0.1 分，0.3 分扣完为止；其他新建、改建、扩建工程未达到抗震设防要求的，每发现一处扣 0.1 分，0.2 分扣完为止。

（4）未编制上一年度地质灾害防治方案的，扣1分；未按照防治方案对地质灾害隐患点进行搬迁重建、工程治理的，每发现一处扣0.2分。1分扣完为止。

（5）地质灾害隐患点未设置地质灾害警示标志，或未向受威胁的群众发放地质灾害防灾工作明白卡、地质灾害防灾避险明白卡和地质灾害危险点防御预案表的，每发现一处扣0.2分，0.6分扣完为止。

（6）未对全市受威胁人数超过100人的地质灾害隐患点采取自动监测技术的，每发现一处扣0.2分，0.4分扣完为止。

注：矿产资源型城市未完成塌（沉）陷区治理的，扣0.5分。

22. 城市各级党委和政府的城市安全领导责任（2分）

市级党委和政府未及时研究部署城市安全工作的；市级政府未将城市安全重大工作、重大问题提请党委常委会研究的；市级党委未定期研究城市安全重大问题的；领导班子分工未体现安全生产"一岗双责"的；发现存在上述任何一处情况，扣2分。

23. 各级各部门城市安全监管责任（2分）

市级政府未按照"三个必须"和"谁主管谁负责"原则，明确各行业领域主管部门安全监管职责分工的；相关部门的"三定"规定中，未明确安全生产职责的；各功能区未明确负责安全生产监督管理机构的；发现存在上述任何一处情况，扣2分。

24. 城市风险辨识评估（3分）

（1）未开展城市安全风险辨识与评估工作，或安全风险辨识与评估工作缺少城市工业企业、城市公共设施、人员密集区域、自然灾害风险等内容的，扣1分。

（2）未编制城市安全风险评估报告并及时更新的，扣0.5分。

（3）未建立城市安全风险管理信息平台并绘制四色等级安全风险分布图的，扣0.5分。

（4）城市功能区未开展安全风险评估的，每发现一个扣0.5分，1分扣完为止。

25. 城市安全风险管控（2分）

（1）未建立重大风险联防联控机制，扣0.5分。

（2）未明确风险清单对应的风险管控责任部门的，扣0.5分。

（3）90%≤企业安全生产标准化达标率＜100%的，扣0.2分；80%≤企业安全生产标准化达标率＜90%的，扣0.4分；70%≤企业安全生产标准化达标率＜80%的，扣0.6分；企业安全生产标准化达标率＜70%的，扣1分。

注：计算安全生产标准化达标率的企业为建成区内的危险化学品生产、仓储经营、装卸、储存企业，煤矿、非煤矿山、交通运输、建筑施工企业，规模以上冶金、有色、建材、机械、轻工、纺织、烟草等企业。

26. 城市安全监管执法规范化、标准化、信息化（3分）

（1）负有安全监管职责部门（住房城乡建设、交通运输、应急、市场监管）的安全监管人员未按"三定"规定配备的，每发现一处扣0.2分，0.6分扣完为止；装备配备未达标的，每发现一处扣0.2分，0.4分扣完为止。

（2）各类功能区和负有安全监管职责部门（住房城乡建设、交通运输、应急、市场监管）的执法信息化率小于90%的，每发现一个扣0.2分，1分扣完为止。

（3）相关部门（住房城乡建设、交通运输、应急、市场监管）上年度执法检查记录中，行政处罚次数占开展监督检查总次数比例不足5%的，扣1分。

注：执法信息化率指使用信息化执法装备（移动执法快检设备、移动执法终端、执法记录仪）执法的次数占总执法次数的比例。

27. 城市安全公众参与机制（1分）

（1）未利用互联网、手机App、微信公众号等建立城市重点安全问题公众参与、快速应答、处置、奖励机制的，扣0.3分。

（2）未设置城市安全举报平台的，扣0.3分。

（3）城市安全问题举报投诉未办结的，每发现一处扣0.1分，0.4分扣完为止。

28. 典型事故教训吸取（3分）

（1）未按照近三年国务院安委会或安委会办公室通报（通知）要求，或国务院相关部门部署，开展相关隐患排查活动的，每发现一处扣0.2分，1分扣完为止。

（2）未公开近三年生产安全事故调查报告的，每发现一起扣0.2分，1分扣完为止。

（3）未落实近三年生产安全事故调查报告整改防范措施的，每发现一起扣0.2分，1分扣完为止。

29. 安全科技成果、技术和产品的推广使用（2分）

（1）城市安全相关领域未获得省部级科技创新成果奖励的，扣1分；仅获得1项省部级科技创新成果奖励的，扣0.5分；获得2项及以上省部级科技创新成果奖励的，不扣分。

（2）未在矿山、尾矿库、交通运输、危险化学品、建筑施工、重大基础设施、城市公共安全、气象、水利、地震、地质、消防等行业领域推广应用具有基础性、紧迫性的先进安全技术和产品的，扣1分。

注：部级科技创新成果包括但不限于中国安全生产协会安全科技进步奖、中国职业安全健康协会科学技术奖、华夏建设科学技术奖和中国地震局防震减灾科技成果奖；入选交通运输重大科技创新成果库、安全生产重特大事故防治关键技术科技项目等。

30. 淘汰落后生产工艺、技术和装备（2分）

企业存在使用淘汰落后生产工艺和技术参考目录中的工艺、技术和装备的，每发现一处扣0.5分，2分扣完为止。

注：淘汰落后生产工艺和技术参考目录包括：《产业结构调整指导目录（2019年本）》（国家发展和改革委员会令第29号）、《淘汰落后安全技术装备目录（2015年第一批）》（安监总科技〔2015〕75号）、《淘汰落后安全技术工艺、设备目录》（安监总科技〔2016〕137号）、《推广先进与淘汰落后安全技术装备目录（第二批）》（安监总局、科技部、工信部2017年公告第19号）、《金属非金属矿山禁止使用的设备及工艺目录（第一批）》（安监总管〔2013〕145号）、《金属非金属矿山禁止使用的设备及工艺目录（第二批）》（安监总管〔2015〕13号）。

31. 城市安全专业技术服务（1分）

（1）未制定政府购买安全生产服务指导目录的，扣0.5分。

（2）未定期对技术服务机构进行专项检查，并对问题进行通报整改的，扣0.5分。

32. 城市安全领域失信惩戒（1分）

（1）未建立安全生产、消防、住房城乡建设、交通运输、特种设备等领域失信联合惩戒制度的，每缺少一个领域扣0.1分，0.5分扣完为止。

（2）未建立失信联合惩戒对象管理台账的，每发现一个领域扣0.1分，0.3分扣完为止；未按规定将相关单位列入联合惩戒的，每发现一个扣0.1分，0.2分扣完为止。

33. 城市社区安全网格化（1分）

（1）社区网格化覆盖率未达到100%的，扣0.5分。

（2）网格员未按规定到岗的，每发现1人扣0.1分，0.3分扣完为止；未及时处理隐患及相关问题的，每发现一处扣0.1分，0.2分扣完为止。

34. 城市安全文化创建活动（3分）

（1）广场、公园、商场、机场车站码头、地铁公交航班等公共场所和公共出行工具，相关电子显示屏、橱窗、宣传栏等位置未设置安全宣传公益广告和提示信息的，每发现一处或一次扣0.2分，1分扣完为止。

（2）上一年度市级广播电视开展新闻报道、公益广告、安全提示条数少于60条的，扣0.5分；市级网站、新媒体平台每年开展安全公益宣传条数少于60条的，扣0.5分。

（3）城市社区未开展安全文化创建的，相关节庆、联欢等活动未体现安全宣传内容的，未将相关安全元素和安全标识等融入社区的，每发现一个扣0.5分，1分扣完为止。

注：社区开展安全文化创建活动包括不同形式和内容的定期、不定期、专项安全检查制度和安全检查计划，监督或检查范围覆盖社区内各类场所和设施；针对高危人群、高风险环境和弱势群体，在交通安全、消防安全、家居安全、学校安全等方面组织实施形式多样的安全促进活动；针对地方特点开展不同灾害的逃生避险和自救互救技能培训及应急知识宣传教育。

35. 城市安全文化教育体验基地或场馆（1分）

未建设城市特色的安全文化教育体验基地或场馆的，扣1分；基地或场馆功能未包含地震、消防、交通、居家安全等安全教育内容或未正常运营的，扣0.5分。

36. 城市安全知识宣传教育（2分）

（1）市级政府或有关部门未组织开展防灾减灾、安全生产、消防安全、应急避险、职业健康、爱路护路宣传教育"进企业、进农村、进社区、进学校、进家庭"活动的，扣1分。

（2）中小学未开展消防、交通等生活安全以及自然灾害应急避险安全教育和提示的，未定期开展消防逃生、地震等灾害应急避险演练和交通安全体验活动的，每发现一处扣0.2分，1分扣完为止。

37. 市民安全意识和满意度（3分）

市民具有较高的安全获得感、满意度，安全知识知晓率高，安全意识强，最高得3分。

38. 城市应急管理综合应用平台（2分）

（1）未建成包含五大业务域（监管监察、监测预警、应急指挥、辅助决策、政务管理）应急管理综合应用平台的，扣2分。

（2）应急管理综合应用平台未与省级应急管理综合应用平台实现互联互通的，扣1分。

（3）应急管理综合应用平台各模块（含危险化学品安全生产风险监测预警模块）未真正投入使用的，扣0.5分；应急管理综合信息平台未实现与市场监管、环境保护、治安防控、消防、道路交通、信用管理等多部门（机构）之间数据共享的，每少一个扣0.1分，0.5分扣完为止。

39. 应急信息报告和多部门协同响应（1 分）

未建立应急信息报告制度的，未在规定时限报送事故灾害信息的，未建立统一指挥和多部门协同响应处置机制的，发现存在上述任何一处情况，扣 1 分。

40. 应急预案体系（1 分）

（1）未编制市级政府及有关部门火灾、道路交通、危险化学品、燃气事故应急预案，未编制地震、防汛防台、突发地质灾害应急预案的，未编制大面积停电、人员密集场所突发事件应急预案的，每发现一项扣 0.1 分，0.3 分扣完为止。

（2）街镇预案未与上级政府、部门预案实现有效衔接的，扣 0.2 分。

（3）街镇未按照预案的要求，采取桌面推演、实战演练等形式，定期开展消防、防震、地质灾害、防汛防台等 2 项以上应急演练，并及时总结评估的，扣 0.2 分。

（4）未开展城市应急准备能力评估的，扣 0.3 分。

41. 应急物资储备调用（1 分）

（1）未编制应急物资储备规划和需求计划的，未明确应急物资储备规模标准的，扣 0.2 分。

（2）未建立应急物资储备信息管理系统的，扣 0.2 分；相关部门未与企业签订应急救援物资供应协议的，扣 0.1 分。

（3）应急物资库在储备物资登记造册和建立台账，种类、数量和方式等方面有缺陷的，每发现一处扣 0.1 分，0.3 分扣完为止。

（4）未建立应急物资调拨协调机制的，扣 0.2 分。

42. 城市应急避难场所（1 分）

（1）未结合行政区划地图制作全市应急避难场所分布图或全市应急避难场所分布表，标志避难场所的具体地点，并向社会公开的，扣 0.2 分。

（2）市级应急避难场所无应急避难场所标志，基本设施不齐全的，每发现一处扣 0.1 分，0.3 分扣完为止。

（3）按照避难人数为 70% 的常住人口计算全市应急避难场所人均面积，1 平方米≤人均面积＜1.5 平方米的，扣 0.1 分；0.5 平方米≤人均面积＜1 平方米的，扣 0.3 分；人均面积＜0.5 平方米的，扣 0.5 分。

注：应急避难场所应包括应急避难休息区、应急医疗救护区、应急物资分发区、应急管理区、应急厕所、应急垃圾收集区、应急供电区、应急供水区等各功能区。

43. 城市综合性消防救援队伍（4 分）

（1）未出台消防救援队伍社会保障机制意见的，扣 2 分。

（2）综合性消防救援队伍的执勤人数不符合标准要求的，每发现一处扣1分，2分扣完为止。

44. 城市专业化应急救援队伍（2分）

（1）未编制专业应急救援队伍建设规划的，扣0.5分。

（2）未按照《国务院办公厅关于加强基层应急队伍建设的意见》（国办发〔2009〕59号）要求，成立重点领域专业应急救援队伍的，每缺少一支扣0.2分，1分扣完为止。

（3）专业应急救援队伍未开展培训和联合演练的，每支队伍扣0.1分，0.5分扣完为止。

45. 社会救援力量（1分）

（1）未将社会力量参与救援纳入政府购买服务范围的，扣0.5分。

（2）未出台支持引导大型企业、工业园区和其他社会力量参与应急工作的相关文件，明确社会力量参与救援工作的重点范围和主要任务的，扣0.5分。

46. 企业应急救援（1分）

（1）规模以上危险物品的生产、经营、储存、运输单位，矿山、金属冶炼、城市轨道交通运营、建筑施工单位，以及人员密集场所经营单位，未按照《生产安全事故应急条例》（国务院令第708号）要求建立应急救援队伍的，每发现一家扣0.1分，0.5分扣完为止。

（2）小型微型企业未指定兼职应急救援人员，或未与邻近的应急救援队伍签订应急救援协议的，每发现一家扣0.1分，0.3分扣完为止。

（3）符合条件的高危企业未按照《关于规范和加强企业专职消防队伍建设的指导意见》（公通字〔2016〕25号）要求建立专职消防队的，每发现一家扣0.1分，0.2分扣完为止。

47. 城市安全事故指标（4分）

（1）近三年亿元国内生产总值生产安全事故死亡人数未逐年下降的，扣1分。

（2）近三年道路交通事故万车死亡人数未逐年下降的，扣1分。

（3）近三年火灾十万人口死亡率未逐年下降的，扣1分。

（4）近三年平均每百万人口因灾死亡率未逐年下降的，扣1分。

＊鼓励项（5分）

（1）城市安全科技项目取得国家科学技术奖5大奖项（国家最高科学技术奖、国家自然科学奖、国家技术发明奖、国家科学技术进步奖、国际科学技术合作奖）奖励。

（2）国家安全产业示范园区、全国综合减灾示范社区（地震安全社区）创建取得显著成绩。

（3）在城市安全管理体制、制度、手段、方式创新等方面取得显著成绩和良好效果。